普通高等学校计算机教育规划教材

C/C++程序设计教程

张世民　主　编

刘志超　梁普选　杨秦建　李　颖　副主编

中国铁道出版社有限公司
CHINA RAILWAY PUBLISHING HOUSE CO., LTD.

内 容 简 介

本书主要内容包括预备知识、基本数据类型和表达式、C 程序的流程控制、复杂数据类型、结构化程序设计的应用、函数和预处理、文件和面向对象程序设计。用 Visual C++ 6.0 作为调试和运行程序的环境。本书各章后附有多种类型的习题，可帮助学生从多个角度掌握所学内容。

本书适合作为高等院校"C 程序设计"课程的教材，也可作为参加计算机等级考试和其他自学者的参考用书。

图书在版编目（CIP）数据

C/C++程序设计教程 / 张世民主编．—北京：中国铁道出版社，2009.1（2019.12重印）

普通高等学校计算机教育规划教材

ISBN 978-7-113-09551-2

Ⅰ.C… Ⅱ.张… Ⅲ.C语言－程序设计－高等学校－教材 Ⅳ.TP312

中国版本图书馆 CIP 数据核字（2009）第 012807 号

书　　名：C/C++程序设计教程
作　　者：张世民　主编

策划编辑：杨　勇
责任编辑：秦绪好　　　　　　　　　　编辑部电话：(010) 63550836
编辑助理：刘彦会　杜　鹃
封面设计：路　瑶　　　　　　　　　　封面制作：白　雪
责任印制：郭向伟

出版发行：中国铁道出版社有限公司（北京市西城区右安门西街 8 号　邮政编码：100054）
印　　刷：北京虎彩文化传播有限公司
版　　次：2009 年 2 月第 1 版　2019 年 12 月第 12 次印刷
开　　本：787mm×1092mm　1/16　印张：17.75　字数：416 千
印　　数：27401～28000 册
书　　号：ISBN 978-7-113-09551-2
定　　价：30.00 元

前 言

高级语言程序设计是高等学校重要的计算机基础课程。这是一门以培养学生程序设计基本方法和技能为目标、以实践能力为重点的特色鲜明的课程。它以编程语言为平台，介绍高级语言程序设计的知识，在实践中逐步掌握程序设计的思想和方法，培养分析问题、解决问题和程序设计的能力。

C 语言是国内外广泛使用的计算机程序设计语言之一，是国内外大学普遍开设的程序设计课程。C++是目前广泛使用的面向对象的程序设计语言。

C/C++语言程序设计是一门实践性很强的课程。学习者必须在深入理解教材知识的基础上，通过大量的上机实践加强程序设计技术的基本技能训练，从而逐步理解和掌握编程的基本思想和调试程序的能力。

我们编写本教材，力求突出以下特点：

① 符合 C 语言程序设计教学要求，按照大一新生第一次接触计算机语言零起点的角度组织编写，删繁就简，针对性强，教学内容循序渐进，符合学习规律。

② 书中示例丰富，习题类型多样、难易适中，覆盖面广，例题和习题突出了编程能力训练的重要性，多角度加深学生对程序设计思想的理解，提高编程能力。

全书共 8 章，主要内容包括预备知识、基本数据类型和表达式、C 程序的流程控制、复杂数据类型、结构化程序设计的应用、函数和预处理、文件和面向对象程序设计。另外，每章均配有精心安排的多种类型的习题，以帮助提高学生学习兴趣和主动性，帮助学生多角度掌握所学内容。

本书的作者长期从事 C/C++程序设计语言课程的教学工作，并利用 C/C++等语言开发过多个软件项目，有着丰富的教学经验和较强的科研能力，对 C/C++程序设计有比较深入的理解和掌握。

本书使用较流行的 Visual C++ 6.0 作为调试和运行程序的环境。本书中所给出的程序示例均在 Visual C++ 6.0 环境下通过调试与运行。

本书由张世民主编。各章编写分工如下：第 1 章由梁普选、杨秦建编写，第 2 章由李颖编写，第 3 章由李媛、李颖编写，第 4 章由王美华编写，第 5 章由张立岩、郑琨编写，第 6 章由张世民、刘志超编写，第 7 章由刘志超编写，第 8 章由梁普选、杨秦建编写。全书由张世民统稿。

本书适合作为高等院校"C 程序设计"课程的教材，也可作为参加计算机等级考试和其他自学者的参考用书。

在编写本书的过程中参考了很多教材，在此向这些作者表示感谢。同时，向对教材提出中肯建议的老师表示谢意和致敬。由于作者水平有限，书中难免会有疏漏和不足之处，敬请读者指正。

编 者
2008 年 11 月

目录

第 1 章　预备知识

对于理工科大学生而言，除了掌握专业知识外，分析问题、解决问题的能力训练以及严谨踏实的科研作风和思维方法的培养，都是日后工作的基础。学习计算机编程语言是一种十分有益的训练方式，而计算机语言本身又是与计算机进行交互的有力工具。因此，在校期间掌握一门编程语言并逐渐提高程序设计能力是必需的。本章简要介绍了计算机软件基础、C 语言的发展、结构特点和基本格式要求等知识，并针对初学者提出了 C 语言程序设计的学习方法和建议，最后介绍了 Visual C++编程环境的使用及 C 语言程序的开发过程。

1.1　计算机软件基础

一台计算机是由硬件系统和软件系统两大部分构成的。硬件是计算机的物质基础，而软件是计算机的"灵魂"，没有软件的计算机什么也做不了。计算机程序设计语言的发展，经历了从机器语言、汇编语言到高级语言的历程。

1. 机器语言

二进制是计算机语言的基础，也就是说计算机内部存储、加工并处理的信息是由 0 和 1 组成的二进制序列。计算机诞生之初，人们只能用二进制指令去命令计算机工作，即写出一串串由 0 和 1 组成的指令序列交由计算机执行，这种语言称为机器语言。使用机器语言是十分痛苦的，需要程序员记忆大量的机器码，特别是在程序有错误需要修改时，更是如此。由于机器语言十分依赖于计算机硬件结构，每台计算机的指令系统往往各不相同，导致在一台计算机上执行的程序，要想在另一台计算机上执行，必须另外编写程序，造成了重复工作。但由于使用的是针对特定型号计算机的语言，因此运算效率是所有语言中最高的，这就是第一代计算机语言。

2. 汇编语言

为了减轻使用机器语言编程的烦琐，人们进行了一种改进：用一些简洁的英文字母、符号串来替代一个特定指令的二进制串，例如，使用 ADD 代表加法，MOV 代表数据传递等。这样，人们很容易读懂并理解程序在做什么，纠错和维护都变得比较方便，这种程序设计语言称为汇编语言，即第二代计算机语言。然而，计算机是不认识这些符号的，这就需要一个专门的程序，专门负责将这些符号翻译成二进制数的机器语言。汇编语言同样十分依赖于机器硬件，移植性不好，但效率非常高，针对计算机特定硬件而编制的汇编语言程序，能准确地发挥计算机硬件功能和特长，程序精练而质量高，所以至今仍是一种强有力的软件开发工具。

3. 高级语言

从最初与计算机交流的痛苦经历中，人们意识到应该设计接近于数学或人的自然语言，同时又不依赖于计算机硬件的计算机语言。经过不断地努力，从 1954 年出现第一个完全脱离机器硬件的高级语言到现在，共有几百种高级语言出现。有重要意义的有几十种，影响较大使用较广泛的有 Fortran、Algol、Cobol、BASIC、Lisp、Ada、C/C++、Visual Basic、Delphi、Java 等。高级语言的发展也经历了从早期语言到结构化程序设计语言的发展过程。同样，软件的开发也由最初的个体手工作坊式逐渐过渡到现在的流水线式的工业化生产模式。

20 世纪 60 年代中后期，软件越来越多，规模越来越大，而当时软件的生产基本上是人自为战，缺乏科学规范的规划与测试、评估标准，其恶果是大批耗费巨资建立起来的软件系统，由于包含错误而无法使用，甚至带来巨大损失，软件给人的感觉是越来越不可靠，以致几乎没有不出错的软件。这一切，极大地震动了计算机界，史称"软件危机"。人们认识到：大型程序的编制不同于一些小程序，它应该是一项新的技术，应该像处理工程一样处理软件研制的全过程。程序的设计应易于保证正确性，也便于验证正确性。1970 年，第一个结构化程序设计语言 Pascal 出现，标志着结构化程序设计的开始。到了 20 世纪 80 年代末，随着软件规模的扩展，程序员逐渐认识到结构化程序设计模式也有其不足，从而导致软件设计理念发生了革命性变化，出现了面向对象的程序设计模式，这种软件开发模式加速了软件作为产品的商业化发展趋势。可以说，面向对象的编程模式对于软件的发展所起到的作用是无法估量的。

1.2　C 语言发展史

C 语言诞生于 20 世纪 70 年代，是由 UNIX 操作系统的研制者 Dennis Ritchie 和 Ken Thompson 于 1970 年在 B 语言的基础上发展和完善起来的。1972 年，Thompson 等人在小型机 PDP–11 上用 C 语言重写 UNIX 操作系统内核，可以说 C 语言与 UNIX 操作系统同时诞生。

20 世纪 80 年代，C 语言被程序员广泛使用，从而逐渐演化为个人计算机上流行的编程工具。1983 年，美国国家标准委员会（ANSI）对 C 语言进行了标准化，颁布了第一个 C 语言标准草案（1983 ANSI C）。

为了适应大规模软件的生产制作，在 C 语言基础上，贝尔实验室的 Bjarne Stroustrup 博士及其同事开始对其进行了改进和扩充，将"类"引入到了 C 语言中，1983 年构成了最早的 C++语言。为了适应大规模软件的开发，Stroustrup 博士又为 C++引进了多重继承、运算符重载、引用、虚函数等许多特性。美国国家标准协会 ANSI 和国际标准化组织 ISO 一起进行了标准化工作，并于 1998 年正式发布了 C++语言的国际标准 ISO/IEC:1998—14882，从此软件开发进入到一个快速发展的阶段。

20 世纪 90 年代，美国微软公司（Microsoft）为了降低 Windows 应用程序的开发成本，拉动应用软件在软件市场的地位，于 1992 年发布了含有 MFC 2.0 的 Visual C++ 1.0，一个划时代的可视化 C++集成开发环境诞生了。所谓的 MFC 就是一个软件包（framework），即用面向对象的方法对 Win32 API（应用程序接口）进行了封装，提高了 Windows 平台上的程序开发效率。1998 年，Microsoft 公司推出了目前最流行的 Visual C++ 6.0 版本。2002 年，推出了 Visual C++ 7.0，即嵌入在 Visual Studio.NET 框架中的 Visual C++ .NET 2002。目前，最新的 VC++版本是 Visual C++ .NET 2005——VC 8.0。

随着 Internet 的普及，美国 Sun 公司于 1995 年推出了因特网环境下通用的编程语言——Java 语言。Java 语言吸取了 C++的成功之处，摒弃了 C++的不足。使得 Java 语言逐渐演化成为 Internet 环境下的世界级通用语言。而 Microsoft 公司为了与如日中天的 Sun 公司抗衡，于 2005 年推出了 Visual C# .NET 2005。

尽管软件开发环境的研发脚步一直没有停止，但对于初学者而言，最重要的是打好计算机编程的基础。

1.3　C 语言特征

1．中级语言

C 语言是一门中级语言，也就是说它有"低级语言"的固有特征：允许自由访问计算机物理地址，能进行位操作，可以对计算机硬件接口直接访问，生成目标代码的质量高，程序执行效率高。它又兼备"高级语言"的固有特征：语句简洁、紧凑，运算符灵活、数据类型丰富，具有结构化的控制语句，可移植性好。

2．编程环境及使用

为了适应计算机软件市场的需求，计算机语言的编程环境随着操作系统的变化在同步变化。早期的磁盘操作系统下的 C 编程环境为 Borland 公司的 Turbo C 2.0，随着 Windows 操作系统的推出，其编程环境演化为可视化的集成编程环境，其代表作有 Borland 公司的 C++ Build 5.0 和 Microsoft 公司的 Visual C++ 6.0，本书所用的 C 编程环境就是 Visual C++ 6.0。

任何一种编程环境都是一个封闭的西文符号体系，C 语言也不例外。在学习 C 语言程序设计之路上，首先要很快熟悉 C 语言编程环境，可以说熟练掌握 C 语言编程环境是提高学习效率的主要途径之一。从另一个角度来看，程序是在不违反编译器基本"规则"的前提下，把求解实际问题的方法、步骤交给计算机来实现。如果教材中、课堂上讲解的例题或自己编写的程序不能交给计算机实现，又有何意义？因此，学习 C 语言的过程中必须有大量的上机实践作为支撑，从这个角度看，计算机语言程序设计是一门实践性很强的课程。

因此，对于初学者来说，学会上机调试程序是学习计算机编程首要解决的问题。这是因为从课堂或书本获取的计算机编程知识，必须通过亲手编制并上机调试，才会对该程序算法有更为深刻的消化和理解，这是学会编程的必要条件。对于入门者，上机调试程序可以对教材中的实例举一反三，使相关知识融会贯通，迈向程序设计自由之路。对于熟练者，只有上机调试程序才会实现预期的软件设计目标。

3．C 语言格式和结构特点

任何一种计算机语言都具有特定的语法规则和独有的表现形式。因此，程序的书写格式和程序的构成规则是程序语言表现形式的一个重要方面。按照规定和构成规则书写程序，不仅可使程序设计人员和使用程序的人员容易理解，更重要的是，把程序输入到计算机中时，计算机能够理解并正确执行。

（1）C 程序格式

下面编写一段计算圆柱体体积的程序。

【例1.1】计算圆柱体的体积。

源程序如下：

```
#include <stdio.h>        /*包含头文件stdio.h，支持程序中的输入/输出语句功能*/
int main()
{
    int radiu,hight;                /*定义表示圆半径和圆柱体高的两个整型变量*/
    float volum;                    /*定义保存圆柱体体积的实型变量volum*/
    scanf("%d%d",&radiu,&hight);    /*由键盘输入圆的半径和圆柱体的高*/
    volum=3.14159*radiu*radiu*hight;   /*计算圆柱体体积*/
    printf("volum=%f\n",volum);        /*屏幕输出计算结果*/
    return 0;
}
```

这里暂且不必顾及C语言源程序中各个语句的功能，首先把注意力放在其格式特点上。我们看到C语言程序格式有以下特点：

① C语言程序习惯上使用小写英文字母，也可以使用大写字母，但大写字母常常用于符号常量的定义或其他特殊用途。

② C语言使用分号";"作为语句之间的分隔符，每一条语句占用一个书写行的位置。

③ C语言程序中用大括弧对"{}"表示程序结构的层次范围。一个完整的程序模块要用一对大括弧表示该程序模块的范围，如上面程序中的第3行和最后一行的大括弧对。

④ 一般情况下每个语句占一行，采用缩进式书写C程序。即每个控制结构（一对花括弧）都缩进一个跳格键（Tab）位。

⑤ 空格作为语句中标识符、关键字间的分隔符。为了增强可读性，程序中可适当加些空格和空行。但不能在程序中所使用的关键词（称为保留字）及各种标识符（变量名、函数名）名字中间插入空格。

⑥ 为了便于阅读理解C源程序，例1.1中使用了注释语句对每条语句做出解释。C编译器在编译源程序时，对注释语句不予执行。

应该说采用这样格式书写的程序，便于阅读和理解，同时也体现了结构化程序设计特征。

对专业术语的进一步说明：

⑦ 关键词：关键词是被定义在C编译器系统内部的一些特定符号，对一条语句的作用做出解释，在程序中起到命令动词的作用。例如，例1.1中的scanf(...)表示实现数据输入库函数的关键词，而printf(...)是实现数据输出的库函数的关键词。

⑧ 标识符：标识符是由编程者所定义，通常表示程序中的常量或变量的名称。如例1.1中表示圆柱体体积的变量volum就是用户定义的标识符。

由例1.1可知，一段程序都是由系统定义的关键字、用户定义的标识符加之实现算法的表达式所组合而成。

（2）C程序结构

一个完整的C语言程序是由一个或多个具有相对独立功能的程序模块结合而成，这样的程序称为函数。每个函数都是由函数名和大括弧对"{}"包围的若干语句组成，为了更直观地了解C语言程序的特点，重新编写例1.1。

【例 1.2】计算圆柱体的体积。

源程序如下：

```c
#include <stdio.h>
float func1(int,int);                    /*函数 func1()的原型声明*/
int main()
{
    int radiu,hight;
    float v;
    scanf("%d%d",&radiu,&hight);
    v=func1(radiu, hight);               /*调用函数 func1()，得到圆柱体体积计算结果*/
    printf("volum=%f\n",v);
    return 0;
}
float func1(int r,int h)                 /*定义函数 func1()，实现圆柱体体积的计算*/
{
    return 3.14159*r*r*h;
}
```

说明：主函数 main()是 C 源程序中唯一不可缺的函数，它表示程序运行的入口，无论主函数位于整个源程序的什么位置，都从主函数开始执行。也就是说，一个完整的 C 程序，主函数 main()是必不可少的。

对例 1.2 的分析：第 2 条语句是对函数 func1()进行了原型声明，通知后续程序按原型声明定义并调用函数 func1()。主函数中的第 3 条语句是定义了表示圆半径和圆柱体高的两个整型变量 radiu 和 hight，接着定义一个实型变量 volum，用于保存圆柱体体积的计算结果。由键盘输入圆的半径和圆柱体的高之后，调用函数 func1()，实现了圆柱体体积的计算，最后在屏幕上显示输出圆柱体体积的计算结果。

1.4　C 语言学习方法

由于 C 语言灵活、强大，初学者要在短时间内全面地掌握它是不现实的，因而学习 C 语言编程是一个循序渐进的过程。

1. 预习教材

首先要预习教材，了解教师在课堂中要讲解的知识。在听课过程中，认真做好笔记，特别是教师在课堂中讲解的例题。课后仔细阅读教材中课堂讲解的章节内容，在阅读过程中，重点理解教材中的例题。不要在细枝末节上浪费过多的精力。（如++、--前缀/后缀用于表达式的计算，不常用运算符的运算顺序和类型转换等。）

2. 完成作业

认真完成教师在课堂上布置的作业。认真是指独立完成作业，当然对于初学者借鉴教材或他人所编写的源程序完成作业无可非议，但如果从始至终都在抄袭或模仿他人的程序，那就永远学不会编程。可按照教材或课堂中的实例试着改编程序，逐渐地独立编写程序，完成作业。

3．上机调试程序

由于高级语言程序设计课程是一门实践性很强的课程，因而对于学生而言，上机调试程序尤为重要。首先要带着完成的作业与课堂笔记去上机，因为教师课堂讲解的例题或教材中的实例可通过上机实践加深理解，融会贯通。更为重要的是，你自己完成的作业可通过上机得到验证。初学者调试程序出错是正常的，关键是如何面对它。千万不能回避调试程序中出现的错误，因为这正是我们学习编程的最好时机。要把计算机当做自己的第二教师，面对屏幕上提示的错误，不仅要记录下错误语句及错误提示，更要记下纠正错误的方法和思路。这样，在下次上机时就不会重蹈覆辙。

4．课后总结

将上机调试程序的过程与教科书中的相关知识联系在一起，再次阅读教材相关内容，我们会感到豁然开朗，课堂或书本中的疑惑就会迎刃而解，我们所学到的章节知识就会融会贯通。总而言之，在学习编程过程中，不要在细枝末节上浪费过多的精力，但一定要熟练掌握最基本内容。例如，C语言中的流程控制语句的使用，数组、函数、指针等基本知识及算法应用，为逐步提高程序设计能力打下坚实的基础。

5．难点处理

C语言中有些内容的确比较难于理解，如C语言中的指针。遇到这样的情况，一是求得教师的辅导答疑和帮助；二是同学之间针对某个问题进行交流探讨，实际上这一点很重要，因为您所遇到的困惑，其他同学可能会给你恰如其分的解释，使你茅塞顿开；三是借阅相关的C语言教材，查阅相关的章节，或许其他教材中的内容能对你遇到的问题给予启发、提示，帮助您理解。当然，如果拥有正常上机实验之外的机会，特别是自己拥有计算机，要珍惜并好好利用它，安装上C/C++编译器进行编译、验证。

1.5 程序与算法

算法是思想，程序是表达。算法是求解问题的思路，程序是这个思路的具体实现过程。一个完整的计算机程序包括数据和操作步骤两方面内容，而操作步骤就是算法。

数据是程序的基本元素，算法是程序的核心，缺一不可。算法来源于生活，例如要做一盘红烧肉。第一步要准备做菜的各种原料，需要什么部位的猪肉及放置葱、姜的量是多少（数据及数据类型）。准备好这些数据之后，第二步就可以按照做红烧肉菜谱（算法），完成一道菜的制作（运行程序），程序运行的结果就是一盘可口美味的红烧肉。根据这个例子，使我们认识到做任何事情时都有一定的步骤，这就是算法。其实，生活中还有许许多多这样的例子，如过马路、买东西等。表示算法的方法有以下三种：

① 用自然语言表示算法。

② 用伪代码表示算法。

③ 用流程图表示算法。

算法的最佳表示方法是流程图，程序设计者常以流程图的方式来描述算法，就是用一些框图来表示各种操作，使算法直观形象，易于理解。美国国家标准化协会 ANSI 规定了一些常用的流程图符号，已被世界各国程序工作者普遍采用，流程图符号如图 1-1 所示。

| 起始/结束框 | 一般处理框 | 判断框 | 输入/输出框 | 流程线 |

图 1-1　流程图符号

绘制流程图时一定不要忘记加上箭头，因为它反映流程的先后顺序，如果不画箭头就难以判断每一个框的执行顺序。下面就将日常生活中过马路的情形用流程图表示出来，如图 1-2 所示。

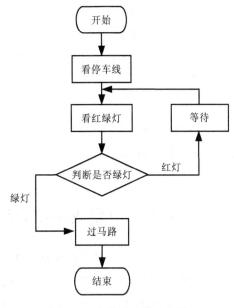

图 1-2　穿越马路的流程图

由此看来，在程序设计初期，可使用流程图形象地表述源程序的算法和执行过程。

1.6　C 程序开发过程

C 语言是一种编译型程序语言，和大多数流行的软件开发环境类似，C 语言程序的开发过程要经历四个基本阶段：编辑→编译→连接→运行。

1．源程序文件的编辑

过去要把自己编制的 C 语言程序输入到计算机，首先要使用系统提供的编辑程序建立 C 语言程序的源文件。建立之后的源文件以文本文件形式存储在计算机的文件系统（硬盘）中，再进行编译、连接。源程序文件名称由用户自定义，C 语言源文件的文件扩展名为.c，例如 test1.c、test2.c，C++语言源文件的文件扩展名.cpp。用于建立 C 源程序文件的编辑器很多，但目前流行的 C/C++ 集成开发环境，如 Turbo C 3.0、Borland C++ 5.0 及后面介绍的 Visual C++ 6.0 已经把 C/C++源程序文件的编辑、编译、连接和运行集成为一体，从整体上提高了编程的效率。

2．编译过程

对源程序文件的编译是通过系统提供的编译程序（又称编译器）进行的，在使用 C 编译器对源程序文件进行编译时，首先编译器要检查源程序中的语法、语句格式及程序的逻辑结构进行扫描检查，当发现错误时，就在显示器中列出错误的位置和错误的性质。此时，要再次对刚输入的 C 源程序代码进行检查、排除错误后继续编译，直到完全通过编译器检查之后，就会自动把源程序文本文件编译为二进制代码文件（其文件扩展名为.obj），并保存到硬盘中。

3．连接过程

编译之后产生的目标文件（.obj）不能直接加载到内存运行，二进制目标代码文件必须要经过连接过程，把它与系统提供的标准库（包括得到操作系统支持的运行库）进行连接后，才生成可执行文件，该文件扩展名为.exe。例如，C 源程序文件名为 test1.c，编译成功之后的二进制代码文件为 test1.obj，经过连接后的可执行文件名则为 test1.exe。只有经过编译并连接成功后的文件才可在操作系统下运行。

4．运行程序

可执行文件生成之后，就可在操作系统的支持下运行。若运行结果达到预期目的，则编制程序的工作可到此为止，否则要进一步检查修改源程序文件，再经过编辑、编译、连接的过程，直到获得正确的运行结果。

1.7　Visual C++集成环境介绍

Visual C++ 6.0（简称 VC++）是目前流行的一种软件开发环境，该系统运行在 Windows 系统下，将 C++源程序的输入/编辑、编译、连接与运行集成在一起，并提供了 Windows 系统下流行的可视化界面设计手段，可直接开发出运行在 Windows 环境下的应用程序。在此，我们仅仅使用 VC++系统中对 C/C++源程序进行编译、连接、运行提供支持的那部分功能。

1.7.1　初识 Visual C++

Visual C++是程序员及软件爱好者要掌握的工具，它内嵌了微软基础类库 MFC——微软程序员几十年精髓积累，在这些上百万行 C++优化代码的支持下，它将 Windows 应用程序的可视化设计、C++源程序代码及 Windows 资源的输入、编辑、编译、调试连接集为一体，是微软公司推出的 Windows 平台下优秀的软件开发工具之一。它由菜单栏、工具栏、控件工具箱及完成各种特定功能的窗口组成。其界面如图 1-3 所示。

Visual C++ 6.0 是 Visual Studio 6 的套件之一，它本身并不带帮助，微软公司为 Visual Studio 6.0 提供了一套 MSDN Library 帮助系统。MSDN（microsoft developer network）是一个集程序设计指南、用户使用手册以及库函数于一体的电子词典，使用 MSDN Library 的帮助功能，不仅可以引导初学者入门，还可以帮助各个层次的用户完成应用程序的设计。

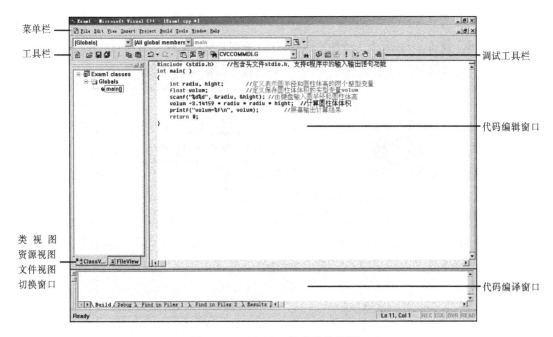

菜单栏

工具栏

调试工具栏

代码编辑窗口

类 视 图
资源视图
文件视图
切换窗口

代码编译窗口

图 1-3　Visual C++集成开发环境

1.7.2　Visual C++ 集成环境的使用

下面介绍在 VC++环境下实现 C 源程序的输入、编辑、编译连接和运行。以例 1.1 为例，为了实现 C 源程序的输入、编辑、编译和连接，首先要创建一个类型为"Win32 Console Application"的工程。具体操作如下：

（1）创建基于"Win32　Console Application"的工程

选择"File"→"New"命令，弹出"New"对话框，在"Projects"选项卡中选择"Win32 Console Application"选项，在"Project name"文本框中输入工程文件名"Exam1"，如图 1-4 所示。

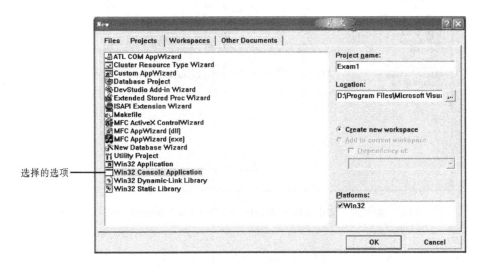

选择的选项

图 1-4　"New"对话框

注意：此时可在 Location 文本框中输入自己选择的源程序存盘位置。

单击"OK"按钮，弹出如图 1-5 所示的对话框。在对话框中选择"An empty project"单选按钮。

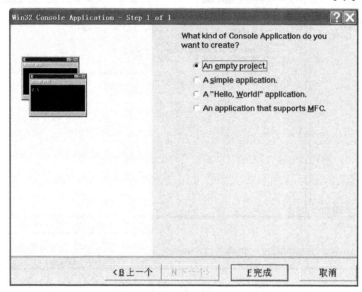

图 1-5　Win32 Console Application Step 1 of 1 对话框

（2）添加 C 源程序文件

选择"File"→"New"命令，弹出"New"对话框。在"Files"选项卡中选择"C++ Source File"选项，在"File"文本框中输入"Exam1"，选择"Add to project"复选框，如图 1-6 所示，单击"OK"按钮。

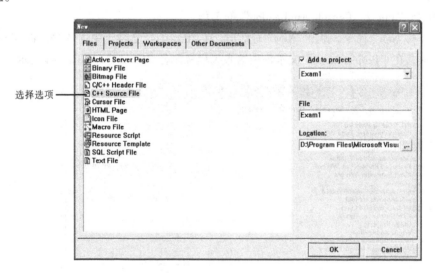

图 1-6　向当前工程中添加 C 源程序文件的"New"对话框

（3）输入代码

向代码编辑窗口中输入下列代码，并以指定的文件名"Exam1"存盘。

```
#include <stdio.h>      /*包含头文件 stdio.h，支持 C 程序中的输入/输出语句功能*/
int main()
```

```
    {
        int radiu,hight;                /*定义表示圆半径和圆柱体高的两个整型变量*/
        float volum;                    /*定义保存圆柱体体积的实型变量 volum*/
        scanf("%d%d",&radiu,&hight);    /*由键盘输入圆半径和圆柱体高*/
        volum=3.14159*radiu*radiu*hight;/*计算圆柱体体积*/
        printf("volum=%f\n",volum);     /*屏幕输出计算结果*/
        return 0;
    }
```

（4）运行程序

按【Ctrl+F5】组合键编译连接并运行该程序：

键盘输入：10　10

运行结果：volum=3141.59

注意：第 1 段程序调试完毕后，在输入第 2 段程序之前，一定要选择"File"→"关闭工作空间"命令，待关闭了第 1 段程序之后，再创建一个空的"基于控制台"的应用工程，输入第 2 段源程序代码。这种烦琐的操作是由于在一个工程中不允许出现两个 main()函数所致。

实际上有更为简洁的方法，就是第 1 个程序成功之后，将其全部注释起来，再输入第 2 个程序，这种方法使得多个程序保存在一个文件中，但实际上只有最新输入的程序起作用。例如：

```
    #include <stdio.h>
    /*第 1 个源程序
    void main()
    {
        ...;
    }
    */
```

再输入第 2 段源程序。

如果程序在编译中出现错误，按【F4】功能键快速定位到出错位置，通常情况下，应该用功能键【F4】定位位置向前查找语句错误。

对于初学者，很快熟悉 Visual C++编程环境，掌握编辑、调试 C 源程序的基本技能是学习 C 语言程序设计的必由之路。

习　题　1

1．根据自己的认识，写出 C 语言的特点。

2．C 语言和其他高级语言相比有何不同？

3．C 程序中的主函数的作用是什么？

4．C 程序以函数为程序的基本单元，这样有什么好处？

5．为什么说 C 程序设计课是一门实践性很强的课程？

6．Visual C++编程环境中，编译程序、运行程序、快速定位出错位置的快捷键是什么？

7．上机运行本章中的例题。

8．试自己编写一个实现两个整数相加运算的源程序，上机调试并实现。

9．总结编写 C 程序的过程及基本步骤。

第 **2** 章 基本数据类型和表达式

本章讲述 C 语言的基本数据类型，整型、实型和字符型以及不同数据类型之间的转换，并介绍算术表达式和逗号表达式的使用，为以后各章的学习打下基础。

2.1　C 的数据类型

C 语言可以处理数值型及非数值数据。数据类型用于描述数据的特征。数据类型决定了数据被存储时所占内存字节数、数据取值范围和其可进行的操作。数据类型越丰富，功能越强，可以编写更复杂的应用程序。

C 语言有着丰富的数据类型，它既有基本类型，又有构造类型，还有指针类型和空类型。C 语言的数据类型如图 2-1 所示。

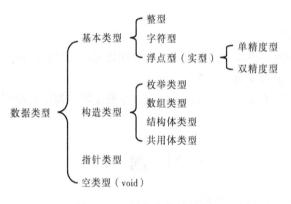

图 2-1　C 语言的数据类型

本章主要介绍 C 语言的三种基本数据类型，即整型、实型和字符型。每一种数据类型又有常量和变量之分。下面分别介绍这几种数据类型。

2.2　常　　量

常量是指在程序运行过程中，其值保持不变的量。在 C 语言中，有整型常量、实型常量、字符常量、字符串常量等类型。

2.2.1　整型常量

整型常量又称为整常数。可以用十进制、八进制、十六进制表示。

十进制整数是由正、负号和 0~9 之间的数字组成的数据，并且第一位数字不能是 0。例如 2304，-129 都是合法的十进制整数。

八进制整数是由正、负号和 0~7 之间的数字组成的数据。例如，0123 即十进制数 83；-012 即十进制数-10；0177777 即十进制数 65 535。

十六进制整数由 0x（或 0X）开头，由数字 0~9、英文字母 a~f（或 A~F）组成的数据，其中 a~f（或 A~F）表示十进制数 10~15。例如，0x123 即十进制数 291；-0x12 即十进制数-18；0xFFFF 即十进制数 65 535。

整常数在不加特别说明时总是正值。如果是负值，则负号 "-" 必须放在常数的前面。

数值超过整形数据范围时，可使用长整型数，每个长整型数占 4 个字节（32 位）存储空间。长整型常量的表示形式是在整型常量的后面跟一个字母 l 或 L，即为 long int 型。例如 123l、1234567L。

在一个整型常量后面跟一个字母 u 或 U 为无符号整型常量，即 unsigned int 型，例如 12345u。无符号整型常量在内存中存放时最高位不作为符号位，而用来存储数据。

请思考：16L 与 16 有什么区别？

2.2.2　实型常量

实型常量又称为浮点型常量，是一个十进制表示的实数。实型常量分为单精度实数和双精度实数，表示形式有十进制小数形式和指数形式两种。

1．十进制小数形式

实数的小数形式有若干位 0~9 的数字，后跟一个小数点（必须有），再有若干位小数。例如，123.456、-21.37。而 24 用实数表示必须写成 24.0 或 24.。

2．指数形式

实数的指数形式分为尾数部分和指数部分。尾数部分可以是整数形式或小数形式，指数部分是一个字母 "e" 后跟一个整数，如 567e+01、-456.78e-01、0e0 等。实数的指数形式中字母 e（或 E）前面必须有数字，e 后面的指数必须为整数。例如 e3、2.1e3.5、e 都不合法。

规范化的指数形式规定，尾数小数点前应有一位且只能有一位非 0 数字。例如 2.5867e5 属于规范化的指数形式。

在不加说明的情况下，实型常量为正值。如果表示负值，需要在常量前使用负号。

2.2.3　字符常量

字符常量是指用一对单引号括起来的一个字符，例如'A'、'5'、'+'。在 C 语言中，字符常量用 1 个字节存储，在存储单元中存放的实际上并不是字符本身，而是该字符的 ASCII 码。例如,字符常量'A'在内存中存储的是其对应的 ASCII 码 1000001,可以得到它所代表的字符'A'，也可以得到它的 ASCII 值为 65，因此在 C 语言中字符是可以参与运算的。字符的值就是它的 ASCII 码值。

例如：

```
a='D';        /*字符 D 的 ASCII 码值为 68*/
x='A'+5;      /*字符 A 的 ASCII 码值为 65*/
s='!'+'G';    /*字符! 的 ASCII 码值为 33，字符 G 的 ASCII 码值为 71*/
```

它们相当于下列运算：

```
a=68;
x=65+5;
s=33+71;
```

除了以上形式的字符常量外，C 语言还允许使用一种特殊形式的字符常量，来表示 ASCII 码中不可打印的控制字符和特定功能的字符，这就是转义字符。转义字符以 "\" 开头，后面接表示特殊含义的一些字符。例如，\n 表示换行控制，\t 表示光标转到下一个制表位置。C 语言中常用的转义字符如表 2-1 所示。

表 2-1　常用转义字符

字符形式	含　　义	字符形式	含　　义
\n	换行，将当前位置移到下一行开头	\\	反斜杠字符
\t	水平制表（跳到下一个 Tab 位置）	\'	单引号字符
\b	退格，将当前位置移到前一列	\"	双引号字符
\r	回车，将当前位置移到本行开头	\ddd	1～3 位八进制数所代表的字符
\f	换页，将当前位置移到下页开头	\xhh	1～2 位十六进制数所代表的字符

【例 2.1】字符常量的使用。

源程序如下：

```
#include <stdio.h>
void main()
{
    printf("\141 \x61 C\n");
    printf("I say:\"How are you?\"\n");
    printf("\\C Program\\\n");
    printf("Visual \'C\'");
    printf("hello\teveryone\nok!");
}
```

运行结果：

```
a a C
I say: "How are you? "
\C Program\
Visual 'C'
hello    everyone
ok!
```

说明：

在 C 程序中使用转义字符\ddd 或者\xhh 可以表示任意字符。\ddd 为斜杠后面跟三位八进制数，该三位八进制数的值即为对应的八进制 ASCII 码值。\x 后面跟两位十六进制数，该两位十六进制数为对应字符的十六进制 ASCII 码值。

\141　即 $(141)_8$，其值为 $1 \times 8^2 + 4 \times 8^1 + 1 \times 8^0 = (97)_{10}$。

\x61　即 $(61)_{16}$，其值为 $6 \times 16^1 + 1 \times 16^0 = (97)_{10}$。

字符常量'a'的 ASCII 码值为 97，因此\141 和 \x61 均表示字符'a' 。

请思考：字符'8'和数字 8 的区别是什么？ 'a'和'A'是相同的字符常量吗？

2.2.4　字符串常量

字符串常量是指用一对双引号括起来的一串字符，例如"Hello"、"A"。在 C 语言中，字符串常量在内存中存储时，系统自动在字符串的末尾加一个"字符串结束标志"，即 ASCII 码值为 0 的字符，用'\0'表示。因此在程序中，长度为 n 个字符的字符串常量，在内存中占有 n+1 个字节的存储空间。

例如，字符串 Hello 有 5 个字符，作为字符串常量"Hello"存储在内存中时，共占 6 个字节，系统自动在后面加上"字符串结束标志 \0"，其存储形式如下：

H	e	l	l	o	\0

请思考：字符常量'a'和字符串常量"a"有什么区别？

2.2.5　符号常量

C 语言允许将程序中的常量定义为一个标识符，称为符号常量。符号常量习惯上使用大写英文字母表示，以区别于一般用小写字母表示的变量。符号常量在使用前必须先定义，定义的形式如下：

```
#define 符号常量名 常量
```

例如：

```
#define NULL 0    /*定义符号常量 NULL 值为 0*/
#define EOF -1    /*定义符号常量 EOF 值为-1*/
```

#define 是 C 语言的编译预处理命令，它表示经过定义的符号常量在程序运行前将由其对应的常量替换。

【例 2.2】符号常量的使用。

源程序如下：

```
#define PRICE 40    /*定义符号常量使用宏定义命令，此行不能以分号结束*/
#include <stdio.h>
void main()
{
    int num,total;
    printf("请输入数量: ");
    scanf("%d",&num);
    total=num*PRICE;
    printf("total=%d",total);
}
```

运行结果：

```
请输入数量: 10✓
total=400
```

程序中的第一行用#define 命令定义了一个符号常量 PRICE，此后在本文件中出现的 PRICE 都代表 40。PRICE 是一个常量，在程序中只能引用，而不能被改变。如上例中，若再用 PRICE=90; 是错误的。

在程序中用符号常量来代替常数本身，可以使程序更清晰易读。例如，求圆的周长及圆的面积，用以下命令：

```
#define PI 3.1415926
```

定义了符号常量 PI，表示 π 的近似值 3.1415926。

此外，程序更易于修改。在例 2.2 中，当单价改为 50 时，只需要将第一条命令改为：

```
#define PRICE 50
```

而程序的其余部分不用改变。如果不用符号常量而用数值本身，就需要在程序中寻找数值 40，而且并不是所有 40 都表示单价，这就增加了修改的难度，也很容易出错。

2.3 变　　量

变量用于存储数据，程序运行中其值可以被改变。

每个变量都必须有一个名字，即变量名。程序中定义了一个变量，即表示在内存中拥有了一个可供使用的存储单元，用来存放数据，即变量的值。而变量名则是编程者给该存储单元所起的名称。程序运行过程中，变量的值存储在内存中。从变量中取值，实际上是根据变量名找到相应的内存地址，从该存储单元中读取数据。在定义变量时，变量的类型必须与其被存储的数据类型相匹配，以保证程序中变量能够被正确地使用。当指定了变量的数据类型时，系统将为它分配若干相应字节的内存空间。如 char 型为 1 个字节，int 型为 4 个字节，float 为 4 个字节，double 为 8 个字节。

在 C 语言中用来对变量、符号常量、函数等数据对象命名的有效字符序列统称为标识符。变量名的命名必须遵循标识符的命名规则，即由字母、数字、下画线三种字符组成，并且首字符必须是字母或下画线。例如：sum，day，li_ming 是合法的变量名。

C 语言的关键字、库函数名不能用做变量名。ANSI C 规定了 32 个关键字，不能用做各种标识符，它们用来表示 C 语言本身的特定功能。ANSI C 规定的关键字如表 2-2 所示。

表 2-2　C 语言关键字

名　　称	名　　称	名　　称	名　　称
auto	break	case	char
const	continue	default	do
double	else	enum	extern
float	for	goto	if
int	long	register	return
short	signed	sizeof	static
struct	switch	typedef	union
unsigned	void	volatile	while

在 C 语言中，标识符中大小写字母是有区别的。程序中基本上都采用小写字母表示各种标识符，如变量名、数组名、函数名等。例如，sum 与 SUM 是两个不同的变量。程序中的各种语句也均用小写字母，而大写字母只用来定义符号常量等，用得不多。

在定义变量时，变量名的长度不限，但只有前 8 个字符有效。例如，student_name 与 student_number 是一个变量。

变量名命名时，应注意做到"见名知义"。通常选择能表示数据含义的英文单词或缩写作为变量名，以提高程序的可读性。例如，name 表示姓名，sex 表示性别，age 表示年龄。

C 语言规定变量必须先定义，后使用。未经定义的变量不能使用。例如：

```
#include <stdio.h>
void main()
{
    int a,b;
    a=3;
    b=6;
    …
}
```

不同类型的数据在编译时分配的内存空间大小不同，例如字符型占 1 个字节，整型（int）占 4 个字节，而浮点型（float）占 4 个字节。

不同类型的数据在内存中的存储形式不同，例如，字符型是以 ASCII 码值存储的，整型是以补码形式存储的，浮点型是以指数形式存储的。

不同类型的数据所使用的运算符不同，这就便于在编译时据此检查在程序中要求对该变量进行的运算是否合法。例如"%"（求余）运算符只能用于整型变量而不能用于浮点型变量。如果两个浮点型变量做求余运算，在编译时会给出有关"出错信息"。

请思考：C 语言中变量名与其类型有关吗？为什么变量必须先定义后使用？

2.3.1　整型变量

除了基本整型外，还可以在 int 前加上修饰符来改变整型的意义，修饰符有 signed（有符号）、unsigned（无符号）、long（长型）、short（短型）。

整型变量的说明加上修饰符后，int 可以省略。整型变量加上修饰符后，其取值范围有所变化。以 32 位机为例，各种形式整型变量的取值范围如表 2-3 所示。

表 2-3　整型变量的取值范围

名　　称	类型说明符	位　　数	取 值 范 围
基本整型	int	32	–2147483648 ~ 2147483647
无符号基本整型	unsigned int	32	0 ~ 4294967295
短整型	short [int]	16	–32 768 ~ 32 767
无符号短整型	unsigned short [int]	16	0 ~ 65 535
长整型	long [int]	32	–2 147 483 648 ~ 2 147 483 647
无符号长整型	unsigned long [int]	32	0 ~ 4 294 967 295

方括号内的部分是可以省略不写的。例如 unsigned short int 与 unsigned short 是等价的。

有符号整型数据的最高位为符号位。0 表示为正，1 表示为负。有符号整数对于许多运算都是很重要的。但是它所能表达的最大数的绝对值只是无符号数的一半。例如，32 767 的有符号整数表示为 0111111111111111。无符号型变量存储单元的所有位均表示数值。

如果最高位设置为 1，则该数就会被当做–1。然而，如将该数定义为无符号整型（unsigned int），那么当最高位设置为 1 时，它就变成了 65 535，如图 2-2 所示。

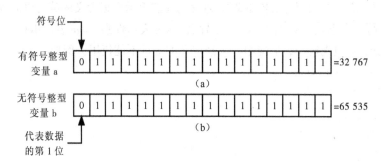

图 2-2　有符号和无符号整型变量

在使用整型变量时一定要注意数据的取值范围，超过该变量允许的使用范围将导致错误的结果。

对变量的定义一般放在函数开头的声明部分。整型变量的定义格式如下：

　　整型说明符　变量名表；

例如：

```
#include <stdio.h>
void main()
{
    int a,b,c;           /*定义三个整型变量*/
    unsigned int u;      /*定义一个无符号整型变量*/
    …
}
```

【例 2.3】整型变量的使用。

源程序如下：

```
#include <stdio.h>
void main()
{
    int  a,b,c,d;        /*指定 a、b、c、d 为整型变量*/
    unsigned int u;      /*指定 u 为无符号整型变量*/
    a=6;b=-8;u=20;c=a+u;d=b+u;
    printf("a+u=%d,b+u=%d \n",c,d);
}
```

运行结果：

```
a+u=26,b+u=12
```

整型数据在内存中是以二进制补码形式存放的。

原码：最左面的一位即最高位为符号位，其余各位为数值本身的绝对值。

反码：正数的反码与原码相同。负数的符号位为 1，其余位对原码取反。

补码：正数的原码、反码和补码相同。负数的最高位为 1，其余位为原码取反，再对整个数加 1。

在存放整数的存储单元中，符号位为 1 则表示数值为负数，符号位为 0 则表示数值为正数。

例如：

```
int  x;
x=10;
```

其存放形式为 00000000 00001010。

例如：

```
int  x;
x=-10;
```

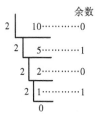

其存放形式为 1111 1111 1111 0110。

下面给出了取整数–10 的补码的过程。

十进制数转换为二进制数使用除以 2 取余的方法，在内存中用 2 个字节即 16 位二进制数存储整型数据。

–10 的原码：1000 0000 0000 1010。

–10 的反码：1111 1111 1111 0101。

–10 的补码：1111 1111 1111 0110。

一个短整型变量只能容纳–32 768～32 767 范围内的数，无法表示大于 32 767 或小于–32 768 的数。当整型运算结果超过取值范围时，就会发生溢出。

【例 2.4】整型变量的溢出。

源程序如下：

```
#include <stdio.h>
void  main()
{
    short int i,j,k,m;
    i=2000;j=2000;
    m=i+j;
    k=i*j;
    printf("%d,%d",m,k);
}
```

运行结果：

```
4000,2304
```

程序中 k 为整型变量，i 和 j 乘积的结果已超出整型取值范围，发生溢出，但运行时并不报错。

将上述程序修改如下：

```
#include <stdio.h>
void  main()
{
    int  i,j,k,m;
    i=2000;j=2000;
    m=i+j;
    k=i*j;
    printf("%d,%d",m,k);
}
```

运行结果：

```
4000,4000000
```

2.3.2 实型变量

实型变量也称浮点型变量，浮点型变量分为单精度型（float）、双精度型（double）和长双精度型（long double）三类。各种形式实型变量的取值范围如表 2-4 所示。

表2-4　实型变量的取值范围

名　　称	类型说明符	位　　数	取 值 范 围
单精度型	float	32	$-3.4\times10^{-38} \sim 3.4\times10^{38}$
双精度型	double	64	$-1.7\times10^{-308} \sim 1.7\times10^{308}$
长双精度型	long double	128	$-1.2\times10^{-4932} \sim 1.2\times10^{4932}$

实型变量的定义格式如下：

　　　实型说明符　变量名表；

例如：

```
#include <stdio.h>
void main()
{
    float a,b;
    double c;
    …
}
```

单精度实数的取值范围为$-3.4\times10^{-38} \sim 3.4\times10^{38}$，超出取值范围就产生溢出现象。单精度实数有7位有效数字。在内存中存储时占4个字节。

双精度实数的取值范围为$-1.7\times10^{-308} \sim 1.7\times10^{308}$，有16位有效数字。双精度实数在内存中存储时占8个字节。

长双精度实数的取值范围为$-1.2\times10^{-4932} \sim 1.2\times10^{4932}$，有19位有效数字，在内存中存储时占16个字节。

由于存储位数是一定的，所以当数值的有效位数超过尾数存储位数时，有效位数以外的数字将被舍去。

【例2.5】实型变量的使用。

源程序如下：

```
#include <stdio.h>
void  main()
{
    float  a,b;
    a=123456.987e5;
    b=a+30;
    printf("%f",b);
}
```

运行结果：

```
123456.987e5
```

由上例可知，应当避免将一个很大的数和一个很小的数直接相加或相减，否则就会丢失小的数。

2.3.3　字符变量

字符变量用来存放字符常量，只能存放一个字符。字符变量的定义形式如下：

　　　char　变量名表；

例如：char c1,c2;

字符数据在内存中的存储并不是将该字符本身放到内存单元中去，而是将该字符的相应的

ASCII 码值放到存储单元中。因此一个字符数据既可以字符形式输出，也可以整数形式输出。字符型和整型数据在一定范围内（0～255）可以通用。字符型数据可以参与运算。

【例 2.6】字符型变量的使用。

源程序如下：

```
#include <stdio.h>
void  main()
{
    char   ch1;
    int    ch2;
    ch1=97;                  /*等价于ch1='a'; 因为'a'的ASCII 码值为97*/
    ch2='b';                 /*等价于ch2=98; 因为'b'的ASCII 码值为98*/
    printf("ch1=%d,ch2=%d",ch1,ch2);
    printf("ch1=%c,ch2=%c",ch1,ch2);
}
```

运行结果：

```
ch1=97,ch2=98
ch1=a,ch2=b
```

ch1 被定义为字符变量，ch2 被定义为整型变量。但在第 6 行中将整数 97 赋给 ch1，在第 7 行中将'b'赋给 ch2，它的作用相当于以下两个赋值语句：ch1='a';c2=98;。

因为'a'和'b'的 ASCII 码为 97 和 98。运行结果的第二行输出两个字符 a 和 b，"%c"是输出字符的格式。

【例 2.7】大小写字母的转换。

分析：从 ASCII 码表中可以看到每一个小写字母比对应的大写字母的 ASCII 码值大 32，即'a'='A'+32。

源程序如下：

```
#include <stdio.h>
void  main()
{
    char   ch1,ch2;
    ch1='a';
    ch2='M';
    ch1=ch1-32;              /*小写字母转换为大写字母*/
    ch2=ch2+32;              /*大写字母转换为小写字母*/
    printf("ch1=%c,ch2=%c",ch1,ch2);
}
```

运行结果：

```
ch1=A,ch2=m
```

注意：不能将字符串常量赋给一个字符变量。

例如：char c;
```
      c="b";                         /*错误*/
```
请思考：为什么不能将字符串常量赋给一个字符变量？

2.3.4 变量赋初值

被定义的变量在没有赋初始值之前，其值是不确定的，因而必须指定变量初始值以便进行下一步运算。

变量赋初值的格式如下：

变量=表达式；

例如：

```
int  a;
a=9;      /*给 a 赋初值*/
```

C 语言规定，可以在定义变量的同时给变量赋初值，即变量初始化。变量初始化只需定义变量时在变量名后面加一赋值号和一个常数。

例如：

```
int  a=9;
float  b=7.89;
char  c='x';
```

相当于：

```
int  a;
float  b;
char  c;
a=9; b=7.89; c='x';
```

变量赋值的原则是变量与常量的数据类型应一致或相容。

给变量赋初值时，可以给被定义的变量的一部分赋初值。

例如：

```
int a,b,c=6;
```

相当于：

```
int a,b,c;
c=6;
```

也可以给几个变量赋同一个初值。

例如：

```
int  a=b=c=6;
```

相当于：

```
int a,b,c;
a=6; b=6; c=6;
```

2.3.5 各类数值型数据的混合运算

如果一个运算符两侧的操作数的数据类型不同，则系统按"先转换、后运算"的原则，首先将数据自动转换成同一类型，然后在同一类型数据间进行运算。

在 C 语言中，整型、实型、字符型数据可以混合运算，例如 10+'a'+1.5-8765.1234+'b'。进行混合运算时，不同类型数据要先转换成同一类型数据再进行运算。转换的规则如图 2-3 所示。

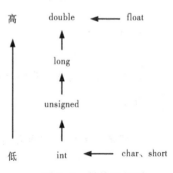

图 2-3 转换的规则

横向向左的箭头表示必定的转换，char 和 short 型必须转换成 int 型，float 型必须转换成 double 型。纵向箭头表示运算对象类型不同时转换的方向。

需要注意的是，箭头方向只表示数据类型由低向高转换，不要理解为 int 型先转换成 unsigned 型，再转换成 long 型，最后转换成 double 型。例如，int 型与 double 型数据运算时，先将 int 型转换为 double 型再进行运算，结果为 double 型。

例如：

```
int  a;
lon g  b;
```

则 a+b 的值为 long 型。

```
int  x;
float  y;
```

则 x+y 的值为 double 型。

例如：

```
int     a;
float   b;
double  m;
long    n;
x=56+'c'+a*b-m/n;
```

运算过程如下：

① 将'c'转换为 99，进行 56+'c'运算，结果为 155。

② 将 a 和 b 都转换成 double 型进行运算，结果为 double 型。

③ 整数 155 转换为 double 型与 a*b 的积相加，结果为 double 型。

④ 将 n 变为 double 型，m/n 结果为 double 型。

⑤ 表达式的结果为 double 型，赋给变量 x。

上述类型转换是系统自动进行的。

2.4　库函数的使用

C 语言处理系统提供了许多事先编写好的函数，以便用户在编程时调用，这些函数称为库函数。C 语言程序设计中，大量的功能实现都需要库函数的支持，包括最基本的输入/输出函数 scanf( ) 和 printf()函数。虽然库函数不是 C 语言的一部分，但每一个 C 语言系统都会根据 ANSI C 提出的标准库函数，提供这些标准函数的实现。库函数中一些必需的信息在相应的头文件中声明。因此，用户在调用库函数时，需要用#include 命令将相应的头文件包含到源程序中。例如，调用输入或输出函数，要使用#include <stdio.h>命令；调用数学处理函数，要使用#include <math.h>命令；调用字符串处理函数，则需要使用#include <string.h>命令。常用的数学库函数和功能如表 2-5 所示。

表 2-5　常用的数学库函数

库 函 数	功 能	举 例
求平方根函数 sqrt(x)	计算 x 的平方根	sqrt(9)=3，即 $\sqrt{9}=3$
求绝对值函数 fabs(x)	计算实数 x 的绝对值	fabs(−7.8)=7.8，即|−7.8|=7.8
幂函数 pow(x,n)	计算 x 的 n 次方	pow(2,3)=8，即求 $2^3=8$

【例 2.8】计算银行存款的本息。从键盘输入存款金额 money、存款期限 year 和年利率 rate，使用公式 sum=money(1+rate)^{year}，计算存款到期时的本息合计 sum（税前）。

源程序如下：

```
#include <stdio.h>
#include <math.h>
void main()
{
    int  money,year;
    float rate,sum;
    printf("请输入金额，期限，年利率：");
    scanf("%d,%d,%f",&money,&year,&rate);
    sum=money*pow((1+rate),year);
    printf("本息合计=%f\n",sum);
}
```

运行结果：

```
请输入金额，期限，年利率：2000,3,0.025
本息合计=2153.781252
```

上述程序中调用了 scanf()函数：

```
scanf("%d,%d,%f",&money,&year,&rate);
```

调用 scanf()函数输入多个数据时，需要多个输入参数和多个格式控制符，而且输入参数的类型、个数和格式控制符一一对应。

调用 scanf()函数和 printf()函数，要将 stdio.h 文件包含进来。调用 pow()函数，要将 math.h 文件包含进来。

2.5　C 的运算符与表达式

C 语言不仅数据类型丰富，运算符也十分丰富。用运算符将常量、变量、函数连接成 C 表达式，因此掌握好运算符的使用对编写程序非常重要。

2.5.1　C 运算符简介

运算是对数据进行加工的过程，描述各种操作的符号称为运算符。C 语言的运算符如表 2-6 所示。

表 2-6　C 语言的运算符

运算符名称	运 算 符	运算符名称	运 算 符
算术运算符	+ - * / %	逗号运算符	,
关系运算符	> < == >= <= !=	指针运算符	*和&
逻辑运算符	! && ‖	求字节数运算符	sizeof
位运算符	<< >> ~ ‖ ∧ &	强制类型转换运算符	(类型)
赋值运算符	=及扩展赋值运算符	分量运算符	. ->
条件运算符	? :	下标运算符	[]
其他	如函数调用运算符()		

2.5.2 算术运算符和算术表达式

1. 基本的算术运算符

C语言中有五种基本的算术运算符：

① + ：加法或正值运算符。例如，3+5，+3。

② - ：减法或负值运算符。例如，5-2，-3。

③ * ：乘法运算符。例如，3*5。

④ / ：除法运算符。当除数和被除数都是整数时，其商也是整数，舍去小数部分，例如 5/3 的运算结果为 1。如果除数或被除数中有一个是负数，则采用"向零取整"的规则，取整时向零靠拢。例如，-5/3 的运算结果为-1。

⑤ % ：模运算符或求余运算符。%只能用于整数求余运算，运算结果是两个整数相除后的余数，余数的符号和被除数的符号相同，如果被除数小于除数，运算结果等于被除数。

例如：15%12=3，15%(-12)=3，(-15)%12=-3，5%5=0，2%5=2。

2. 算术表达式和运算符的优先级与结合性

算术表达式是用算术运算符和括号将运算对象连接起来的、符合C语法规则的式子。运算对象包括常量、变量、函数等。例如：a*b/c-6.7+'a' 。

运算符的优先级和结合性在确定表达式运算次序时是必须遵守的原则。自左至右的结合方向，称为左结合性。反之，称为右结合性。左结合指左边的运算优于右边的运算先执行，如 8/2*5 等价于(8/2)*5；右结合指右边的运算优于左边先执行，如 a=b=5 等价于 a=(b=5)。

表达式求值时，按运算符的优先级别由高到低次序执行。若运算对象两侧运算符的优先级相同，运算的先后则由结合方向决定。

除单目运算符、赋值运算符和条件运算符是右结合性外，其他运算符都是左结合性。

例如，算术运算符的结合方向是"自左至右"，即在执行"a-b+c"时，变量b先与减号结合，执行"a-b"，然后再执行加c的运算。例如，根据优先级可以写出3+4>5-a这样的表达式。如记不清运算符优先级时可以加括号，如(3+4)>(5-a)。

若运算符两侧的数据类型不同，则先自动进行类型转换，然后进行运算。

C运算符的优先级与结合性如图2-4所示。

图2-4 C运算符的优先级与结合性

【例2.9】算术表达式的使用。

源程序如下：

```
#include <stdio.h>
void main()
{
    int a,x=25,y=-21;
    a=x/y;
    printf("10%%3=%d,-10%%3=%d \n",10%3,-10%3);
```

```
        printf("10%%-3=%d,-10%%-3=%d\n",10%-3,-10%3);
        printf("a=%d",a);
    }
```

运行结果：

```
    10%3=1,-10%3=-1
    10%-3=1,-10%-3=-1
    a=-1
```

说明：要输出一个百分号"%"，在格式控制中必须有两个连续的百分号%%。

3. 自增、自减运算符

自增运算符（++）和自减运算符（--）是 C 语言的单目运算符，它们既可以放在运算对象之前，也可以放在运算对象之后。自增运算使变量的值增 1，自减运算使变量的值减 1。

例如：

- ++i，--i：先使变量 i 的值增（或减）1，然后再用变化后的值参与其他运算，即先增减、后运算。
- i++，i--：变量 i 先参与其他运算，然后再使变量 i 的值增（或减）1，即先运算、后增减。

例如：

```
    int  i=5;
    j=++i;          /*执行后，i 的值先增 1，变成 6，再将 i 的值 6 赋给 j，j 的值为 6*/
    j=i++;          /*执行后，先将 i 的值 5 赋给 j，j 的值为 5，再将 i 的值增 1，变成 6*/
```

自增运算符（++）和自减运算符（--）仅用于变量，不能用于常量或表达式。例如++6、(a+b)--都是错误的。

自增运算符（++）和自减运算符（--）的结合方向是"自右至左"。自增（减）运算符常用于循环语句中，使循环变量增（减）1。

系统处理时尽可能多地（自左至右）将若干字符组成一个运算符。如 i+++j，将解释为(i++)+j，而不是 i+(++j)。为防止产生误解，应尽量避免多个自增、自减运算符的连用。不易分清的地方加上括号。如 i 的初值为 3，如果有下面的函数调用：

```
    printf("%d,%d",i,i++);
```

在有的系统中，从左到右求值，输出结果为：3,3。

多数系统中，对函数参数的求值顺序是自右至左，则输出结果为：4,3。

将上述函数调用改写成：

```
    j=i++;
    printf("%d,%d",j,i);
```

则不会产生误解。

【例 2.10】自增、自减运算符的使用。

源程序如下：

```
    #include <stdio.h>
    void main()
    {
        int  i,a1,a2,a3,a4;
        i=4;
        a1=i++;
        printf("a1=%d,i=%d\n",a1,i);
```

```
        a2=++i;
        printf("a2=%d,i=%d\n",a2,i);
        a3=i--;
        printf("a3=%d,i=%d\n",a3,i);
        a4=--i;
        printf("a4=%d,i=%d\n",a4,i);
    }
```

运行结果:

```
    a1=4,  i=5
    a2=6,  i=6
    a3=6,  i=5
    a4=4,  i=4
```

4. 强制类型转换运算符

强制类型转换是将表达式值的数据类型转换为指定的类型。强制类型转换的一般形式如下:

　　(类型名)(表达式)

当被转换的表达式是一个简单表达式时,外面的一对圆括号可以省略。

例如:

```
    int x;
    double a,b;
    (double)x                       /*等价于(double)(x),将x转换成double类型*/
    (int)(a+b)                      /*将表达式a+b的值转换成int型*/
```

强制类型转换运算符的优先级高于算术运算符,因此(int)(a+b)不能写为 (int)a+b。

类型转换有系统自动类型转换和强制类型转换。当自动类型转换不能实现目的时,可用强制类型转换。强制类型转换时,得到一个所需类型的中间变量,原变量的类型未变。

【例 2.11】强制类型转换举例。

源程序如下:

```
    #include <stdio.h>
    void main()
    {
        float x;
        int i;
        x=4.7;
        i=(int)x;
        printf("x=%f,i=%d",x,i);
    }
```

运行结果:

```
    x=4.700000,i=4
```

2.5.3 逗号运算符和逗号表达式

用逗号运算符","将两个表达式连接起来就形成了逗号表达式。逗号表达式的一般形式如下:

　　表达式1,表达式2,…,表达式n

求解逗号表达式时,先求解表达式 1,再求解表达式 2……求解表达式 n。整个逗号表达式的值就是表达式 n 的值。

例如:

```
    x=(a=3,6*3)
```

a=3 先使 a 的值等于 3，再进行 6*3 的运算得 18（但 a 值未变，仍为 3），再将 18 赋给 x，整个表达式的值为 x 的值，即 18。

```
x=a=3,6*a
```

x 的值为 3，整个表达式的值为 18。

逗号运算符的优先级是所有运算符中级别最低的，结合方向为自左至右。逗号表达式的作用一般是想分别得到各个表达式的值，而并非一定需要得到和使用整个逗号表达式的值。逗号表达式常用于循环语句（for 语句）中。

并不是任何地方出现的逗号都是作为逗号运算符。注意参数间的分隔符与逗号运算符的区别。例如：printf("%d,%d,%d",(a,b,c),a,b)。

例如如下程序代码：

```
a=3+4,a*2          /*a 的值为 7，整个表达式的值为 14*/
a=3+4,(a*2,a-3)    /*a 的值为 7，整个表达式的值为 4*/
a=5,(a*4,a*5)      /*a 的值为 5，整个表达式的值为 25*/
```

【例 2.12】逗号运算符的使用。

源程序如下：

```
#include <stdio.h>
void main()
{
    int a,b,x,y,z;
    y=9,z=4;
    b=(a=3*6,a*5),a+7;
    printf("a=%d,b=%d\n",a,b);
    x=(y=y+6,y/z);
    printf("y=%d,x=%d\n",y,x);
}
```

运行结果：

```
a=18,b=90
y=15,x=3
```

分析：

```
b=(a=3*6,a*5),a+7;        /*a 的值为 18，b 的值即整个表达式的值为 90*/
```

a=3*6 先计算出 a 的值等于 18，再进行 a*5 的运算得 90（但 a 的值未变，仍为 18），再进行 a+7 得 25，即整个表达式的值为 25。

```
x=(y=y+6,y/z);           /*y 的值为 15，x 的值即整个表达式的值为 3*/
```

y=y+6 先计算出 y 的值等于 15，再进行 y/z 的运算得 3（但 y 的值未变，仍为 15），即整个表达式的值为 3。

2.5.4 表达式举例

【例 2.13】写出下列 C 语言表达式。

（1） $v = \dfrac{1}{2}at^3$

（2） $x_1 = \dfrac{-b + \sqrt{b^2 - 4ac}}{2a}$

（3）$y = \dfrac{\sin x + \cos x}{\tan x}$

解：

（1）v=0.5*a*t*t*t

（2）x1=(-b+sqrt(b*b-4*a*c))/(2*a)

表达式中的 sqrt 是求平方根函数，在程序中要使用 sqrt()函数，需要在程序的开始用#include <math.h> 命令将 math.h 文件包含进来。

（3）y=(sin(x)+cos(x))/tan(x)

表达式中的三个函数是三角函数，同样需要在程序开始将 math.h 文件包含进来。

表达式书写时需要注意：

- 所有表达式必须以线性形式写出。
- 必须使用合法的标识符。
- 乘号 "*" 不允许省略。
- 为指明正确的运算顺序，可以使用 "( )"，不能使用 "[ ]" 或 "{}"。

【例 2.14】已知 a=12.3，b=-8.2，i=5，j=4，c='a'。写出类型说明语句并求表达式的值，再指出表达式运算结果的类型。

（1）a+b+i/j+c

（2）i%j+c/i

下面介绍求解过程。

类型说明语句如下：

```
float  a,b;
int  i,j;
char  c;
```

（1）a+b+i/j+c

```
=12.3-8.2+5/4+'a'
=4.1+1+97
=102.1
```

表达式运算结果为 double 型。

（2）i%j+c/i

```
=5%4+'a'/5
=1+97/5
=1+19
=20
```

表达式运算结果为 int 型。

【例 2.15】计算表达式的值。其中 x=7.2，a=8，y=4.7。

（1）x+a%3*(int)(x-y)%3/4

（2）(int)(x+y)/3+(int)x%(int)y

求解过程如下：

（1）x+a%3*(int)(x-y)%3/4

```
=7.2+8%3*(int)2.5%3/4
=7.2+8%3*2%3/4
=7.2+1/4
=7.2+0
=7.2
```

（2）(float)(x+y)/3+(int)x%(int)y

```
=(float)(7.2+4.7)/3+(int)7.2%(int)4.7
=11/3+7%4
=3+3
=6
```

【例2.16】写出程序运行的结果。

（1）
```c
#include <stdio.h>
void main()
{
  int  i,j,m,n;
  i=5;
  j=9;
  m=++i;
  n=j++;
  printf("%d,%d,%d,%d",i,j,m,n);
}
```

运行结果：

```
6,10,6,9
```

（2）
```c
#include <stdio.h>
void main()
{
  int  a,b,c,d,e;
  a=-5;b=1;
  c=7;
  d=a--;
  e=c%d;
  printf("%d,%d ",d,e);
}
```

运行结果：

```
-5,2
```

习 题 2

一、选择题（从四个备选答案中选出一个正确答案）

1. 下列合法的变量名为（   ）。

    A. 3a   B. _list   C. name&1   D. time 1

2. 合法的变量定义为（   ）。

    A. int a;b;c;   B. int a;b, float c;

    C. int a,b; float c;   D. int a,b, float c;

3. 定义变量：int　x=3,y=2;float　a=2.5;，则表达式（x＋y)/2+(int)a 的值为（　　　）。

    A．5　　　　　　B．4　　　　　　C．3　　　　　　D．3.5

4. 假设 c 定义为字符变量，则正确的赋值操作是（　　　）。

    A．c='b'　　　　B．c="d"　　　　C．c='china'　　　D．c="ab'

5. 下列式子不是 C 表达式的有（　　　）。

    A．a+=9　　　　B．i++　　　　C．++5　　　　D．m=a+2

6. C 语言中，要求运算对象必须为整型的运算符是（　　　）。

    A．/　　　　　　B．%　　　　　　C．+　　　　　　D．*

7. 下列合法的变量名为（　　　）。

    A．123a　　　　B．￥B　　　　　C．LIU_XIANG　　D．V>M

8. 已知大写字符 A 的 ASCII 码值为 65，则大写字符 C 的 ASCII 码值是（　　　）。

    A．66　　　　　B．67　　　　　C．68　　　　　D．69

9. "a"在 C 语言中表示（　　　）。

    A．字符串常量　B．字符常量　　C．变量　　　　D．函数

10. 若有以下变量定义：

```
int b=2;
float a=5;
```

    则表达式"a/b"之值为（　　　）。

    A．2.5　　　　　B．2　　　　　　C．3　　　　　　D．4

11. C 语言中最基本的数据类型包括（　　　）。

    A．整型、实型、逻辑型　　　　　　B．整型、实型、字符型

    C．整型、逻辑型、字符型　　　　　D．整型、实型、字符型、逻辑型

12. 设 x、y、z、k 都是 int 型变量，则表达式"x=(y=4,z=16,k=32)"运算后 x 的值为（　　　）。

    A．4　　　　　　B．16　　　　　C．32　　　　　D．52

13. 下列常用转义字符中不正确的是（　　　）。

    A．\\　　　　　B．\c　　　　　C．\012　　　　D．\t

14. 下列定义变量的语句中错误的是（　　　）。

    A．int　_int;　　B．double int_;　C．char　For;　　D．float　US$;

15. 在 C 语言中，'B'是（　　　）。

    A．字符串常量　B．字符常量　　C．变量　　　　D．函数

16. 设 a、b 为整型，则表达式(a=2,b=5,b++,a+b)的值是（　　　）。

    A．2　　　　　　B．6　　　　　　C．7　　　　　　D．8

17. 若 j=3，则表达式(++j)+(j++)的值为（　　　）。

    A．6　　　　　　B．7　　　　　　C．8　　　　　　D．10

18. 若有代数式：

$$\frac{3ae}{bc}$$

    以下错误的 C 语言表达式是（　　　）。

    A．a/b/c*e*3　　B．3*a*e/b/c　　C．3*a*e/b*c　　D．a*e/c/b*3

19. 若有定义：int a=7;float x=2.5,y=4.7;，则表达式 x+a%3*(int)(x+y)%2/4 的值为（   ）。

    A. 2.5   B. 2.75   C. 3.5   D. 0

20. 设变量 a 是整型，f 是实型，i 是双精度型，则表达式 10+'a'+i*f 值的数据类型为（   ）。

    A. int   B. float   C. double   D. 不确定

21. 下列表达式中，结果为 5 的是（   ）。

    A. 6*5%6   B. 5*−2+15   C. 5+75%10   D. 6+−2/3

22. 下列常量中，为不合法的实型常量表示的是（   ）。

    A. .0032   B. 0.0   C. 0.3242E8   D. .E3

23. 已知 int a=1,b=−1;，则语句 printf（"%d＼n",(a−−,++b));的输出结果是（   ）。

    A. −1   B. 0   C. 1   D. 语句错误

24. C 语言中的标识符只能由字母、数字和下画线三种字符组成，且第一个字符（   ）。

    A. 必须为字母   B. 必须为下画线

    C. 必须为字母或下画线   D. 可以是字母、数字和下画线中任一字符

25. 下列为合法的整型常量的是（   ）。

    A. 098   B. oXde   C. 32767   D. 0xDG

二、填空题

1. 在 C 语言中，一个 int 型的数据在内存中占【1】个字节；一个 float 型的数据在内存占【2】个字节；一个 double 型的数据在内存中点【3】个字节；一个 char 型的数据在内存中占【4】个字节。

2. 字符串常量"world"占＿＿＿＿＿＿＿个字节的内存单元。

3. x=4，y=8，则(++x)*(−−y)的值为＿＿＿＿＿＿＿。

4. 若 int x=8,y=5;float z; z=x/y+0.6;，则 z 的值为＿＿＿＿＿＿＿。

5. 逗号表达式 x=5,y=10,c=30 的值为＿＿＿＿＿＿＿。

6. 定义 int a=5,b=20;，若执行语句 printf("%d＼n",++a*−−b/5%13);后，输出的结果为＿＿＿＿＿＿＿。

7. 语句 printf("%d\n",'H'−'0'+64);的运行结果为＿＿＿＿＿＿＿。

8. 若有以下程序段：int c1=1,c2=2,c3; c3=1.0/c2*c1;，则执行后，c3 中的值是＿＿＿＿＿＿＿。

9. 若有以下定义：char a;int b; float c; double d;，则表达式 a*b+d−c 值的类型为＿＿＿＿＿＿＿。

三、求下面算术表达式的值

1. x+a%3*(int)(x+y)%2/4，设 x=2.5，a=7，y=4.7。

2. (float)(a+b)/2+(int)x%(int)y，设 a=2，b=3，x=3.5，y=2.5。

四、根据给出的程序写出运行结果

1.
```c
#include <stdio.h>
void main()
{
    int i,j,m,n;
    i=10;
    j=15;
    m=++i;
    n=j++;
    printf("%d,%d,%d,%d",i,j,m,n);
}
```

运行结果是：_____。

2.
```c
#include <stdio.h>
void main()
{
    int a=3;
    printf("%d\n",(++a)+2);
}
```
运行结果是：_____。

3.
```c
#include <stdio.h>
void main()
{
    int m=7,n=4;
    float a=8.4,b=4.2,x;
    x=m/2+n*a/b+a/3;
    printf("%f\n",x);
}
```
运行结果是：_____。

4.
```c
#include <stdio.h>
void main()
{
    char c1='e',c2='f',c3='g',c4='\121',c5='\118';
    printf("a%cb%c\tc%c\tabc\n",c1,c2,c3);
    printf("\t\b%c%c",c4,c5);
}
```
运行结果是：_____。

5.
```c
#include <stdio.h>
void main()
{
    int a,b;
    unsigned c,d;
    long e,f;
    a=100;
    b=-100;
    e=50000;
    f=32767;
    c=a;
    d=b;
    printf("%d,%d\n",a,b);
    printf("%u,%u\n",a,b);
    printf("%u,%u\n",c,b);
    c=a=e;
    d=b=f;
    printf("%d,%d\n",a,b);
    printf("%u,%u\n",c,d);
}
```
运行结果是：_____。

第 **3** 章

C 程序的流程控制

本章将介绍 C 语句、各种类型数据的输入和输出。最后，介绍 C 程序的三种基本结构——顺序结构、选择结构和循环结构的设计。

3.1　C　语　句

通过前面的学习，我们知道 C 程序的基本构成单位是函数，而函数中包含若干条语句，每条语句以分号结束。C 语句分为五种，分别是表达式语句、函数调用语句、复合语句、控制语句和空语句。

1. 表达式语句

在表达式的后面加一个分号就构成了表达式语句，是 C 语言中最基本的语句。下面介绍程序中常见的几种表达式语句：算术表达式语句和赋值语句。

例如：

```
i++;  /*算术表达式语句*/
```

由算术表达式"i++"加上一个分号构成。相当于赋值语句"i=i+1;"，它的作用是使 i 的值加 1 再赋给 i，经常出现在循环结构中。

例如：

```
i--;  /*算术表达式语句*/
```

由算术表达式"i--"加上一个分号构成。相当于赋值语句"i=i-1;"，使 i 的值减 1 再赋给 i，经常出现在循环结构中。

例如：

```
sum=0;  /*赋值语句*/
```

由赋值表达式"sum=0"加上一个分号构成赋值语句。常用赋值语句来对变量赋值，赋值的结果是新值覆盖旧值。

2. 函数调用语句

函数调用后面加上一个分号构成函数调用语句。

函数调用语句的一般形式如下：

```
函数名(参数);
```

例如：

```
printf("E-mail: jszx@hebust.edu.cn\n");
```

```
average(s,30);
```
　　调用的函数可以是系统提供的库函数也可以是自己定义的函数。如果是库函数，要把所包含的头文件用#include 命令嵌入到程序中来。

　　3. 控制语句

　　控制语句可以对程序进行选择控制、循环控制、转向控制以及控制程序返回到主调函数中。

　　C 语言提供了 9 种控制语句，控制语句能力都很强，可以解决许多实际问题。9 种控制语句如表 3-1 所示。

表 3-1　C 语言提供的 9 种控制语句

种　　类	语 句 名 称	作　　用
选择控制语句	if 语句	单分支、双分支和多分支选择
	switch 语句	多分支选择
循环控制语句	while 语句	实现循环
	do...while 语句	实现循环
	for 语句	实现循环
结束控制语句	break 语句	提前跳出循环
	continue 语句	结束本次循环
转向控制语句	goto 语句	转向
	return 语句	返回

　　【例 3.1】 求 1 加到 100 之和。

　　源程序如下：

```
i=1;                /*赋值语句*/
while(i<=100)       /*控制语句*/
 {
     sum=sum+i;     /*赋值语句*/
     i++;           /*算术表达式语句*/
 }
```

　　while 语句是循环控制语句，循环条件是只要 i 的值小于等于 100 就进行循环。花括弧括起来的部分是循环体，是重复执行的部分。

　　4. 复合语句

　　由一对花括弧"{}"括起来的两个或两个以上的语句称为复合语句。

　　在语法上复合语句被视为一个语句，在程序中往往出现在只允许出现一条语句的地方，反过来说，只要出现复合语句就认为是一条语句。

　　复合语句的一般形式如下：

```
{
    语句 1;
    语句 2;
    ...
    语句 n;
}
```

　　在例 3.1 中 while 循环控制语句中的循环体是一个复合语句，虽然包含两条语句，但语法上仍然被认为是一条语句。

```
i=1;
while(i<=100)
/*以下由一对花括弧 "{}" 括起来的部分是复合语句*/
{
    sum=sum+i;
    i++;
}
```

如果将程序修改为

```
i=1;
while(i<=100)
    sum=sum+i;
    i++;
```

因为 while 循环控制语句中的循环体语法上只允许是一条语句，所以当循环体超过一条语句时，要用花括弧括起来形成复合语句。如果去掉花括弧，那么程序就认为循环体只有一条语句 "sum=sum+i;"，程序只重复执行这一句，显然运行结果是不正确的。

5. 空语句

空语句由一个分号 ";" 构成。

空语句什么事情都不做，主要用在循环体中，起延时的作用。

例如：

```
for(i=1;i<=1000;i++);
    ;    /* 空语句 */
```

3.2 赋 值 语 句

赋值语句在 C 语言中应用十分普遍，通常使用赋值语句为变量赋值以及进行简单的计算，下面首先介绍赋值表达式。

3.2.1 赋值表达式

① 一般形式：变量=表达式

上面式子中的赋值号 "=" 称为赋值运算符。

② 求解过程：先计算赋值运算符 "=" 右边表达式的值，然后赋给左边的变量。

3.2.2 赋值语句

在赋值表达式后面加上分号，就构成赋值语句。例如：

```
sum=0   /*赋值表达式*/
sum=0;  /*赋值语句*/
```

使用赋值语句应注意以下几点：

① 赋值运算符 "=" 的左边只能是一个变量。

② 赋值运算的结果是变量的新值覆盖原值，即 "以新冲旧"。

③ 变量的值就是整个赋值表达式的值。

④ 赋值运算符 "=" 右边的表达式可以是一个常量也可以是一个变量，还可以是一个表达式

或者一个函数调用。下面分别介绍这几种形式。

（1）i=0；

把常量 0 赋给变量 i。

（2）x=y；

把变量 y 的值赋给变量 x。

（3）sum=sum+i；

赋值号右边是一个算术表达式，先计算表达式 sum+i 的值，然后将结果赋给变量 sum。

（4）a=(b=3)；

赋值号右边括号里又是一个赋值表达式，它的值等于 3，因此上式相当于"a=3"。按照赋值运算符的结合性"自右向左"，"a=(b=3)"相当于"a=b=3"，无论有无括号都是先求"b=3"的值，然后赋值给 a。这种情况常用来给多个变量赋相同的初值。

（5）ave=average(s,30)；

赋值号右边是一个函数调用，执行时先进行函数调用，然后将函数调用的结果返回后赋给变量 ave。

3.2.3　复合赋值运算

在 C 程序中，可以将赋值语句"a=a+3;"，写成"a+=3;"，两者是等价关系，只不过写成后者程序显得更专业一些。其中"+="，由一个加号和一个赋值号（赋值运算符）组合而成，称为复合赋值运算符。

常见的复合赋值运算符有五种：+=、-=、*=、/=、%=。

【例 3.2】已知 a=10，求执行语句① a+=a；② a-=a*=a; 后 a 的值。

① a+=a 等价于 a=a+a；　a+a 的值为 20，将 20 赋给 a，则 a 的值为 20。

② 由于赋值运算符的结合性是自右至左，所以先计算 a*=a，它等价于 a=a*a，故 a=100，a 的值就是整个表达式 a=a*a 的值，再计算 a-=100，它等价于 a=a-100，则 a=100-100，a 的值为 0。

3.2.4　用赋值语句实现简单计算

通常，C 语言利用赋值语句实现简单的计算，下面看几个例子。

【例 3.3】输入两个人的年龄，求他们的年龄差。

分析：这是一道简单的算术问题。由于存放的年龄是整数，故将变量定义成整型。

源程序如下：

```
#include <stdio.h>
void  main()
{
    int  a,b,c;
    printf("请输入两个人的年龄: ");
    scanf("%d,%d",&a,&b);
    c=a-b;        /*赋值语句*/
    printf("c=%d",c);
}
```

运行结果：

请输入两个人的年龄：<u>20,18</u>✓
c=2

说明：

① 定义变量 a、b 和 c 分别用来存放两人的年龄和年龄差。

② 为改善人机交互性，在设计输入操作时，一般先用 printf()函数输出一个提示信息，如本例中的"请输入两个人的年龄:"，再用 scanf()函数进行数据输入操作。

③ 输入年龄后，通过赋值语句计算年龄差并将结果存放到变量 c 中。

【例3.4】甲乙两个大一的学生，一天的生活费用分别是 20.35 元和 14.6 元，问各自一学年的生活费用及他们一学年费用的差值。一学年按十个月算，一个月按 30 天计。

分析：由于存放到变量中的生活费是实数，所以将变量定义为实型。

源程序如下：

```
#include <stdio.h>
void main()
{
    float a=20.35,b=14.6;              /*变量的初始化*/
    float t1,t2,c;
    t1=a*30*10;                        /*使用赋值语句实现计算*/
    t2=b*30*10;
    c=t1-t2;
    printf("%.2f,%.2f,%.2f\n",t1,t2,c); /*输出结果*/
}
```

运行结果：

6105.00,4380.00,1725.00

说明：

程序第 6 行赋值语句的作用是先计算甲同学一年的生活费，再将结果赋给变量 t1，保存起来；第 8 行赋值语句的作用是计算两者的差值后存到变量 c 中；第 9 行调用输出函数 printf()将结果输出。

【例3.5】求半径 r=3 的圆的面积。

分析：由于存放的圆的面积为实数，所以将变量定义为实型。

源程序如下：

```
#include <stdio.h>
#define PI 3.14159
void main()
{
    float r,area;                /*变量的定义在前，使用在后*/
        r=3;                     /*使用赋值语句给变量赋初值*/
    area=PI*r*r;                 /*使用赋值语句实现计算*/
    printf("area=%f\n",area);    /*输出结果*/
}
```

运行结果：

area=28.274309

说明：

程序第 2 行是宏定义命令，定义符号常量 PI 来代替 3.14159。第 6 行赋值语句的作用是给变量 r 赋初值，第 7 行赋值语句的作用先计算圆的面积，再将结果赋给变量 area，保存起来，通过第 8 行的输出函数 printf()将结果输出。

3.3　输入/输出

几乎每个程序都离不开输入/输出，计算机处理的数据通过键盘输入，运行的结果通过屏幕显示出来，供用户判断和使用，所以输入和输出是程序设计的基础。就好像学习计算机操作必须先学会使用鼠标和窗口界面一样。

C 语言的输入/输出操作是通过调用库函数实现的，调用库函数时要遵循 C 语言规定的格式，只要符合格式要求，调用的函数就会生效。

下面介绍几个常用的输入/输出函数，这几个函数是标准库函数，在程序开头必须使用#include <stdio.h>命令。

3.3.1　格式输出函数（printf()函数）

printf()函数的作用是向屏幕输出若干任意类型的数据。可以是整型数据、实型数据和字符型数据。

1. 函数调用的一般格式

printf()函数调用的一般格式如下：

```
printf(格式控制,输出项表);
```

例如：

```
printf("max=%f,min=%f,aver=%f\n",max,min,aver);
```

其中 printf 是函数名，圆括号内双引号引起来的部分是格式控制串，如 "max=%f,min=%f, aver=%f\n"；而 max、min、aver 是三个输出项，各输出项之间用逗号隔开。

2. 格式控制

在格式控制中包含以下信息：

① 各输出项的格式说明，如 "%f" 指定以实数的形式输出。

② 需要原样输出的字符也称普通字符，如 "max=" 表示需要原样输出的文字。

③ 转义字符，如 "\n" 表示换行。

3. 格式说明

格式说明必须以 "%" 开始，后面跟格式字符，用来指定输出项的输出格式。输出项的数据类型与格式字符要对应，并且输出项的个数与格式说明的个数要一致。

调用 printf()函数输出整数、长整型数、单精度实数、双精度实数的格式说明分别为%d、%ld、%f 和%lf，printf()函数常用的格式字符及其说明如表 3-2 所示。

表 3-2　printf()函数常用的格式字符

输入类型	格式字符	说　　　　　明
整型数据	d	以十进制形式输出带符号整数（正数不输出符号）
	o	以八进制形式输出无符号整数（不输出前缀 0）
	x, X	以十六进制形式输出无符号整数（不输出前缀 0x）
	u	以十进制形式输出无符号整数

续表

输入类型	格式字符	说　　　明
实型数据	f	以小数形式输出单、双精度实数
	e, E	以指数形式输出单、双精度实数
字符型	c	输出单个字符
	s	输出字符串

4. 普通字符

需要原样输出的字符称为普通字符，在格式控制中指定普通字符的目的是做一些必要的提示以便程序的阅读，也可以用于修饰。

【例3.6】短整型数据的输出。

源程序如下：

```c
#include <stdio.h>
void main()
{
    short int a,b;
    a=32767;
    b=a+1;
    printf("%d,%o,%x,%d",a,a,a,b);
}
```

运行结果：

```
32767,77777,7ffff,-32768
```

说明：

因为有四个输出项，所以对应四个格式说明。

第一个输出项 a 是 short int 型，short int 型的数据范围为-32768～32767，由于它的值 32767 在允许范围内，所以按"%d"十进制整数形式输出，结果是 32 767。

第二个输出项 a 的值以"%o"八进制整数形式输出，就是 32767 对应的八进制，结果是 77777。

第三个输出项 a 的值以"%x"十六进制整数形式输出，就是 32767 对应的十六进制，结果是 7ffff。

第四个输出项是 b，因为 32767 是 int 型的最大值，加 1 后超过了最大范围，造成数据溢出，于是输出结果就变成了 int 型的最小值-32768。

【例3.7】无符号整型和长整型数据的输出。

源程序如下：

```c
#include <stdio.h>
void main()
{
    unsigned short d;
    long e;
    d=e=65536;
    printf("%u,%ld",d,e);
}
```

运行结果：

```
0,65536
```

说明：

第一个输出项 d 为 unsigned short 型，它的最大值是 65535，超过了这个范围，就会造成数据溢出，所以第 1 项的输出结果为 0。

第二个输出项是变量 e，它是一个长整型数，65536 没有超出长整型的范围，所以正常输出。

在定义变量时一定要注意将要存放其中的数据的类型以及它们的取值范围，当定义为某种类型的变量后，则不能存放其他类型的数据，否则结果和预期不相符。

【例 3.8】实型数据的输出。

源程序如下：

```
#include <stdio.h>
void main()
{
    float a,b;
    a=123.45678;
    b=111.11111;
    printf("%f\n",a+b);
}
```

运行结果：

```
234.567886
```

说明：

显然只有前 7 位数字是有效的。

在 C 程序中输出实数时，并非输出的所有数字都是有效的。单精度型实数的有效位数是 6～7 位，双精度型实数的有效位数为 15～16 位，超过的部分就不准确了。

【例 3.9】字符型数据的输出。

源程序如下：

```
#include <stdio.h>
void main()
{
    char c='A';
    printf("%c,%d\n",c,c);        /*输出单个字符'A'及其对应的ASCII码值*/
    printf("%s\n","OK");          /*输出字符串*/
}
```

运行结果：

```
A,65
OK
```

说明：

第一个 printf()函数调用语句中，共有两个输出项。第一个输出项 c 的值，是以 "%c" 单个字符的形式输出，结果为 "A"；而第二个输出项 c 的值，是以 "%d" 十进制整数形式输出，字符 A 对应的 ASCII 码的十进制数为 65，所以结果为 65。

第二个 printf()函数调用语句中，只有一个输出项，是以 "%s" 字符串的形式输出。

【例 3.10】按指定的小数位数输出实数。

源程序如下：

```
#include <stdio.h>
void main()
{
```

```
        float d=12.345;
        printf("d=%f,d=%.2f,d=10.2f",d,d,d);
    }
```

运行结果：

d=12.345000,d=12.35,d=□□□□□12.35

说明：

这里共有三个输出项，第一项以"%f"单精度实数的形式输出，默认 6 位小数。由于格式说明中有普通字符"d="，输出时要原样输出，所以第一项的输出结果为"d=12.345000"。

第二项以"%.2f"的形式输出实数，介于"%"和格式字符"f"之间的".2"是附加格式字符，".2"用于指定实数的小数位数是两位，所以第二项的输出结果为"d=12.35"。

第三项以"%10.2f"的形式输出实数，10 用于指定输出数据的宽度（域宽），如果实际的宽度小于域宽，不足部分用空格补足，第 3 项的输出结果为"d=□□□□□12.35"。

输出结果中各输出项间的逗号，是因为格式控制中有逗号，属于普通文字，要原样输出。printf() 函数常用的附加格式字符及其说明如表 3-3 所示。

表 3-3　printf()函数中常用的附加格式字符及其说明

符　　号	说　　　　　　明
m	指定输出数据的宽度
.n	对实数，代表输出的小数位数；对字符串，代表截取的字符个数
+	对正负数据都带符号输出
-	输出的数据在域内按左对齐方式输出
l	用于格式字符 d、o、x、u 的前面，表示长整型数据

3.3.2　格式输入函数（scanf()函数）

scanf()函数的作用是通过键盘输入若干任意类型的数据，可以是整型、实型和字符型。

在 C 程序中，使变量获得值可以使用两种方法，一种是使用赋值语句，另一种就是调用 scanf() 函数。而使用 scanf()函数输入变量的值，可以使程序更具有通用性。下面介绍 scanf()函数。

1. 函数调用的一般格式

scanf()函数调用的一般格式如下：

scanf(格式控制,地址列表);

例如：

scanf("%f,%f",&a,&b);

其中，scanf 是函数名，圆括号内双引号引起来的"%f,%f"是格式控制串，而&a,&b 是地址列表。

2. 格式控制

scanf()函数中的格式控制包含格式说明和普通字符两部分，使用方法同 printf()函数。

调用 scanf()函数输入整数、长整型数、单精度实数、双精度实数的格式说明分别为%d、%ld、%f 和%lf。scanf()函数中常用的格式字符及其说明如表 3-4 所示。

表 3-4　scanf()函数中常用的格式字符及其说明

输 入 类 型	格 式 字 符	说　　　　　明
整型数据	d	输入十进制整数
	o	输入八进制整数
	x,X,	输入十六进制整数
	u	输入无符号十进制整数
实型数据	f 或 e,E	输入实型数（用小数形式或指数形式）
字符型	c	输入单个字符
	s	输入字符串

在"%"和格式字符之间还可以插入附加字符，常用的附加字符及其说明如表 3-5 所示。

表 3-5　scanf()函数中常用的附加格式字符及其说明

符　　　　号	说　　　　　明
l	指定输入的数据是长整型或双精度型
m	指定输入数据的域宽
*	不把数据赋给对应变量

3．地址列表

&a 称为变量 a 的地址，"&"为取址符。变量的地址是编译系统为变量在内存中分配的，用户不必知道具体的地址是多少。

【例 3.11】从键盘输入两个整数，求两数之和。

源程序如下：

```
#include <stdio.h>
void main()
{
    int a,b;
    scanf("%d,%d",&a,&b);
    printf("%d",a+b);
}
```

运行结果：

3,5↙
8

说明：

运行程序时，当程序执行到函数调用语句 scanf 时转换为用户屏幕，等待用户从键盘输入 a，b 的值。

此时输入：3,5↙，则程序继续向下执行。

如果输入：3□5↙，则为非法输入，因为格式控制中有逗号，所以输入数据也要连同逗号","一同输入。

若将程序改为 scanf("%d %d",&a,&b);

此时应输入：3□5↙

因为格式控制中有空格，所以输入数据时连同空格一起输入。

若将程序改为 scanf("a=%d,b=%d",&a,&b);

则应输入：<u>a=3,b=5✓</u>

因为格式控制中有"a="、","和"b="普通字符，所以输入时这些符号也要依次一同输入。

若将程序改为 scanf("%d%d",&a,&b);

则应该输入：<u>3□5✓</u>，虽然格式控制中无任何分隔符，但输入的数据也要用空格或回车键隔开。

即：<u>3✓</u>

    <u>5✓</u>

以上两种输入方法均合法。

注意： 使用 scanf()函数输入数值时，遇到以下情况会自动结束。

① 空格。

② 回车键。

③ 指定的宽度。如"%2d"，则只取前两个数字作为整型数据。

④ 非法输入。

【例 3.12】使用"%c"的形式从键盘输入字符。

源程序如下：

```c
#include <stdio.h>
void main()
{
    char c1,c2,c3;
    scanf("%c%c%c",&c1,&c2,&c3);
    printf("%c%c%c",c1,c2,c3);
}
```

运行结果：

    <u>abc✓</u>

    abc

说明：

由运行结果可以看出，输入时三个字符之间没有使用间隔符，c1、c2、c3 分别得到字符'a'、'b'、'c'。

若将输入改为 <u>a□b□c✓</u>

运行结果是：a□b

由于输入时三个字符之间使用了空格，空格将作为有效字符被接收，c1、c2、c3 分别得到字符'a'、' '、'b'，输出和预期效果不相符。

3.3.3 字符输出函数（putchar()函数）

在 C 语言中调用 printf()函数可以输出任意类型的数据，包括单个字符的输出。但 C 语言还提供了专门输出字符的函数 putchar()，使用起来更简便。

函数调用的一般格式如下：

    putchar(表达式);

它的作用是向屏幕输出一个字符。其中 putchar 为函数名，括号中的表达式可以是一个变量、常量、转义字符或者表达式。

【例 3.13】使用 putchar() 函数输出字符。

源程序如下：

```
#include <stdio.h>
void main()
{
    char c='a';
    putchar(c);             /*输出小写字母 a*/
    putchar('\n');          /*输出换行符*/
    putchar(c-32);          /*输出大写字母 A*/
    putchar('\n');
}
```

运行结果：

```
a
A
```

说明：

程序中定义了字符变量 c，并将字符'a'赋给 c。

第一个 putchar() 函数调用语句输出字母 a；第二个 putchar() 函数调用语句输出换行符。由于小写字母 a 对应的 ASCII 码值为 97，大写字母 A 对应的 ASCII 码值为 65，两者相差 32，其他大小写字母的 ASCII 码差值均为 32。c-32=97-32=65，所以第三个 putchar() 函数调用语句输出 65 对应的字母 A。

3.3.4　字符输入函数（getchar() 函数）

除了调用 scanf() 函数外，C 语言还可以调用专门输入字符的函数 getchar() 来输入字符。

函数调用的一般格式如下：

```
getchar();
```

getchar() 函数的作用是通过键盘输入一个字符，通常它和赋值语句配合使用，将 getchar() 输入的字符赋给一个变量保存起来备用。

getchar() 函数后面括号中是空的，表示该函数是无参函数。

【例 3.14】使用 getchar() 函数输入字符。

源程序如下：

```
#include <stdio.h>
void main()
{
    char c;          /*先定义一个字符变量，用于接收输入的字符*/
    c=getchar();     /*调用 getchar()函数，从键盘输入一个字符并将其赋给 c*/
    putchar(c);      /*输出字符*/
}
```

运行结果：

```
a✓
a
```

【例 3.15】使用 getchar() 函数和 putchar() 函数输入、输出字符。

源程序如下：

```
#include <stdio.h>
void main()
```

```
    {
        char c1,c2;
        c1=getchar();
        c2=getchar();
        putchar(c1);
        putchar(c2);
    }
```

运行结果：

<u>ab</u>↙

ab

若将输入改为 <u>a□b</u>↙，

运行结果为 a□。

若将输入改为

<u>a</u>↙

<u>b</u>↙

运行结果为 a。

说明：

程序中定义了两个字符变量 c1 和 c2，一个 getchar()函数只接收一个字符，在使用 getchar()函数输入时，空格、回车符等都作为有效字符读入。当程序中连续出现几个 getchar 时，输入时就应当注意，字符要连续输入，中间不能用空格、回车符作间隔符，输入完毕后按【Enter】键开始读入。

3.4　顺序结构程序设计

顺序结构流程图如图 3-1 所示。

顺序结构程序就是从第一条语句到最后一条语句按照位置的先后次序顺序执行。执行过程为：执行语句 1，然后执行语句 2，再执行语句 3，依此类推。

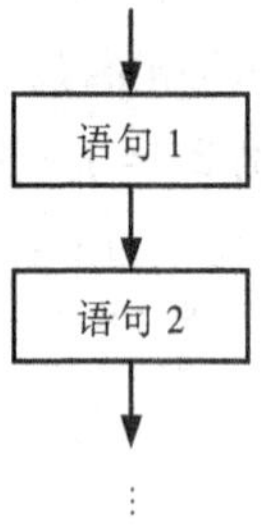

【例 3.16】设计一个 ATM 机的功能界面。

源程序如下：

```
#include <stdio.h>
void main()
{
    printf("| PLEASE SELECT SERVICE  |\n");
    printf("←Inquiry\n");
    printf("←Withdrawal\n");
    printf("←Change PIN\n");
    printf("←Exit\n");
}
```

图 3-1　顺序结构流程图

运行结果：

```
| PLEASE SELECT SERVICE |
←Inquiry
←Withdrawal
←Change PIN
←Exit
```

【例 3.17】输入半径，求圆的面积和球的体积。

源程序如下：

```
#include <stdio.h>
#define PI 3.14159
void main()
{
    float  r,area,v;
    printf("Input r: ");                /*人机交互，输出提示信息*/
    scanf("%f",&r);
    area=PI*r*r;                        /*求圆的面积并将结果赋给 area*/
    v=4.0/3*PI*r*r*r;                   /*求圆球的体积并赋给 v*/
    printf("area=%6.2f\n",area);
    printf("v=%6.2f\n",v);
}
```

运行结果：

```
Input r:3√
area= 28.27
v=113.10
```

说明：需要注意的是，球体积表达式中的 4 或 3 要用实型，否则 4/3 结果为 1。

【例 3.18】将 a，b 两个变量的值进行交换。

分析：两个变量的值交换不能直接进行，需要借助一个中间变量。

源程序如下：

```
#include <stdio.h>
void main()
{
    int a,b,t;
    printf("Input a and b:");
    scanf("%d,%d",&a,&b);
    t=a; a=b; b=t;
    printf("%d,%d",a,b);
}
```

运行结果：

```
Input a and b:3,6√
6,3
```

【例 3.19】大学四年需要修满 190 学分，假设一年的学费为 10 000 元，求一学分合多少元？

源程序如下：

```
#include <stdio.h>
void main()
{
    short int total;
    total=4*10000;
    printf("%d",total/190);
}
```

运行结果：

```
134
```

说明：这是一个不同类型数据的运算问题。由于 4 和 10 000 两个都是整数，两个整型数相乘，那么它们的乘积也应该是整型。但是乘积为 40 000，超过了整型的最大值 32 767，造成数据溢出。

若将程序改为：

```
#include <stdio.h>
void main()
{
    int total;
    total=4*10000;
    printf("%d",total/190);
}
```

运行结果：-210

【例 3.20】输入直角三角形的斜边 c 和一条直角边 b，求另一条直角边 a。

公式为：$a^2 + b^2 = c^2$。

源程序如下：

```
#include <stdio.h>
#include <math.h>
void main()
{
    double a,b,c;
    printf("input b and c: ");
    scanf("%lf,%lf",&b,&c);
    a=sqrt(c*c-b*b);
    printf("a=%f",a);
}
```

运行结果：

```
input b and c: 3,5✓
a=4.000000
```

说明：该程序调用了求平方根函数，因此，在程序的开头包含头文件<math.h>。

3.5 选 择 结 构

顺序结构程序的执行，是按照语句的先后顺序执行，每条语句都会执行到，但在许多情况下需要根据不同的条件来选择所要执行的模块，即判断某个条件是否成立，如果条件成立就执行某个模块，否则就执行另一个模块，这样的程序结构称为选择结构，又称为分支结构。

设计选择结构的程序，要考虑两个方面的问题：一是在 C 语言中如何来表示条件，二是在 C 语言中实现选择结构使用什么语句。在 C 语言中表示条件，一般用关系表达式或逻辑表达式；实现选择结构用 if 语句或 switch 语句。

3.5.1 关系运算符和关系表达式

"关系运算"就是"比较运算"，即将两个数据进行比较，判断两个数据是否满足指定的关系。

C 语言提供了六种关系运算符，它们是<（小于）、<=（小于或等于）、>（大于）、>=（大于或等于）、==（等于）、!=（不等于）。

常用运算符的优先级如下：

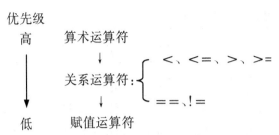

用关系运算符连接起来的表达式称为关系表达式。

关系表达式的一般形式：<表达式>关系运算符<表达式>

例如，a<b、x>=0、x==0 等。

关系表达式的值是一个逻辑值。关系表达式成立时，值为"真"；否则，值为"假"。在 C 语言中，用 1 表示"真"，0 表示"假"。

【例 3.21】关系表达式的应用。

源程序如下：

```
#include <stdio.h>
void main()
{
    int a,b,c;
    a=3;b=2;c=1;
    printf("%d  ",a>b);
    printf("%d  ",(a>b)==c);
    printf("%d  ",b+c<a);
    printf("%d\n",a<b<c);
}
```

运行结果：

```
1 1 0 1
```

关系表达式常用于选择结构和循环结构中。需要特别注意的是，在 C 语言中，"等于"运算符是"=="，而不是赋值运算符"="。

3.5.2　逻辑运算符和逻辑表达式

关系表达式只能描述单一条件，例如"y>=0"。如果需要描述"y>=0"同时"y<=9"，就要借助于逻辑表达式了。

C 语言提供了三种逻辑运算符，它们是&&（逻辑与）、‖（逻辑或）和!（逻辑非）。

运算符的优先级如下：

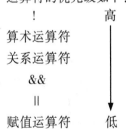

用逻辑运算符将关系表达式或逻辑量连接起来的式子，称为逻辑表达式。例如：y>=0&&y<=9 表示数学不等式 0≤y≤9。

逻辑表达式的值是一个逻辑值，即"真"和"假"。逻辑运算的真值表如表 3-6 所示。

表 3-6　逻辑运算的真值表

a	b	!a	!b	a&&b	a‖b
真	真	假	假	真	真
真	假	假	真	假	真
假	真	真	假	假	真
假	假	真	真	假	假

C语言中，运算量0代表"假"，非0代表"真"，即将一个非0数据认为是"真"。运算结果用0代表"假"，1代表"真"。

三种逻辑运算符的运算规则如下：

- &&：只有两个运算量的值都为"真"时，运算结果为真，否则为假。
- ‖：只有两个运算量的值都为"假"时，运算结果为假，否则为真。
- !：当运算量的值为"真"时，运算结果为假；当运算量的值为"假"时，运算结果为真。

例如，y=6，则(y>=0)&&(y<=9)的值为"真"，(y<0)‖(y>9)的值为"假"。

例如，若a=4，b=5，则a&&b的值为1，!a‖b的值为1，a‖b的值为1。

例如，计算表达式 5>3&&8<4-!0 的值。

```
5>3&&8<4-!0
=1&&8<4-!0
=1&&8<4-1
=1&&8<3
=1&&0
=0
```

例如，写出判别某年份year是否闰年的逻辑表达式。

闰年的条件为：能被4整除但不能被100整除；或能被4整除又能被400整除。

逻辑表达式为：(year%4==0&&year%100!=0)‖year%400==0 或 year%4= =0&&(year%100!=0‖year%400==0)。

特别需要说明的是：逻辑表达式求解时，并不是所有运算都执行，只有在必须执行下一个逻辑运算符才能求出表达式的解时，才执行该运算符。

例如，a&&b&&c，只在a为真时，才判别b的值；只在a、b都为真时，才判别c的值。

又如，a‖b‖c，只在a为假时，才判别b的值；只在a、b都为假时，才判别c的值。

例如，若有a=1; b=2; c=4; d=6; m=1; n=1; 则在求解表达式(m=a>b)&&(n=c>d)后，m的值变为0，而n的值不变，仍等于1。

3.5.3　if语句

1. 简单分支结构

简单分支结构一般格式如下：

```
if(表达式)
    语句;
```

流程图如图3-2所示。其执行过程为：计算表达式P的值，若为真，则执行"语句"；否则，不执行"语句"，直接向下执行。

其中，"语句"可以是一条语句，也可以是用"{}"括起来的复合语句。if后面的表达式类型任意，若表达式的值为0，按"假"

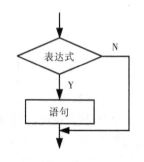

图 3-2　简单分支结构流程图

处理；若表达式的值为非 0，按"真"处理。

例如：if(x)　等价于 if(x!=0)

　　　if(!x) 等价于 if(x==0)

例如：判断变量 x 的大小，若 x>0，则输出 x 的值。

对应的 if 语句为：if(x>0)printf("x=%d",x);

【例 3.22】输入两个实数，按由小到大的顺序输出。

分析：两个实数 a、b 的值从键盘输入，若 a>b，将 a，b 中的数进行交换，然后输出；否则只需顺序输出。两数交换必须使用另一个变量。

源程序如下：

```c
#include <stdio.h>
void main()
{
    float a,b,t;
    printf("请输入两个实数： ");
    scanf("%f,%f",&a,&b);
    if(a>b)
    {   t=a;a=b;b=t; }
    printf("%5.2f,%5.2f\n",a,b);
}
```

运行结果：

请输入两个实数：57.2,35.8✓

35.80,57.20

为改善人机交互性，在设计输入操作时，一般先用 printf() 函数输出一个提示信息，如上例 printf("请输入两个实数: ");语句运行时有屏幕提示，再用 scanf() 函数进行数据输入操作。

【例 3.23】输入三个整数，将这三个数按由小到大排序并输出。

分析：先将 num1 与 num2 进行比较，如果 num1> num2 则将 num1 与 num2 的值进行交换；然后将 num1 与 num3 进行比较，如果 num1> num3 则将 num1 与 num3 进行交换，这样能使 num1 最小；最后将 num2 与 num3 进行比较，如果 num2> num3 则将 num2 与 num3 进行交换。

源程序如下：

```c
#include <stdio.h>
void main()
{
    int num1,num2,num3,temp;
    printf("请输入三个整数:");
    scanf("%d,%d,%d",&num1,&num2,&num3);
    if(num1>num2)
    {                               /*交换 num1 和 num2 的值*/
        temp=num1;
        num1=num2;
        num2=temp;
    }
    if(num1>num3)
    {                               /*交换 num1 和 num3 的值*/
        temp=num1;
```

```
        num1=num3;
        num3=temp;
    }
    if(num2>num3)
    {                                /*交换num2和num3的值*/
        temp=num2;
        num2=num3;
        num3=temp;
    }
    printf("三个数由小到大为：%d,%d,%d\n",num1,num2,num3);
}
```

运行结果：

  请输入三个整数：<u>11,22,18</u>✓

  三个数由小到大为：11,18,22

【例3.24】 输入三角形的三条边长，求三角形的面积。

分析：能构成三角形的三条边长的条件是两边之和大于第三边。设三角形的三边长分别为x、y、z，$s=(x+y+z)/2$，则三角形面积 $area=sqrt(s*(s-x)*(s-y)*(s-z))$。其中，sqrt为求平方根函数。

源程序如下：

```
#include <stdio.h>
#include <math.h>
void main()
{
    float x,y,z,s,area;
    printf("请输入三角形的三条边长:");
    scanf("%f,%f,%f",&x,&y,&z);
    if(x+y>z&&y+z>x&&x+z>y)
    {
        s=1.0/2*(x+y+z);
        area=sqrt(s*(s-x)*(s-y)*(s-z));
        printf("三角形面积=%7.2f\n",area);
    }
}
```

运行结果：

  请输入三角形的三条边长：<u>3,4,6</u> ✓

  三角形面积=5.33

请思考：语句 s=1.0/2*(x+y+z); 中的1.0是否可以改为1？

2．双分支结构

双分支结构一般格式如下：

  if(表达式) 语句1；

  else 语句2；

流程图如图3-3所示。其执行过程为：先计算表达式的值，如果其值为真（即表达式的值为非0），则执行语句1；否则，执行语句2。

其中，"语句"可以是单语句，也可以是用"{}"括起

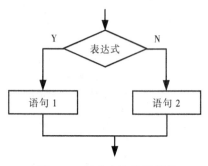

图3-3 双分支结构流程图

来的复合语句。

例如，输出 a、b 两数中的最大值。

用双分支语句实现为：

```
if(a>b) printf("%d",a);
else  printf("%d",b);
```

【例 3.25】进一步分析例 3.24，输入三角形三条边长，求三角形面积。当输入的三条边长不能构成三角形时，输出"不能构成一个三角形"。

源程序如下：

```
#include <stdio.h>
#include <math.h>
void main()
{
    float x,y,z,s,area;
    printf("请输入三角形的三条边长:");
    scanf("%f,%f,%f",&x,&y,&z);
    if(x+y>z&&y+z>x&&x+z>y)
    {
        s=0.5*(x+y+z);
        area=sqrt(s*(s-x)*(s-y)*(s-z));
        printf("面积=%7.2f\n",area);
    }
    else  printf("不能构成一个三角形\n");
}
```

运行结果：

请输入三角形的三条边长：3,4,6 ✓
面积=5.33

请思考：若输入的三条边长不能满足构成三角形的条件，分析运行结果。

在调试分支结构程序的过程中，对每种分支情况都要进行测试，才能保证软件的质量。因此在调试程序的时候，要尽可能考虑到程序运行时的各种可能，设计相应的用例。

【例 3.26】输入两个整数，按由小到大顺序输出。

源程序如下：

```
#include <stdio.h>
void main()
{
    int a,b;
    scanf("%d,%d",&a,&b);
    if(a<b)  printf("%d,%d",a,b);
    else  printf("%d,%d",b,a);
}
```

运行结果：

5,2 ✓
2,5

请思考：按由小到大输入两个整数，分析运行结果。

【例 3.27】输入任意三个整数，求三个数中的最大值。

源程序如下：

```
#include <stdio.h>
void main()
{
    int num1,num2,num3,max;
    printf("请输入三个整数:");
    scanf("%d,%d,%d",&num1,&num2,&num3);
    if(num1>num2)
        max=num1;
    else
        max=num2;
    if(num3>max)
        max=num3;
    printf("三个数是:%d,%d,%d\n",num1,num2,num3);
    printf("最大值是%d\n",max);
}
```

运行结果：

请输入三个整数：15,36,9✓

三个数是：15,36,9

最大值是36

以上程序可进一步优化如下：

```
#include <stdio.h>
void main()
{
    int num1,num2,num3,max;
    printf("请输入三个整数:");
    scanf("%d,%d,%d",&num1,&num2,&num3);
    max=num1;
    if(num2>max)
        max=num2;
    if(num3>max)
        max=num3;
    printf("三个数是:%d,%d,%d\n",num1,num2,num3);
    printf("最大值是%d\n",max);
}
```

这种优化形式的基本思想是：首先取一个数预置为最大值 max，然后再用 max 依次与其余的数逐个比较，如果发现有比 max 大的数，就用它重新为 max 赋值，比较完所有的数后，max 中的数就是最大值。

请思考：输入任意三个数，求三个数中的最小值，如何编写程序？

3. 多分支 if 语句

（1）一般格式

```
if(表达式1)  语句1
else  if(表达式2)  语句2
else  if(表达式3)  语句3
else  语句4
```

流程图如图 3-4 所示。其执行过程为：先计算表达式 1，若其值为"真"，则执行语句 1，否则计算表达式 2，若其值为"真"，则执行语句 2，否则计算表达式 3，若其值为"真"，则执行语句 3，否则执行语句 4。

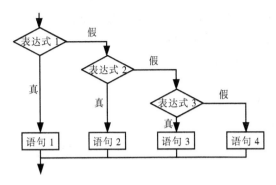

图 3-4　多分支 if 语句流程图

【例 3.28】编程计算应付金额 c，其单价 s 随购物数量 t 变化，关系如下：

$$s = \begin{cases} 20 & \text{当 } t>500 \\ 30 & \text{当 } 200<t\leqslant500 \\ 40 & \text{当 } 100<t\leqslant200 \\ 50 & \text{当 } t\leqslant100 \end{cases}$$

分析：可用多分支选择结构 if 语句实现。注意 t 的取值范围的区间如何表示。

源程序如下：

```c
#include <stdio.h>
void main()
{
    int s,t,c;
    printf("请输入购物数量:");
    scanf("%d",&t);
    if(t>500)   s=20;
    else  if(t>200)   s=30;
    else  if(t>100)   s=40;
    else  s=50;
    c=s*t;
    printf("应付金额=%d\n", c);
}
```

运行结果：

请输入购物数量:600✓
应付金额=12000

请思考：若输入购物数量满足另外三种情况时，分析程序的运行情况与结果。

（2）嵌套的多分支 if 语句

在 if 语句中又包含一个或多个 if 语句，称为 if 语句的嵌套。

一般格式如下：

```c
if()
    if() 语句 1
    else 语句 2
else
    if() 语句 3
    else 语句 4
```

说明：在 C 语言中 else 不能单独使用，它必须与 if 配对使用。if 与 else 的配对关系为从内层开始，else 总是与它上面最近的没有配对的 if 配对。

【例 3.29】编写程序，计算如下函数：

$$y=\begin{cases} -5 & \text{当 } x<0 \\ 0 & \text{当 } x=0 \\ 7 & \text{当 } x>0 \end{cases}$$

分析：这是一个分段函数，根据 x 的取值不同，y 得到不同的值，可使用嵌套的多分支 if 语句实现。

源程序如下：

```c
#include <stdio.h>
void main()
{
    int x,y;
    printf("请输入 x:");
    scanf("%d",&x);
    if(x<0)  y=-5;
    else
    {
        if(x==0)  y=0;
        else y=7;
    }
    printf("x=%d,y=%d",x,y);
}
```

运行结果：

```
请输入 x:-5✓
x=-5,y=-5
```

本例中的 if 语句若改为

```c
y=-5;
if(x!=0)
    if(x>0)  y=7;
else  y=0;
```

从格式上看，设计者是希望 else 与 if(x!=0) 配对。但 C 语言规定 else 是与离它最近的上一个没有配对的 if 配对。而结果呢？上述算法和例题要求不符。因此，当 if 与 else 的数目不一样时，可以加"{ }"来确定配对关系。将上述程序段改写如下：

```c
y= -5;
if(x!=0)
{
    if(x>0)  y=7;
}
else  y=0;
```

请思考：若输入 x 的值满足另外两种情况时，分析程序运行结果。

4．条件运算符和条件表达式

条件运算符" ？ :"为 C 语言中唯一的一个三目运算符。用条件运算符连接各种表达式构成了条件表达式。条件表达式的形式如下：

表达式 1?表达式 2:表达式 3

例如：

```
(x>y)?a:b
```

它的执行过程为：先计算表达式 1 的值，如果其值不等于 0（为真），则计算表达式 2 的值，并以该值作为整个条件表达式的值，否则计算表达式 3 的值，并以该值作为整个条件表达式的值。

常用的几种运算符的优先级如下：

算术运算符　　　　　高

关系运算符

条件运算符

赋值运算符　　　　　低

条件运算符的优先级仅高于赋值运算符和逗号运算符，比其他运算符的优先级都低。

说明：

① 条件表达式中第一个表达式两边的圆括号并不是必需的，但是建议使用圆括号，这可以使表达式的条件部分更易于阅读。

② 条件运算符的结合方向为自右至左。

例如：a>b?a:c>d?c:d　相当于 a>b?a:(c>d?c:d)，如果 a=1，b=2，c=4，d=5，则条件表达式的值为 5。

例如：if(x>y)　max=x;

　　　else　max=y;

可以用下面的语句来处理：

```
max=(x>y)?x:y;
```

其中 (x>y)?x:y 是一个条件表达式。

例如：if(x>y) printf("%d",x);

　　　else printf("%d",y);

可以用下面的条件表达式来处理：

```
x>y ?printf("%d", x): printf("%d", y)
```

即"表达式 2"和"表达式 3"既可以是数值表达式，也可以是赋值表达式或函数表达式。

③ 条件表达式中，表达式 1 的类型可以与表达式 2 和表达式 3 的类型不同。

例如，x?'y':'z'，其中 x 为整型变量，'y'和'z'为字符常量。其意义是：如果 x 的值不为 0，则条件表达式的值为'y'；否则，条件表达式的值为'z'。

④ 表达式 2 和表达式 3 的类型也可以不同，此时，条件表达式的值的类型为两者中较高的类型。

例如：(a>b)?2:7.5，若 a>b，则条件表达式的值为 2.0，否则为 7.5。

【例 3.30】输入一个字符，判断是否为大写字母，若是，将其转换成小写字母；否则，不转换。然后，输出最后得到的字符。

分析：

● 判断大写字母的表达式如何书写。

● 大写字母与对应小写字母的转换，即大写字母比对应小写字母的 ASCII 码值小 32。

源程序如下：

```
#include <stdio.h>
void main()
{
    char ch;
    printf("请输入一个字符:");
    scanf("%c",&ch);
    if(ch>='A'&&ch<='Z')          /*输入的字符若为大写字母*/
        ch=ch+32;                 /*大写字母转换为对应的小写字母*/
    printf("%c\n",ch);
}
```

运行结果:

请输入一个字符:B ✓

b

在上例中，if (ch>='A' && ch<='Z') ch=ch+32; 语句可用 ch=(ch>='A'&&ch<='Z')?(ch+32):ch;语句实现。

请思考：判断是否为字母的表达式如何书写？

3.5.4 switch 语句

在处理多分支选择结构时，要用 if 语句的 if...else if 甚至多重的嵌套 if 来实现，当分支较多时，程序变得复杂冗长，可读性降低。C 语言还提供了 switch 语句处理多分支选择结构的情况，使程序变得简洁。switch 语句又称为开关语句，语句的格式如下：

```
switch(表达式)
{
    case  常量表达式1:语句组1;break;
    case  常量表达式2:语句组2;break;
    ...
    case  常量表达式n:语句组n;break;
    default:语句组n+1;
}
```

switch 语句的流程图如图 3-5 所示，执行过程如下：

当表达式的值与某一个 case 后面的常量表达式值相等时，就执行此 case 后面的语句组，当执行到 break 语句时，跳出 switch 语句。若表达式的值与所有的常量表达式值都不匹配，则执行 default 后面的语句组。default 分支是可选的。如果没有 default 分支也没有其他分支与表达式的值匹配，则该 switch 语句不执行任何操作。

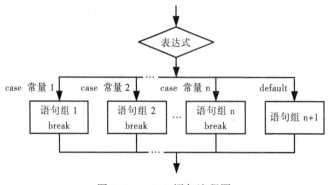

图 3-5 switch 语句流程图

【例 3.31】　要求按照考试成绩的等级输出百分制分数段。等级 A 为 90～100 分，等级 B 为 80～89 分，等级 C 为 70～79 分，等级 D 为 60～69 分，等级 E 为<60 分，否则，输出"输入的考试成绩等级错误"。

源程序如下：

```c
#include <stdio.h>
void main()
{
    char grade;
    printf("请输入考试成绩的等级: ");
    scanf("%c",&grade);
    switch(grade)
    {
        case  'A':printf("90~100\n");break;
        case  'B':printf("80~89\n");break;
        case  'C':printf("70~79\n");break;
        case  'D':printf("60~69\n");break;
        case  'E':printf("<60\n");break;
        default:printf("输入的考试成绩等级错误!\n");
    }
}
```

运行结果：

　　请输入考试成绩的等级:C↙
　　70~79

在使用 switch 语句时，需要注意：

- 每一个 case 的常量表达式的值必须互不相同，否则会出现矛盾现象。
- 各个 case 和 default 出现的次序不影响运行结果。
- 在执行一个 case 分支后，用一个 break 语句使流程跳出 switch 结构。若没有 break 语句，执行完一个 case 后面的语句后，继续执行下一个 case 语句而不再进行判断。

如果去掉上例程序中的所有 break 语句，且输入的成绩等级为 C，则运行结果如下：

　　请输入考试成绩的等级:C↙
　　70~79
　　60~69
　　<60
　　输入的考试成绩等级错误!

- 多个 case 可以共用一组执行语句。例如，从键盘输入的等级为 D、E 时，都执行同一组语句，即输出<70 。

```c
switch(grade)
{
    case  'A':printf("90~100\n");break;
    case  'B':printf("80~89\n");break;
    case  'C':printf("70~79\n");break;
    case  'D':
    case  'E':printf("<70\n");break;
    default:printf("输入的考试成绩等级错误!\n");
}
```

3.5.5 选择结构程序举例

【例 3.32】判断某一年是否是闰年。

分析：满足以下两种条件之一即为闰年：能被 4 但不能被 100 整除；能被 400 整除。

根据以上条件，分别考虑如下情况：

- 不能被 4 整除的，不是闰年。
- 能被 4 整除但不能被 100 整除的，是闰年。
- 能被 400 整除的，是闰年。
- 其他都不是闰年。

流程图如图 3-6 所示。

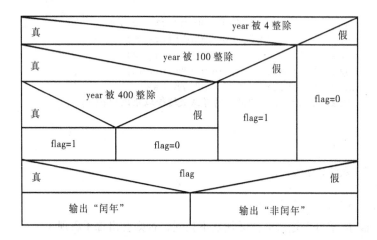

图 3-6 例 3.32 流程图

源程序如下：

```c
#include <stdio.h>
void main()
{
    int year,flag;
    printf("请输入年份: ");
    scanf("%d",&year);
    if(year%4==0)
        if(year%100==0)
            if(year%400==0)
                flag=1;
            else  flag=0;
        else  flag=1;
    else  flag=0;
    if(flag)
        printf("%d 是闰年\n",year);
    else
        printf("%d 不是闰年\n",year);
}
```

运行结果：

请输入年份:<u>1996</u>↙

1996 是闰年

以上源程序中判断闰年的条件可用逻辑表达式，源程序可改为：

```
#include <stdio.h>
void main()
{
    int year,flag;
    printf("请输入年份：");
    scanf("%d",&year);
    if(year%4==0&&year%100!=0||year%400==0)
        flag=1;
    else
        flag=0;
    if(flag)
        printf("%d是闰年\n",year);
    else
        printf("%d不是闰年\n",year);
}
```

请思考：若将 if (flag)…else 语句改为 if (flag==1)…else，运行结果如何？为什么？

【例 3.33】求一元二次方程 $ax^2+bx+c=0$ 的解，a、b、c 由键盘输入。

分析：方程的解有以下几种可能：

① 若 $a=0$，不是二次方程。

② 若 $a\neq0$，有以下三种情况：

- $b^2-4ac=0$，有两个相等实根。
- $b^2-4ac>0$，有两个不等实根。
- $b^2-4ac<0$，有两个共轭复根。

流程图如图 3-7 所示。

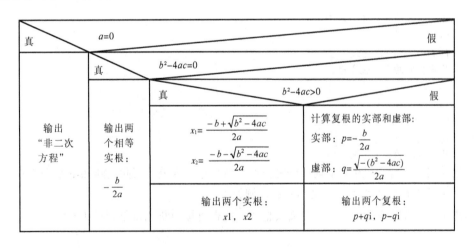

图 3-7　例 3.33 流程图

源程序如下：

```
#include <stdio.h>
#include <math.h>
```

```
void main()
{
    float a,b,c,disc,x1,x2,p,q;
    printf("请输入 a,b,c:");
    scanf("%f,%f,%f",&a,&b,&c);
    printf("此方程");
    if(fabs(a)<=1e-6)                          /*fabs()求绝对值函数*/
        printf("不是二次方程\n");
    else
    {
        disc=b*b-4*a*c;
        if(fabs(disc)<=1e-6)                   /*求出两个相等的实根*/
            printf("有两个相等的实根:%8.4f\n",-b/(2*a));
        else
            if(disc>1e-6)                       /*求出两个不等的实根*/
            {
                x1=(-b+sqrt(disc))/(2*a);
                x2=(-b-sqrt(disc))/(2*a);
                printf("有两个不等的实根:%8.4f,%8.4f\n",x1,x2);
            }
            else                                /*求出两个共轭复根*/
            {
                p=-b/(2*a);
                q=sqrt(-disc)/(2*a);
                printf("有两个共轭复根:\n");
                printf("%8.4f+%8.4fi\n",p,q);
                printf("%8.4f-%8.4fi\n",p,q);
            }
    }
}
```

第一次运行结果：

　　请输入 a,b,c: <u>1,2,1</u>✓
　　此方程有两个相等的实根： -1

第二次运行结果：

　　请输入 a,b,c:<u>1,2,2</u>✓
　　此方程有两个共轭复根：
　　-1+1i
　　-1-1i

第三次运行结果：

　　请输入 a,b,c:<u>2 6 1</u>✓
　　此方程有两个不等的实根： -0.177124,-2.82288

说明：实数在计算机中存储时，经常会有一些微小的误差，因此判断 disc 是否为 0 的方法为判断 disc 的绝对值是否小于一个很小的数，例如 10^{-6}。

请思考：如果将系数 a、b、c 定义成整数，能否直接判断 disc 是否等于 0？

3.6 循 环 结 构

在实际问题中，常常需要进行大量的重复处理，当满足一定条件时，计算机要重复执行某个模块，就需要使用循环结构，它是结构化程序设计的三种基本结构之一，它和顺序结构、选择结构共同作为各种复杂程序的基本构成单元。

C 语言中循环结构的实现可用以下四种循环语句：

① 非结构化循环语句：if...goto 构成的循环。

② 结构化循环语句有三种：while 语句、do...while 语句和 for 语句。

一个完整的循环结构一般包括以下几部分：

- 循环变量赋初值，即初始化循环变量。
- 循环条件的设置：只要循环条件为真，就执行循环体。
- 循环体：重复执行的语句。
- 修改循环变量：在每次循环中改变循环变量的值。

3.6.1　goto 语句

goto 语句的一般形式如下：

```
goto  语句标号；
```

goto 语句为无条件转向语句，将程序控制转移到标号所在的语句处，程序将从标号处的语句继续执行。其中语句标号符合标识符的命名规则，即由字母、数字和下画线组成，且第一个字符必须为字母或下画线。

【例 3.34】计算 1+2+…+49+50 的值。

分析：设累加和变量为 sum，被加数变量为 n。sum 初值为 0，n 初值为 1。程序自动实现 sum+n→sum；n+1→n；直到 n>50 为止。

源程序如下：

```
#include <stdio.h>
void main()
{
    int n,sum;
    sum=0;n=1;
    loop:    sum=sum+n;
    n++;
    if(n<=50)  goto loop;
    printf("sum=%d",sum);
}
```

运行结果：

```
sum=1275
```

if...goto 语句用于从循环体中跳到循环体外，可以从嵌套的多重循环中立即转到外层。过多使用 goto 语句会破坏程序结构化的逻辑结构，将会导致程序流程无规律，可读性差。因此结构化程序设计方法，主张限制使用 goto 语句，只有在不得已时（例如能大大提高效率）才使用。

3.6.2　while 语句

while 语句为当型循环语句，是一种先判断条件后执行的循环语句。

while 语句的一般形式为

```
while(表达式)
    语句；
```

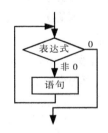

图 3-8　while 语句流程图

while 语句的流程图如图 3-8 所示。其执行过程为：计算表达式的值，若表达式的值为真（即非 0），则执行循环体语句，并再次求该表达式的值。这一循环过程一直进行下去，直到该表达式的值为 0 为止，然后继续执行后面的语句。否则结束循环，执行后面的语句。

while 语句的循环体可以是单个语句或复合语句。循环体若包含一个以上语句，则应用 "{}" 括起来。若循环体不加 "{}"，则循环体只包括 while 之后的第一条语句。而且循环体内，应注意设置修改循环条件的语句，否则循环无法终止。

【例 3.35】计算 1+2+…+49+50。

分析：

- 定义变量 i、sum 并初始化 sum 和 i。
- 确定循环条件 i≤50，只要满足循环条件，循环体就会一直反复执行。
- 写出循环体语句 sum=sum+i;。
- 写出循环修改条件 i=i+1;，循环体每循环一次，i 就增 1，当循环到一定条件的时候，i 的值就会超过 50，即循环条件 i≤50 不再满足。此时，循环结束。

源程序如下：

```c
#include <stdio.h>
void main()
{
    int i, sum;
    sum=0;i=1;              /*初始化 sum 和 i*/
    while(i<=50)            /*通过循环把1、2、…、50分别加到 sum 中*/
    {
        sum=sum+i;
        i++;
    }
    printf("sum=%d",sum);
}
```

运行结果：

```
sum=1275
```

3.6.3　do...while 语句

do...while 语句用来实现直到型循环，是一种先执行后判断条件的循环语句。

do...while 语句的一般形式如下：

```
do
    循环体语句
while(表达式);
```

do...while 语句的流程图如图 3-9 所示。其执行过程为：先执行一次循环体中的语句，然后计算表达式的值，若表达式的值为真（即非 0），则再次执行循环体，直到某次表达式的值为假时退出循环，执行后面的语句。

【例 3.36】计算 1+2+…+49+50 的值。

源程序如下：

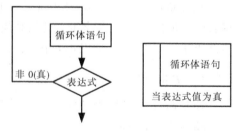

图 3-9　do...while 语句流程图

```c
#include <stdio.h>
void main()
{
```

```
        int i,sum=0;
        i=1;
        do
        {
            sum=sum+i;
            i++;
        }
        while (i<=50);
        printf("sum=%d\n",sum);
    }
```

运行结果：

```
    sum=1275
```

【例 3.37】while 和 do...while 语句的比较。

源程序如下：

```
    #include <stdio.h>
    void main()
    {
        int i,sum=0;
        printf("请输入一个整数：");
        scanf("%d",&i);
        while(i<=5)
        {
            sum=sum+i;
            i++;
        }
        printf("%d",sum);
    }
```

第一次运行结果：

```
    请输入一个整数：1✓
    15
```

第二次运行结果：

```
    请输入一个整数：6✓
    0
```

改用 do...while 语句：

```
    #include <stdio.h>
    void main()
    {
        int i,sum=0;
        printf("请输入一个整数：");
        scanf("%d",&i);
        do
        {
            sum=sum+i;
            i++;
        }
        while(i<=5);
        printf("%d",sum);
    }
```

第一次运行结果：

    请输入一个整数：1✓

    15

第二次运行结果：

    请输入一个整数：6✓

    6

通过例 3.37 可知，对于同一个问题，既可以用 while 语句解决，也可以用 do...while 语句解决。两者的区别在于 while 语句先判断循环条件，然后执行循环体。若表达式第一次的值为假，则循环体一次也不执行。而 do...while 语句则先执行一次循环体，后判断循环条件是否为真，即循环体至少执行一次。

一般情况下，用 while 语句和 do...while 语句处理同一问题时，若两者的循环体一样，则结果也一样。但是如果 while 后面的表达式一开始就为假（即为 0）时，两种循环的结果是不同的。

3.6.4　for 语句

在三种循环语句中，for 语句使用最为灵活，不仅可用于循环次数已经确定的情况，也可用于循环次数虽不确定、但给出了循环继续条件的情况。for 语句是循环结构中使用最广泛的一种循环控制语句，功能强大。它的一般形式为：

    for(表达式 1;表达式 2;表达式 3)

        语句;

其中，表达式 1 一般为赋值表达式，给循环变量赋初值；表达式 2 为关系表达式或逻辑表达式，给出循环条件；表达式 3 一般为赋值表达式，给循环变量增量或减量。语句为循环体，当有两条或两条以上语句时，必须使用复合语句。

for 循环的流程图如图 3-10 所示，其执行过程如下：

首先计算表达式 1，然后计算表达式 2，若表达式 2 的值为真，则执行循环体语句；否则，退出 for 循环，执行 for 循环之后的语句。如果执行了循环体语句，则循环体语句每执行一次，都计算表达式 3，然后重新计算表达式 2，依此循环，直至表达式 2 的值为假，退出循环，执行 for 循环之后的语句。需要注意的是，表达式 1 只执行一次。

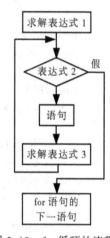

图 3-10　for 循环的流程图

【例 3.38】计算 1+2+…+49+50 的值。

源程序如下：

```
#include <stdio.h>
void main()
{
    int sum,i;
    sum=0;              /*置累加和 sum 的初值为 0*/
    for(i=1;i<=50;i++)
        sum=sum+i;      /*反复累加 i 的值*/
    printf("sum=%d\n",sum);
}
```

运行结果：

    sum=1275

从例 3.38 可知 for 语句中所含循环的四部分的布局大致为

```
for(循环变量赋初值;循环条件;修改循环变量)
        循环体语句;
```

说明：

for 语句中的三个表达式均可以省略或部分省略，但其中的分号必须保留。

例：`for(i=1;i<=50;i++)`

　　　`sum=sum+i;`

① 省略表达式 1：应在 for 语句之前已经对循环控制变量赋初值。

```
i=1;
for(;i<=50;i++)
    sum=sum+i;
```

② 省略表达式 2：如果省略循环条件，即省略表达式 2，则认为表达式 2 的值永远是真值，循环将无终止地执行；因此 for 语句的循环体内必须用 if 和 break 控制循环结束。否则，循环将无限进行下去，成为死循环。

```
for(i=1;;i++)
{
    if(i>50)  break;
    sum=sum+i;
}
```

③ 省略表达式 3：在循环体内必须修改循环变量的值，保证程序正常结束。否则，将导致无限循环。

```
for(i=1;i<=50;)
{
    sum=sum+i;
    i++;
}
```

④ 省略表达式 1 和表达式 3：即只给循环条件。

```
i=1;
for(;i<=50;)
{
    sum=sum+i;
    i++;
}
```

此时，等价于 while 语句，需要预先赋初值，在循环体内必须修改循环变量的值：

```
i=1;
while(i<=50)
{
    sum=sum+i;
    i++;
}
```

⑤ 省略三个表达式：

```
for(;;)
```

这种格式完全等价于 while(1) 语句，将导致死循环。for 语句的循环体中必须有 break 语句才能终止循环执行。一旦条件满足时，用 break 语句跳出 for 循环。

例如，在编写菜单控制程序时，可用以下 for 语句：

```
for(; ;)
{
```

```
        printf("请输入一个字符(Q=Exit):");
        scanf("%c",&ch);
        if(ch=='Q' or ch=='q')    /*输入Q或q,退出程序的执行*/
            break;
    }
```

在 for 语句中,表达式 1 和表达式 3 可以由一个或多个赋值表达式组成,当为多个表达式时,各表达式之间要用逗号分隔,即构成逗号表达式。如下例中,表达式 1 同时为 i 和 j 赋初值,表达式 3 同时改变 i 和 j 的值。

【例 3.39】计算 1+2+3+···+10 的值。

源程序如下:

```
#include <stdio.h>
void main()
{
    int i,j,sum=0;
    for(i=1,j=10;i<=j;i++,j--)
        sum+=i+j;
    printf("sum=%d",sum);
}
```

运行结果:

```
sum=55
```

for 语句允许将一些与循环控制无关的操作作为表达式 1 或表达式 3 出现。

如上例中,for(i=1,j=10;i<=j;i++,j--)

可以写为 for(sum=0,i=1,j=10;i<=j;i++,j--)

但这样会使 for 语句显得杂乱,可读性降低,不易于理解,最好不要将与循环控制无关的内容放到 for 语句中。

【例 3.40】从键盘输入一个整数 n,计算 n!。

分析:

● n!= 1×2×3×···×n,是累乘运算,每次循环完成一次乘法,共循环 n 次。设 fac 等于阶乘值,注意 fac 的初值为 1,不能为 0,否则累乘积始终为 0;变量 i 为计数器,i 从 1 增到 n,每一次使 fac=fac*i,则最终 fac 中的值就是 n!。

● fac 若为 int 型变量,求 8!时出现溢出现象,fac 应定义为 float 或 long int 型变量。

源程序如下:

```
#include <stdio.h>
void main()
{
    int i,n;
    float fac;
    fac=1;                      /*fac 的初值为 1*/
    printf("请输入一个整数:");    /*输入提示*/
    scanf("%d", &n);
    for(i=1;i<=n;i++)           /*循环执行n 次,计算n!*/
        fac=fac*i;
    printf("n!=%.0f\n", fac);   /*%.0f 指定输出时没有小数部分*/
}
```

运行结果:

　　请输入一个整数:5↙
　　120

【例 3.41】从键盘不断输入字符,直到输入一个"换行"符为止,并将此字符串原样输出。
源程序如下:

```
#include <stdio.h>
void main()
{
    char c;
    for(;(c=getchar())!='\n';)
        printf("%c",c);
}
```

运行结果:

　　hello↙
　　hello

3.6.5　三种循环语句的比较

　　① C 语言中的 while、do…while 和 for 循环语句都由表达式控制执行循环体,一般情况下可以互相替代。

　　② while 和 for 循环语句都是先判断循环条件是否成立,后执行循环体,因此循环体有可能一次也不执行。而 do…while 循环语句是先执行一次循环体,后判断循环条件是否成立,因此循环体至少要执行一次。

　　③ 对于 while 和 do…while 循环语句,循环变量赋初值是在执行 while 和 do…while 循环语句之前完成的,循环条件在 while 后面的括号内指定,在循环体内一般应包括循环变量修改的语句,以便使循环操作趋于结束。for 循环语句一般用表达式 1 实现循环初始化操作,表达式 2 作为循环条件,表达式 3 实现循环变量修改,进而使循环趋于结束。

3.6.6　循环结构的嵌套

　　一个循环体内又包含另一个完整的循环结构,称为循环的嵌套。一个循环外面仅包围一层循环称为二重循环,一个循环外面包围两层循环称为三重循环。

　　三种循环语句可以互相嵌套,如表 3-7 所示。

表 3-7　循环嵌套的形式

① while()
{　…
　　while()
　　{…}
}
	② do
	　{　…
	　　do
	　　{…}
	　　while();
	　}
	　while();
		③ for(; ;)
		　{
		　　for(; ;)
		　　{…}
		　}

④ while()
{　…
　　do
　　{…}
　　while();
}
	⑤ for(; ;)
	　{　…
	　　while()
	　　{…}
	　}
		⑥ do
		　{　…
		　　for(; ;)
		　　{…}
		　}
		　while();

说明：

① 内层循环应完全在外层循环里面，即不允许出现交叉。

② 内层循环体执行次数＝内层循环次数×外层循环次数。

【例 3.42】输出以下九九乘法表：

1*1=1

1*2=2　　2*2=4

1*3=3　　2*3=6　　3*3=9

1*4=4　　2*4=8　　3*4=12　　4*4=16

1*5=5　　2*5=10　　3*5=15　　4*5=20　　5*5=25

1*6=6　　2*6=12　　3*6=18　　4*6=24　　5*6=30　　6*6=36

1*7=7　　2*7=14　　3*7=21　　4*7=28　　5*7=35　　6*7=42　　7*7=49

1*8=8　　2*8=16　　3*8=24　　4*8=32　　5*8=40　　6*8=48　　7*8=56　　8*8=64

1*9=9　　2*9=18　　3*9=27　　4*9=36　　5*9=45　　6*9=54　　7*9=63　　8*9=72　　9*9=81

分析：分行与列考虑，共 9 行 9 列，i 控制行，j 控制列。

源程序如下：

```c
#include <stdio.h>
void main()
{
    int i,j;
    for(i=1;i<=9;i++)                           /*外层循环用来控制输出行*/
    {
        for(j=1;j<=i;j++)                       /*内层循环用来控制输出列*/
            printf("%d*%d=%d    ",j,i,i*j);     /*注意先输出 j，再输出 i*/
        printf("\n");                           /*每一行后换行*/
    }
}
```

在此程序中，使用了两层的循环嵌套处理，即双重循环，用循环变量 i 控制行，用 j 控制列。

首先输出第一行的一列：　i=1，j 从 1 到 i（即 1）；

换行输出第二行的两列：　i=2，j 从 1 到 I（即 2）；

…

最后输出第九行的九列：　i=9，j 从 1 到 i（即 9）。

此程序的不足之处是每行输出的表达式之间用空格隔开，纵向排列不整齐。

可将语句 printf("%d*%d=%d   ",j,i,i*j);

改为　printf("%d*%d=%-4d",j,i,i*j);　　/*%-4d 表示左对齐，占 4 列宽度*/

或　　printf("%d*%d=%d\t",j,i,i*j);

3.6.7　break 和 continue 语句

为了使循环控制更加灵活，C 语言提供了 break 语句和 continue 语句。

1. break 语句

在 switch 语句中，在 case 分支语句执行之后，通过 break 语句跳出 switch 结构。在循环语句中，break 语句的作用是强行结束循环，转向执行循环语句后的下一条语句。break 语句只能用于循环语句和 switch 语句中。

【例 3.43】输出半径为 1~10 的圆的面积，若面积超过 100，则不予输出。

源程序如下：

```c
#include <stdio.h>
void main()
{
    int r;
    float area;
    for(r=1;r<=10;r++)
    {
        area=3.141593*r*r;
        if(area>100)
          break;                      /*当 area>100 时，则退出循环，不再执行其他循环*/
        printf("面积=%f\n",area) ;
    }
    printf("now r=%d\n",r) ;  /*面积超过 100 时的圆的半径*/
}
```

运行结果：

```
面积=3.141593
面积=12.566373
面积=28.274338
面积=50.265488
面积=78.539825
now r=6
```

当 break 处于循环嵌套结构中时，它只能终止并跳出包含该语句的内层循环，而对外层循环没有影响。

2. continue 语句

continue 语句只能用于循环语句中，一旦执行了 continue 语句，就跳过循环体中位于该语句后的所有语句，提前结束本次循环并进行新一轮循环。

【例 3.44】输入任意 6 个整数，计算正数的个数及正数的平均值。

源程序如下：

```c
#include <stdio.h>
void main()
{
    int i,num=0,n;
    float ave,sum=0;
    printf("请输入 6 个整数:\n");
    for(i=0;i<6;i++)
    {
        scanf("%d",&n);
        if(n<=0)  continue;
        sum+=n;
        num++;
    }
    ave=sum/num;
    printf("%d 个正数的平均值是:%f\n",num,ave);
}
```

运行结果：

```
请输入 6 个整数:
1  -3  5  8  -7  9↙
4 个正数的平均值是:5.750000
```

continue 语句对于 for 循环语句,跳过循环体中 continue 语句下面尚未执行的语句,转去执行表达式 3,即修改循环变量的值,然后执行表达式 2,即判断循环条件;对于 while 和 do...while 循环语句,跳过循环体中 continue 语句下面尚未执行的语句,转去执行 while 后面括号中的表达式,即判断循环条件。

在多重循环中,continue 语句只是影响包含该语句的内层循环,而对外层循环没有影响。

continue 语句只结束本次循环,而不是终止整个循环的执行;而 break 语句则是结束整个循环,不再判断循环条件是否成立。

【例 3.45】求 100～150 之间和 400～450 之间能被 7 整除的数。

源程序如下:

```
#include <stdio.h>
void main()
{
    int i;
    for(i=100;i<=450;i++)
    {
        if(i>150&&i<400)  continue;
        if(i%7==0)  printf("%4d",i);
    }
}
```

运行结果:

```
105  112  119  126  133  140  147  406  413  420  427  434  441  448
```

说明:当 i>150 并且 i<400 时,执行 continue 语句,结束本次循环,即跳过第二个 if 语句,转去判断 i≤450 是否成立。也就是只有 i 在 100～150 之间和 400～450 之间时,才执行第二个 if 语句,如果 i 能被 7 整除,则输出 i 的值。

3.6.8　循环结构程序举例

【例 3.46】求 1!+2!+3!+…+10!的值。

分析:n!=(n-1)!*n,阶乘的每一项 fac 若为 int 型,求 8!时开始出现溢出现象,因此 fac 应定义为 float 类型。

源程序如下:

```
#include <stdio.h>
void main()
{
    int n;
    float fac=1,sum=0;          /*变量 fac 中存放阶乘的值*/
    for(n=1;n<=10;n++)          /*循环执行 10 次*/
    {
        fac=fac*n;
        sum=sum+fac;
    }
    printf("1!+2!+3!+…+10!=%e",sum);
}
```

运行结果：

```
1!+2!+3!+…+10!=4.037913e+006
```

【例 3.47】利用格里高利公式 π/4≈1–1/3+1/5–1/7+…求 π 的值，直到最后一项的绝对值小于 10^{-6} 为止。

分析：这是一个求累加和的问题。此问题的关键是计算等式右侧表达式的值。该表达式每一项为一个分数，各项的分子和分母均有一定规律。每一项的分子为 1、–1、1、–1、…，分母为 1、3、5、7、…。

设累加和变量为 sum，分子为 a，分母为 b，分式之值为 x，每次循环中其值都会改变。用循环实现各项累加，在反复计算累加的过程中，一旦某一项的绝对值小于 10^{-6}，就达到了给定的精度，计算终止。这说明精度要求实际上给出了循环的结束条件，还需要将其转换为循环条件 $|x| \geq 10^{-6}$。最后，将 sum×4 之值输出即可。

流程图如图 3-11 所示。

源程序如下：

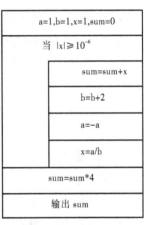

图 3-11　例 3.47 流程图

```c
#include <stdio.h>
#include <math.h>        /*程序中调用绝对值函数 fabs()*/
                         /*需要包含math.h头文件*/
void main()
{
    int a;
    float b,x,sum;       /*sum用来存放累加和*/
    a=1;                 /*a表示分子，初始为1*/
    b=1;                 /*b表示分母，初始为1*/
    x=1;                 /*第一项初始为1*/
    sum=0;               /*置累加和sum的初值为0*/
    while((fabs(x))>=1e-6)
    {
        sum=sum+x;   /*计算累加和*/
        b=b+2;       /*分母递增2，为下一次循环作准备*/
        a=-a;        /*分子改变符号，为下一次循环作准备*/
        x=a/b;       /*计算下一项的值*/
    }
    sum=sum*4;
    printf("sum=%f",sum);
}
```

运行结果：

```
sum=3.141594
```

习　题　3

一、选择题（从四个备选答案中选出一个正确答案）

1. 定义语句 "char c;"，要将字符 b 赋给变量 c，则下列赋值表达式正确的是（　　　）。

    A. c="b"　　　　　B. c='b'　　　　　C. c="98"　　　　　D. c='97'

2. 若有语句 "int a=12;"，则执行语句 "a+=a*=12;" 后，a 的值是（　　　）。

    A. 12　　　　　　B. 144　　　　　　C. 288　　　　　　D. 24

3. 设有定义 "long x=–234567L;"，则以下可以正确输出变量 x 值的语句是（　　　）。

    A. printf("x=%d\n",x);   B. printf("x=%LD\n",x);

    C. printf("x=%dL\n",x);   D. printf("x=%ld\n",x);

4. 设有定义 "int a,b;"，如果要通过 "scanf("%d%d",&a,&b);" 语句给变量 a，b 分别得到 10 和 5，下面错误的输入形式是（   ）。

    A. 10   5<回车>   B. 10,5<回车>

    C. 10<回车>5<回车>   D. 10 5<回车>

5. 若以下选项中变量均已定义，则正确的赋值语句是（   ）。

    A. y1=7.5%3   B. 3=y2;

    C. y3=012   D. y4=2+3=5;

6. 以下叙述正确的是（   ）。

    A. C 程序必须要有输入和输出   B. C 程序可以没有输入和输出

    C. C 程序必须要有输入，但可以没有输出   D. C 程序必须要有输出，但可以没有输入

7. 程序运行后的输出结果是（   ）。

```
#include <stdio.h>
void main()
{
    int a=5,b=6;
    printf("%d\n",a,b);
}
```

    A. 错误信息   B. 5   C. 6   D. 5,6

8. 下列叙述不正确的是（   ）。

    A. 调用 printf() 函数时，不一定总有输出项

    B. 调用 putchar() 函数时，必须在前面包含 stdio.h 头文件

    C. 调用 getchar() 函数时，不可以从键盘输入字符所对应的 ASCII 码

    D. C 语言中，整数可以二进制、八进制、十进制的形式输出

9. 字符 a 的 ASCII 码是 97，以下程序段的输出结果是（   ）。

```
char ch='b';
printf("%d %c",ch,ch);
```

    A. 96 b   B. 98 b   C. b,96   D. b,98

10. 在 C 语言中，"a=b=c=5" 属于（   ）表达式。

    A. 关系   B. 赋值   C. 逻辑   D. 非法

11. 以下只能输入单个字符的函数是（   ）。

    A. printf()   B. scanf()   C. getchar()   D. putchar()

12. 若 a 的原值为 4，则表达式 "a*=a-=3" 运算后，a 的值是（   ）。

    A. 13   B. 4   C. 3   D. 1

13. 有输入语句：

```
scanf("%d,%d",&a,&b);
```

为使变量 a、b 分别为 5 和 3，从键盘输入数据的正确形式为（   ）。

    A. 5   3<回车>   B. 5,3<回车>

    C. a=5   b=3<回车>   D. a=5,b=3<回车>

14. C 程序的基本构成单位是（　　　）。

    A．语句　　　　　　　B．函数　　　　　　C．源文件　　　　　D．工程文件

15. 今有 int a=5,c=5,f=5;，下列说法正确的是（　　　）。

    A．在整个程序中 a，c，f 这三个变量的值一直相等

    B．只表示初始值都是 5

    C．初始值相等，后边取值一定不等

    D．初始值相等，后边取值也相等

16. 有数学表达式 $(x \neq y)$ 且 $(y \geq z)$，则对应的 C 语言表达式为（　　　）。

    A．x≠y,y≥z　　　　　　　　　　B．(x!=y)&&(y>=z)

    C．(x<>y)||(y>=z)　　　　　　　D．x≠y ||(y>=z)

17. 定义变量：

    ```
    int a=1,b=2,c=4,d=6,m=2,n=3;
    ```

    执行(m=a>b)&&(n=c>d)后 n 的值为（　　　）。

    A．0　　　　　　　　B．1　　　　　　　C．3　　　　　　　D．4

18. 已知大写字母 A 的 ASCII 码值为 65，则大写字母 C 的 ASCII 码值为（　　　）。

    A．66　　　　　　　B．67　　　　　　　C．68　　　　　　　D．69

19. 有表达式 a=5>3?10:20;，则变量 a 的值为（　　　）。

    A．5　　　　　　　　B．3　　　　　　　C．10　　　　　　　D．20

20. 若 int a=5,b=3,c=1;，则表达式 "f=a>b>c" 运算后，f 的值为（　　　）。

    A．0　　　　　　　　B．1　　　　　　　C．5　　　　　　　D．3

21. 在下面给出的四个语句段中，能够正确表示：

$$y = \begin{cases} -1 & (x<0) \\ 0 & (x=0) \\ 1 & (x>0) \end{cases}$$

    函数关系的语句段是（　　　）。

    A．if (x!=0)　　　　　　　　　　　B．y=0;

        if (x>0)　y=1;　　　　　　　　if (x>=0)

        else　y=−1;　　　　　　　　　　if (x>0)　y=1;

     else　y=0;　　　　　　　　　　else　y=−1;

    C．if (x<0)　y=−1;　　　　　　　D．y=−1;

        if (x!=0)　y=1;　　　　　　　　if (x!=0)

        else　y=0 ;　　　　　　　　　　if (x>0)　y=1;

                      else　y=0;

22. 表示关系 x≤y≤z 的 C 语言表达式为（　　　）。

    A．(x<=y)&&(y<=z)　　　　　　B．(x<=y)AND(y<=z)

    C．(x<=y<=z)　　　　　　　　　D．(x<=y)&(y<=z)

23. 下面的程序输出的结果为（　　　）。

    A．有语法错误不能通过编译

    B．输出＊＊＊＊

C. 可以通过编译，但是不能通过链接，因而不能运行

D. 输出$$$$

```
#include <stdio.h>
void main()
{
    int x=2,y=1,z=0;
    if(x=y+z)  printf("* * * *");
    else  printf("$$$$");
}
```

24. 下面程序的输出结果是（   ）。

```
#include <stdio.h>
void main()
{
    int a=3;
    printf("%d\n",(++a)+1);
}
```

    A. 3   B. 4   C. 5   D. 6

25. 设有程序段：

```
int k=3;
while(k!=0)
{
    k--;
}
```

则下列说法正确的是（   ）。

    A. 无限循环下去   B. 只执行一次循环体

    C. 执行3次循环体   D. 一次也不执行

26. 下面程序的输出结果是（   ）。

```
#include <stdio.h>
void main()
{
    int x=4;
    do
    {
        printf("%d   ",x-=3);
    }
    while(!(--x));
}
```

    A. 1   -3   B. 4   1

    C. 1   D. 1   -2

27. 设x、y、z、k都是int型变量，则表达式"x=(y=4,z=16,k=32)"运算后x的值为（   ）。

    A. 4   B. 16   C. 32   D. 52

28. 设a=1,b=2,c=3,d=4，则表达式"a>b?a:c>d?c:d"的值为（   ）。

    A. 4   B. 3   C. 2   D. 1

29. 设j和y都是int型，则for循环语句（   ）。

```
for(j=0,y=0;j<=5&&y!=80;j++)
    scanf("%d",&y);
```

    A. 循环体最多执行6次   B. 循环体最多执行5次

C. 循环体最多执行 1 次　　　　　　D. 是死循环

30. 有以下程序段：

```
x=-1;
do
    x=x*x;
while(!x);
```

执行时，循环体执行的次数为（　　）。

A. 0　　　　　　　B. 1　　　　　　C. 2　　　　　D. 不确定

31. 下面程序段（　　）。

```
int x;
for(t=1;t<=100;t++)
{
    scanf("%d",&x);
    if(x<0)    continue;
    printf("%3d",x);
}
```

A. 当 x<0 时整个循环结束　　　　　　B. x≥0 时什么也不输出

C. printf()函数永远也不执行　　　　　D. 最多允许输出 100 个非负整数

32. 以下运算符优先级由高到低的顺序正确的是（　　）。

A. 关系运算符、算术运算符、赋值运算符、逻辑与运算符

B. 逻辑与运算符、关系运算符、算术运算符、赋值运算符

C. 赋值运算符、逻辑与运算符、关系运算符、算术运算符

D. 算术运算符、关系运算符、逻辑与运算符、赋值运算符

33. 下面程序段的运行结果是（　　）。

```
for(y=1;y<10;)
    y=((x=3*y,x+1),x-1);
printf("x=%d,y=%d",x,y);
```

A. x=27,y=27　　　　　　　　B. x=12,y=13

C. x=15,y=14　　　　　　　　D. x=y=27

34. 下面循环体执行的次数为（　　）。

```
int i,j;
while((i=j=0)==1)
{
    i++;
    j=j+i;
}
```

A. 1 次　　　　　　B. 无限次　　　　　C. 0 次　　　　　D. 2 次

35. 以下程序运行后，输出 a 的值为（　　）。

```
#include <stdio.h>
void main()
{
    int a,b;
    for(a=1,b=1;a<100;a++)
    {
        if(b>=20)  break;
```

```
            if(b%3==1)
            {
                b+=3;
                continue;
            }
            b-=5;
        }
        printf("%d",a);
    }
```

   A. 7   B. 8   C. 9   D. 10

二、填空题

1. 下列语句的输出结果是_____。

```
short int b=32767;
b=b+1;
printf("b=%d",b);
```

2. 设有定义 int a;float b;,则执行 scanf("%2d%f",&a,&b);语句后，若从键盘输入：123　45.6↙，则 a、b 的值分别为：_____。

3. 下列语句的运行结果是_____。

```
char c1='h';
char c2='i';
putchar(c1);
putchar(c2);
```

4. 下列语句的输出结果是：_____。

```
int  x=5.5;
float  y=5.5;
printf("%d,%4.2f",x,y);
```

5. 若输入：3,5↙，写出下列程序的运行结果_____。

```
#include <stdio.h>
void main()
{
    int a,b;
    float c;
    scanf("%d,%d",&a,&b);
    c=a/b;
    printf("%4.2f\n",c);
}
```

6. 下列程序运行后的结果是_____。

```
#include <stdio.h>
void main()
{
    int a,b,c;
    a=15;
    b=017;
    c=0xf;
    printf("%d %d %d",a,b,c);
}
```

7. 有以下程序段：

```
int n1=1,n2=2;
printf("_____  ",n1,n2);
```

如果要求按以下形式输出，请填空。

```
n1=1
n2=2
```

8. 有程序段：

```
char ch;
int n;
ch=getchar();
n=ch-'0';
printf("%d\n",n);
```

程序运行时输入：1∠

则输出结果是_____。

9. 赋值表达式 x*=y+5 的另一种书写形式为_____。

10. 函数是 C 程序的基本构成单位，C 程序总是从_____开始执行的。

11. 有下列程序段：

```
int  a,b;
char c,d;
scanf("%d%d",&a,&b);
scanf("%c%c",&c,&d);
```

如果要求变量 a、b、c、d 的值分别是 10、20、'x'、'y'，则正确的输入格式为_____。

12. 下面程序用来求 $e^{(a+b)}$，请填空。

```
【1】
【2】
void main()
{
    int a,b;
    float c;
    printf("input a and b: ");
    scanf("%d,%d",&a,&b);
    c=exp(a+b);
    printf("c=%f",&c);
}
```

13. 写出一个数 m 既能被 3 整除又能被 4 整除的逻辑表达式_____。

14. 已知 a=10，b=20，c=3，则表达式 a>b||c 的值为_____。

15. 已知 a=5，b=8，则表达式 !a>b 的值为_____。

16. 下面程序的功能是：从键盘输入一个字符，若是大写字母，则转换为对应小写字母并输出，若为小写字母则直接输出，请在横线处填上合适内容，使程序完整。

```
#include <stdio.h>
void main()
{
    char  ch;
    scanf("%c", 【1】 );
    if( 【2】 )
```

```
        ch=【3】;
    printf(''%c'', 【4】 );
    }
```

17. 下面程序的功能是求 1～100 间的偶数和，在横线处填上合适内容，使程序完整。

```
#include <stdio.h>
void main()
{
    int n,sum=0;
    for (n=2;n<=100;n=n+2)
        _____;
    printf("1～100 间的偶数和是:%d \n",sum);
}
```

三、写出下面表达式运算后 x 的值（设原来 x=12，x 和 y 已定义为整型变量）

（1）x+=x

（2）x-=2

（3）x*=2+3

（4）x/=x+x

（5）x%=(y%=2)，y 的值等于 5

（6）x+=x-=x*=x

四、写出下面各逻辑表达式的值（设 x=3，y=4，z=5）

（1）x+y>z&&y==z

（2）x||y+z&&y-z

（3）!(x>y)&&!z||1

（4）!(x=x)&&(y=y)&&0

（5）!(x+y)+z-1&&y+z/2

五、根据给出的程序写出运行结果

1.
```
#include <stdio.h>
void main()
{
    int a;
    printf("************\n");
    printf("--user system---\n");
    printf("1-增加\n");
    printf("2-减少\n");
    printf("3-删除\n");
    printf("4-退出\n");
    scanf("%d",&a);
    printf("number is :%d",a);
}
```

程序运行时，若输入：3∠

运行结果是：_____。

2.
```
#include <stdio.h>
void main()
{
```

```
    int y=10,z;
    z=++y;
    z+=y;
    printf("z1=%d\n",x);
    z=y--;
    z+=y;
    printf("z2=%d\n",z);
}
```

运行结果是：_____。

3.
```
#include <stdio.h>
void main()
{
    int x=5,a=1,b=3,c=5,d=5;
    if(a<b)
      if(c<d)  x=1;
      else
        if(a<c)  x=2;
        else  x=3;
    else  x=4;
    printf("%d",x);
}
```

运行结果是：_____。

4.
```
#include <stdio.h>
void main()
{
    char  grade;
    scanf("%c",&grade);
    switch(grade)
    {
        case 'A':printf("85-100");break;
        case 'B':printf("70-84");break;
        case 'C':printf("60-69");break;
        case 'D':printf("<60");break;
        default:printf("error");
    }
}
```

当程序运行时，从键盘输入 C，运行结果是_____。

5.
```
#include <stdio.h>
void main()
{
    int i,j,x=0;
    for(i=0;i<2;i++)
    {
        x++;
        for(j=0;j<=3;j++)
        {
            if(j%2)continue;
            x++;
```

```
        }
        x++;
    }
    printf("x=%d\n",x);
}
```
运行结果是：_____。

六、改错题

1. 下列程序用来实现交换 m, n 的值，指出错误并将其改正。

```
#include <stdio.h>
void main()
{
    int m,n,t;
    scanf("%d,%d",m,n);
    m=n;n=m;
    printf("%d,%d",m,n);
}
```

2. 下面程序当 z 的值为 0 时，输出 "z is 0"，否则输出 "z is not 0"。其中一处有错误，指出错误并将其改正。

```
#include <stdio.h>
void main()
{
    int x=8,y=3,z;
    z=x%y;
    if(z=0)
        printf("z is 0 ");
    else
        printf( "z is not 0 ");
}
```
错误：_____改为：_____。

七、编程题

1. 编写程序，输入两个整数给变量 m 和 n，求它们的商和余数。

2. 从键盘输入一个数字字符，转换成相应的整数输出。如输入数字字符'2'，转换成整数 2 输出。

3. 编写程序，计算分段函数。要求输入整数 x 的值，输出 y 的值。

$$y= \begin{cases} x & (x \leqslant 1) \\ 2x+1 & (1<x<10) \\ 3x-8 & (x \geqslant 10) \end{cases}$$

4. 设计一个简单计算器，输入一个形式如"操作数 运算符 操作数"的表达式，输出运算结果。运算符为 +、-、*、/中的一种。

5. 猜数游戏。从键盘输入一个 10 以内的正整数。判断其值是否等于 6。若大于 6 则输出 "too big"。若小于 6 则输出 "too small"，若等于 6 则输出 "it is true"。

6. 输入任意一个整数，不论该数是偶数还是奇数，均输出和其最接近、不小于其本身的偶数，例如：输入 3，输出是 4；输入 6，输出是 6。

7. 从键盘输入年份和月份，计算该年该月有几天。

8. 给一个不多于 5 位的正整数，要求：① 求它是几位数，② 逆序打印出各位数字。

9. 企业发放的奖金根据利润提成。利润（i）低于或等于 10 万元时，奖金可提 10%；利润高于 10 万元，低于 20 万元时，低于 10 万元的部分按 10% 提成，高于 10 万元的部分，可提成 7.5%；20～40 万元时，高于 20 万元的部分，可提成 5%；40～60 万元时高于 40 万元的部分，可提成 3%；60～100 万元时，高于 60 万元的部分，可提成 1.5%，高于 100 万元时，超过 100 万元的部分按 1% 提成，从键盘输入当月利润（i），求应发放奖金总数。

10. 输入一行字符，分别统计出其中英文字母、空格、数字和其他字符的个数。

11. 有一分数序列：4/3, 7/4, 11/7, 18/11, 29/18, 47/29 …

    求出这个数列的前 18 项之和。

12. 求 $s=a+aa+aaa+...$（最后一项为 n 个 a）的值，其中 a 是一个数字。例如，2+22+222+2222+22222（此时共有 5 个数相加，即 $n=5$），a 和 n 的值从键盘输入。

13. 计算 $\sum_{k=1}^{100} \frac{1}{k} + \sum_{k=1}^{50} \frac{1}{k^2}$ 的值。

14. 编写程序，按下列公式计算 $\sin(x)$ 的值，$\sin(x) = x - x^3/3! + x^5/5! - x^7/7! + \cdots$，直到最后一项的绝对值小于 10^{-7} 时为止。

15. 排序无重复数字的三位数。有 1、2、3、4 这几个数字，组成互不相同且无重复数字的三位数，这些三位数分别是多少？

16. 一个球从 100m 高度自由落下，每次落地后反跳回原高度的一半再落下。求它在第 10 次落地时，共经过多少米？第 10 次反弹多高？

第 4 章　复杂数据类型

前面章节中所介绍的主要是简单数据类型（整型、实型、字符型），C 语言还允许使用复杂数据类型，它们包括数组类型、指针类型、结构体类型和共用体类型。本章主要介绍这些复杂数据类型的基本概念和使用方法。

4.1　数　　组

4.1.1　数组的概念

如果有 30 个互不关联的数据，可以分别把它们存放在 30 个变量中。但是如果这些数据是有内在联系的，是具有相同属性的（如 30 个学生的成绩），则可以把这组数据看做一个有机的整体，称为"数组"，用一个统一的名字代表这组数据。例如，可用 s 代表学生成绩这组数据，s 就是数组名。一个数组在内存中占一片连续的存储单元，数组 s 在内存中的存放情况如图 4-1 所示。

数组名代表一组数据，那么用什么方法来区分这组数据中的个体数据呢？从图 4-1 可以看出，s[0]代表第 1 个学生的成绩、s[1]代表第 2 个学生的成绩、……、s[29]代表第 30 个学生的成绩。s 右下角的数字 0、1、…、29 用来表示数据在数组中的序号，称为下标。数组中的数据称为数组元素。概括地说，数组就是有序数据的集合。要寻找一个数组中的某一个元素必须给出两个要素，即数组名和下标。数组名和下标唯一地标识一个数组中的一个元素。

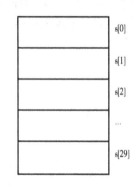

图 4-1　数组 s 在内存中的存放情况

数组是具有类型属性的，例如可以定义 a 是整型数组，b 是单精度型数组等。同一数组中的每一个元素都必须属于同一数据类型。例如，一个数组不能由 9 个整型数据和 1 个单精度型数据组成。

引入数组就不需要在程序中定义大量的变量，大大减少程序中变量的数量，使程序简练，而且数组含义清楚，使用方便，明确地反映了数据间的联系。许多好的算法都与数组有关。熟练地利用数组，可以大大地提高编程的效率。本节主要介绍一维数组、二维数组和字符数组。

4.1.2　一维数组

1．定义一维数组

在 C 语言中使用数组必须先进行定义。

一维数组的定义形式如下：

　　　　类型说明符　数组名　[常量表达式]；

其中，类型说明符是任一种基本数据类型或构造数据类型。数组名是用户定义的数组标识符。方括号中的常量表达式表示数据元素的个数，也称为数组的长度。

例如：

```
int a[20];                说明整型数组 a，有 20 个元素。
float b[10],c[30];        说明实型数组 b，有 10 个元素，实型数组 c，有 30 个元素。
```

对于数组类型说明应注意以下几点：

① 数组的类型实际上是指数组元素的取值类型。对于同一个数组，其所有元素的数据类型都是相同的。

② 数组名的书写规则应符合标识符的书写规定。

③ 数组名不能与其他变量名相同。

例如：

```
int b;
float b[10];
```

是错误的。

④ 方括号中常量表达式表示数组元素的个数，如 a[5] 表示数组 a 有五个元素。但是其下标从 0 开始计算。因此五个元素分别为 a[0]，a[1]，a[2]，a[3] 和 a[4]。

⑤ 不能在方括号中用变量来表示元素的个数。

例如，下述说明方式是错误的：

```
int n=5;
int a[n];
```

2．引用一维数组的元素

引用数组元素的一般形式如下：

　　　　数组名 [下标]

其中，下标只能为整型常量或整型表达式。

例如：

```
int list[7];
```

该语句定义了一个有七个元素的数组 list。数组元素分别为 list[0],list[1],...,list[6]。

赋值语句：list[2]=34；将 34 存储到 list[2] 中，它是数组 list 中的第三个元素，如图 4-2(a) 所示。

接下来，有下面语句：

```
list[1]=10;
list[6]=35;
list[4]=list[1]+list[6];
```

第一条语句将 10 存储到 list[1] 中，第二条语句将 35 存储到 list[6] 中，第三条语句将 list[1] 和 list[6] 中的值相加，结果存储到 list[4] 中，如图 4-2(b) 所示。

数组的下标也可以是整型表达式，假设 i 是 int 型变量，则赋值语句：

```
list[3]=63;
```

与下面语句的作用相同：

```
i=3;list[i]=63;
```

如果 i 是 3，赋值语句：list[2*i-3]=58;将 58 存储到 list[3]中，因为 2*i-3 的值是 3。程序首先计算数组下标表达式的值，该值用来指定数组元素的位置。

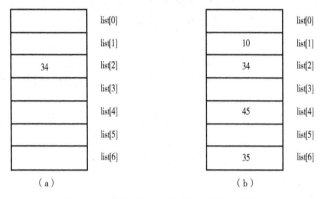

（a）　　　　　　　　　　　（b）

图 4-2　数组 list 在内存中的存放情况

【例 4.1】输入 10 个整数，按输入时相反的顺序输出这 10 个数。

分析：用一个一维数组来存储输入的 10 个整数，通过从后往前访问数组元素的方法即可实现 10 个数的逆序输出。

源程序如下：

```
#include <stdio.h>
void main()
{
    int i,data[10];
    for(i=0;i<10;i++) scanf("%d ",&data[i]);
    for(i=9;i>=0;i--) printf("%d ",data[i]);
}
```

运行结果：

<u>1 2 3 4 5 6 7 8 9 10</u> ✔
10 9 8 7 6 5 4 3 2 1

说明：输入数据的时候让 i 从 0 变化到 9，循环体内输入语句中的 data[i]也就分别代表 data[0]、data[1]、…、data[9]，完成正序输入。输出数据的时候让 i 从 9 变化到 0，循环体内输出语句中的 data[i]也就分别代表了 data[9]、data[8]、…、data[0] ，从而完成逆序输出。

【例 4.2】输入 10 名学生某门课程的成绩，要求把高于平均分的那些成绩打印出来。

分析：用一个一维数组来存储 10 名学生的成绩，通过访问所有数组元素可计算出总成绩进而求出平均分。将每个学生的成绩逐个和平均分相比较，即可把高于平均分的成绩打印出来。

源程序如下：

```
#include <stdio.h>
void main()
{
    int i,score[10];
```

```
        int sum=0,aver;
        for(i=0;i<10;i++)
        {   scanf("%d",&score[i]);
            sum=sum+score[i];
        }
        aver=sum/10;
        printf("平均分为:%d\n",aver);
        printf("高于平均分的成绩为:\n");
        for(i=0;i<10;i++)
           if(score[i]>aver)
        printf("%4d",score[i]);
    }
```

运行结果：

60　70　80　78　76　56　98　87　67　61↙

平均分为: 73

高于平均分的成绩为:

80　78　76　98　87

说明：第一个 for 循环中的语句 "sum=sum+score[i];" 逐个累加各数组元素的值，从而计算出总成绩；总成绩除以 10 得到平均分；第二个 for 循环把高于平均分的成绩打印出来。

3．数组下标越界

例如，有下面定义：

```
    double num[10];
    int i;
```

如果 i 等于 0，1，2，3，4，5，6，7，8，9，那么 num[i] 是合法的。

如果数组下标 index>=0 并且 index<=arraySize(即数组长度)−1，称数组下标在界内；如果 index<0 或者 index>arraySize(即数组长度)−1，则数组下标越界。上例如果引用 num[10]，则会发生数组下标越界。

遗憾的是，C 并没有提供防范数组下标越界的机制。如果指定的下标值在合法范围之外，同时程序试图访问该下标指定的内存单元，这将导致访问或修改并非你想存取的内存单元的内容。因此，如果在程序执行过程中发生了数组下标越界，将会产生难以预料的后果。程序员必须保证数组下标在合法范围之内。

下面的循环语句将会导致数组下标越界：

```
    for(i=0;i<=10;i++) list[i]=0;
```

这里假定数组 list 中只有 10 个元素。当 i 等于 10 时，循环测试条件 i<=10 为真，所以执行下面的循环体。这将导致将数值 0 存储到 list[10] 中。而在逻辑上，list[10] 并不存在。

4．初始化一维数组

数组初始化赋值是指在数组定义时给数组元素赋予初值。数组初始化是在编译阶段进行的。这样将减少运行时间，提高效率。

初始化赋值的一般形式如下：

类型说明符 数组名[常量表达式]={值，值，…，值}；

其中在{}中的各数据值即为各元素的初值，各值之间用逗号间隔。

例如：

```
int a[10]={ 0,1,2,3,4,5,6,7,8,9 };
```

相当于

```
a[0]=0;a[1]=1…a[9]=9;
```

C 语言对数组的初始化赋值还有以下几点规定：

① 可以只给部分元素赋初值。

当{ }中值的个数少于元素个数时，只给前面部分元素赋值。

例如：int a[10]={0,1,2,3,4}；表示只给 a[0]～a[4]5 个元素赋值，而后 5 个元素自动赋 0 值。

② 只能给元素逐个赋值，不能给数组整体赋值。

例如：给 10 个元素全部赋 1 值，只能写为 int a[10]={1,1,1,1,1,1,1,1,1,1}；而不能写为 int a[10]=1；。

③ 如果给全部元素赋值，则在数组说明中，可以不给出数组元素的个数。

例如：

```
int a[5]={1,2,3,4,5};
```

也可写为

```
int a[]={1,2,3,4,5};
```

5．数组处理中的一些限制

假设 a 和 b 是两个相同类型的数组，并且这两个数组中的元素的个数也相同，例如个数是 15。再假设 a 已经初始化，现在要将数组 a 中的数值复制到数组 b 中。下面的语句是非法的：

```
b=a;
```

要将一个数组中的数值复制到另一个数组中，必须分别复制每个数组元素，也就是说，每次只能复制一个数组元素。这可以通过下面的循环语句来完成：

```
for(j=0;j<15;j++)
    b[j]=a[j];
```

结论：C 不允许在数组上进行整体操作。数组上的整体操作是指将整个数组作为一个整体来处理的任何操作。

4.1.3 二维数组

如果说一维数组在逻辑上可以想象成一行长表或矢量，那么二维数组在逻辑上可以想象成是由若干行、若干列组成的表格或矩阵。例如，以下 5 名学生的成绩表格就形成了一个二维数组，如表 4-1 所示。

表 4-1 学生成绩表

姓　　名	数　　学	语　　文	英　　语
王海	78	89	76
张刚	90	78	67
李玉	87	87	94
丁一	66	77	65
赵兵	68	96	77

表 4-1 中的每一行表示了某个学生的三门课程的成绩。如果用一个 score 数组来存放上面表格中的成绩，score 数组各元素的名称和其所在位置如下所示：

```
score[0][0]    score[0][1]    score[0][2]
score[1][0]    score[1][1]    score[1][2]
score[2][0]    score[2][1]    score[2][2]
score[3][0]    score[3][1]    score[3][2]
score[4][0]    score[4][1]    score[4][2]
```

这个数组应该有 5 行 3 列，每个元素都具有两个下标用来表示该元素在数组中的位置。第一个下标表示元素的行号，第二个下标表示元素的列号。因此，可以通过指定行号和列号来对不同的数组元素进行存取和引用。

1. 二维数组的定义

二维数组定义的一般形式如下：

类型说明符 数组名[常量表达式1][常量表达式2]

其中，"类型说明符"是指数组的数据类型，也就是每个数组元素的类型。"常量表达式 1"指出数组的行数，"常量表达式 2"指出数组的列数，它们必须都是正整数。

例如：

```
int score[5][3];
```

定义了一个 5 行 3 列的二维数组 score，用于存储上面提到的 5 名学生 3 门课程的成绩。

虽然在逻辑上可以把二维数组看做是一张表格，但在计算机内部，二维数组的所有元素都是一个接着一个排列的。C 编译程序按行主顺序存放数组元素；也就是说先放第一行上的元素，接着放第二行上的元素，依次把各行的元素放入一串连续的存储单元中。数组 score 在内存中的排列顺序如图 4-3 所示。

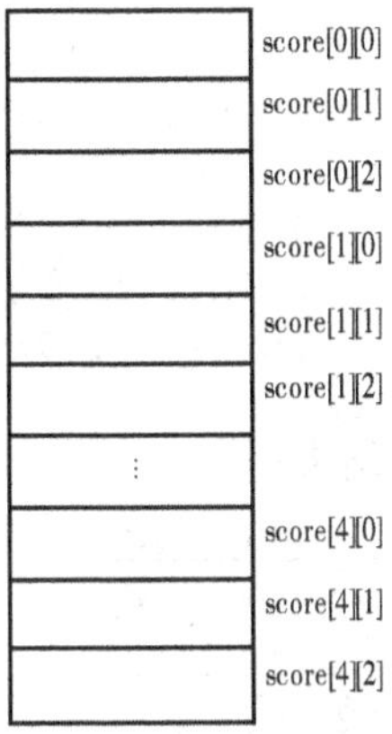

图 4-3 二维数组 score 在内存存放情况

C 允许使用多维数组。有了二维数组的基础，再掌握多维数组是不难的。

例如，定义三维数组：

```
float a[2][3][4];
```

多维数组在内存中的排列顺序：第一维的下标变化最慢，最右边的下标变化最快。例如，上述三维数组的元素排列顺序为

```
a[0][0][0]->a[0][0][1]->a[0][0][2]->a[0][0][3]->a[0][1][0]->a[0][1][1]->
a[0][1][2]->a[0][1][3]->a[0][2][0]->a[0][2][1]->a[0][2][2]->a[0][2][3]->
a[1][0][0]->a[1][0][1]->a[1][0][2]->a[1][0][3]->a[1][1][0]->a[1][1][1]->
a[1][1][2]->a[1][1][3]->a[1][2][0]->a[1][2][1]->a[1][2][2]->a[1][2][3]
```

2. 二维数组元素的引用

二维数组的元素也称为双下标变量，其表示的形式如下：

数组名[下标][下标]

其中，下标应为整型常量或整型表达式。

例如，对前面定义的学生成绩数组 score，score[3][2]表示 score 数组第四行第三列的元素，对照表 4-1，它代表"丁一"的英语成绩即 65。

在使用数组元素时，应该注意下标值应在已定义的数组大小范围内。

对前面定义的学生成绩数组 score，赋值语句 score[5][3]=78; 是错误的。原因是 score 为 5×3

的数组，它行下标的范围是 0～4，列下标的范围是 0～2，用 score[5][3]超过了数组的范围。

读者要严格区分在定义数组时用的 score[5][3]和引用元素时的 score[5][3]的区别。前者 score[5][3]用来定义数组的维数和各维的大小，后者 score[5][3]中的 5 和 3 是下标值，score[5][3]代表某一数组元素。

【例 4.3】参照学生成绩表 4-1，输入 5 名学生 3 门课程的成绩并计算每名学生的平均分。

分析：可设一个二维数组 score[5][3]存放五名学生三门课的成绩，再设一个一维数组 v[5]存放每名学生的平均分。

源程序如下：

```c
#include <stdio.h>
void main()
{   int i,j,s=0,v[5],score[5][3];
    for(i=0;i<5;i++)
    {
        for(j=0;j<3;j++)
        {
            scanf("%d",&score[i][j]);
            s=s+score[i][j];
        }
        v[i]=s/3;
        s=0;
    }
    printf("5 名学生的平均成绩分别为: ");
    for(i=0;i<5;i++) printf("%4d",v[i]);
}
```

运行结果：

78	89	76✓
90	78	67✓
87	87	94✓
66	77	65✓
66	96	77✓

5 名学生的平均成绩分别为: 81 78 89 69 80

3. 二维数组的初始化

二维数组初始化也是在类型说明时给各下标变量赋以初值。二维数组可按行分段赋值，也可按行连续赋值。

① 按行分段赋值可写为

```c
int a[3][4]={{1,2,3,4},{5,6,7,8},{9,10,11,12}};
```

② 按行连续赋值可写为

```c
int a[3][4]={ 1,2,3,4,5,6,7,8,9,10,11,12};
```

这两种赋初值的结果是完全相同的。

对于二维数组初始化赋值还有以下说明：

① 可以只对部分元素赋初值，未赋初值的元素自动取 0 值。

例如：int a[3][3]={{1},{2},{3}};是对每一行的第一列元素赋值，未赋值的元素取 0 值。赋值后各元素的值为：1, 0, 0; 2, 0, 0; 3, 0, 0。

② 如果对全部元素赋初值，则第一维的长度可以不给出。

例如：

```
int a[3][3]={1,2,3,4,5,6,7,8,9};
```

也可以写为

```
int a[][3]={1,2,3,4,5,6,7,8,9};
```

4.1.4　字符数组

字符数组是用来存放字符串（例如某个人的名字）的数组。

1．字符数组的定义

形式与前面介绍的数值数组相同。

例如：

```
char c[5];
c[0]='C';c[1]='h';c[2]='i';c[3]='n';c[4]='a';
```

定义字符数组 c，它包含 5 个元素。赋值以后数组 c 在内存中的存放情况如图 4-4 所示。

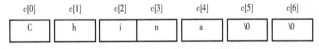

图 4-4　数组 c 在内存中的存放情况

2．字符数组的初始化

字符数组也允许在定义时作初始化赋值。如：char c[5]={ 'C','h','i','n','a'}; 把 5 个字符分别赋给 c[0]～c[4] 5 个元素。

如果花括号中提供的初值个数大于数组长度，则在编译时系统会提示语法错误。如果初值个数小于数组长度，则只将这些字符赋给数组中前面那些元素，其余元素由系统自动定义为空字符 (即'\0')。如：char c[7]={ 'C','h','i','n','a'}; 则数组在内存中的存放情况如图 4-5 所示。

c[0]	c[1]	c[2]	c[3]	c[4]	c[5]	c[6]
C	h	i	n	a	\0	\0

图 4-5　数组 c 在内存中的存放情况

如果系统提供的初值个数与预定义的数组长度相同，在定义时可以省略数组长度，系统会自动根据初始值个数确定数组长度。如：char c[]={'A','m','e','r','i','c','a','n'}; 数组长度自动定义为 8。

3．字符数组的引用

字符数组的逐个字符引用，与引用数值数组元素类似。

【例 4.4】字符数组的逐个引用。

源程序如下：

```
#include <stdio.h>
void main()
{
    char c[12]="I am a boy";
    int i;
    for(i=0;i<10;i++)
        printf("%c",c[i]);
    printf("\n");
}
```

运行结果：

　　I am a boy

4．字符串和字符串结束标志

在 C 语言中没有专门的字符串变量，通常用一个字符数组来存放一个字符串。前面介绍字符串常量时，已说明字符串总是以'\0'作为串的结束符。因此当把一个字符串存入一个数组时，也把结束符'\0'存入数组，并以此作为该字符串是否结束的标志。有了'\0'标志后，就不必再用字符数组的长度来判断字符串的长度了。

C 语言允许用字符串的方式对数组作初始化赋值。

例如：

　　char c[]={"C program"};

或去掉{}写为 char c[]="C program";

用字符串方式赋值比用字符逐个赋值要多占一个字节，用于存放字符串结束标志'\0'。上面的数组 c 在内存中的实际存放情况如图 4-6 所示。

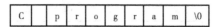

图 4-6　数组 c 在内存中的存放情况

'\0'是由 C 编译系统自动加上的。由于采用了'\0'标志，所以在用字符串赋初值时一般无须指定数组的长度，而由系统自行处理。

5．字符数组的输入输出

在采用字符串方式后，字符数组的输入/输出将变得简单方便。

除了上述用字符串赋初值的办法外，还可用 printf()函数和 scanf()函数一次性输出/输入一个字符数组中的字符串，而不必使用循环语句逐个地输入输出每个字符。

（1）printf()函数使用情况

　　char c[]="China";

　　printf("%s\n",c);

运行时输出：China

用 printf()函数所输出的字符串必须以'\0'结尾。

在利用格式符"%s"输出字符串时，在 printf()函数中的"输出项表"部分应直接写数组名，而不能写数组元素的名字，如：printf("%s",c[3]);是错误的。

（2）scanf()函数使用情况

　　char str[15];

　　scanf("%s",str);

　　printf("%s\n",str);

运行时输入：China✓

运行时输出：China

在使用格式符"%s"输入字符串时，在 scanf()函数中的"输入项表"部分应直接写数组名，而不再用取地址运算符&，因为 C 语言规定数组的名字就代表该数组的起始地址。

用"%s"格式符输入时，从键盘输入的字符串的长度应短于已定义的字符数组的长度，因为在输入的有效字符的后面系统自动地添加字符串结束标志'\0'。本例中由于定义数组长度为 15，因此输入的字符串长度必须小于 15。

当用 scanf()函数输入字符串时，字符串中不能含有空格，否则将以空格作为串的结束符。例如：

```
char str[15];
scanf("%s",str);
printf("%s\n",str);
```

运行时输入：<u>this is a book✓</u>

输出结果：this

从输出结果可以看出空格以后的字符都未能输出。为了避免这种情况，可多设几个字符数组分段存放含空格的串。例如：

```
char str1[6],str2[6],str3[6],str4[6];
scanf("%s%s%s%s",str1,str2,str3,str4);
printf("%s %s %s %s\n",str1,str2,str3,str4);
```

运行时输入：<u>this is a book✓</u>

输出结果：this is a book

6. 字符串处理函数

C语言提供了丰富的字符串处理函数，使用这些函数可大大减轻编程的负担。用于输入/输出的字符串函数，在使用前应包含头文件"stdio.h"，使用其他字符串函数则应包含头文件"string.h"。

下面介绍几个最常用的字符串函数。

（1）串输出函数 puts()

格式：puts(字符数组名)

功能：把字符数组中的字符串输出到显示器。 即在屏幕上显示该字符串。例如：

```
char c[]="China";
puts(c);
```

输出结果：China

（2）串输入函数 gets()

格式：gets(字符数组名)

功能：从标准输入设备键盘上输入一个字符串。例如：

```
char str[30];
gets(str);
puts(str);
```

运行时输入：<u>this is a book✓</u>

输出结果：this is a book

可以看出当输入的字符串中含有空格时，输出仍为全部字符串。gets()函数并不以空格作为字符串输入结束的标志，这是与 scanf()函数不同的。

（3）字符串连接函数 strcat()

格式：strcat(字符数组名1,字符数组名2)

功能：把字符数组2中的字符串连接到字符数组1 中字符串的后面，并删去字符串1后的串标志'\0'。字符数组1应定义足够的长度，否则不能全部装入被连接的字符串。例如：

```
char str1[30]="My name is ";
char str2[10]="mary";
strcat(str1,str2);
puts(str1);
```

输出结果为：

```
My name is mary
```

（4）字符串复制函数 strcpy()

格式：strcpy(字符数组名1,字符数组名2)

功能：把字符数组2中的字符串复制到字符数组1中。串结束标志'\0'也一同复制。字符数名2，也可以是一个字符串常量。这时相当于把一个字符串赋予一个字符数组。本函数要求字符数组1应有足够的长度，否则不能全部装入所复制的字符串。例如：

```
char str1[15],str2[]="C Language";
strcpy(str1,str2);
puts(str1);
```

输出结果：C Language

不能用赋值语句将一个字符串常量直接赋给一个字符数组，但可以使用 strcpy()函数进行赋值。例如：

str="abc"; 不正确，应改为 strcpy(str, "abc");

（5）字符串比较函数 strcmp()

格式：strcmp(字符数组名1, 字符数组名2)

功能：比较两个数组中的字符串，并由函数返回值返回比较结果。

字符串 1=字符串 2，返回值=0；

字符串 2>字符串 2，返回值>0；

字符串 1<字符串 2，返回值<0。

字符串的比较规则：对两个字符串自左至右逐个字符相比（按 ASCII 码值比较大小），直到出现不同的字符或遇到'\0'为止。如果全部字符相同，则认为相等；若出现不同的字符，则以第一个不相同的字符的比较结果为准。例如，"abc"等于"abc"，因为两个字符串的全部字符都相同。"abc"小于"bcd"，因为"abc"中的第一个字符"a"小于"bcd"中第一个字符"b"。"azc"大于"acd"，因为虽然两个字符串的第一个字符相同，但"azc"中第二个字符"z"大于"acd"中的第二个字符"c"。

有如下语句：

```
int k;
char str1[15]="Basic",str2[]="C Language";
k=strcmp(str1,str2);
if(k==0) printf("str1=str2\n");
if(k>0) printf("str1>str2\n");
if(k<0) printf("str1<str2\n");
```

输出结果：

```
str1<str2
```

由 ASCII 码可知，"Basic"小于"C Language"，故 k<0，输出结果为"str1<str2"。

本函数也可用于比较两个字符串常量，或比较数组和字符串常量。以下写法是合法的：

```
strcmp("China","Korea");
strcmp(str1,"Korea");
```

另外，需要注意的是两个字符串不能直接比较大小，应使用 strcmp()函数。例如：

if(str1>str2) printf("yes"); 不正确，应改为 if(strcmp(str1,str2)>0) printf("yes");

（6）测字符串长度函数 strlen()

格式：strlen(字符数组名)

功能：测字符串的实际长度（不含字符串结束标志'\0'）并作为函数返回值。

```
char str[]="China";
printf("The lenth of the string is %d\n",strlen(str));
```

输出结果：The lenth of the string is 5。

4.2 指 针

指针是 C 语言中的一个重要概念，也是比较难掌握的一个概念。正确灵活地运用指针可以编写出精练而高效的程序。

4.2.1 指针和指针变量概念

C 程序中每一个实体，如变量、数组都要在内存中占有一个可标识的存储区域。每一个存储区域由若干字节组成，在内存中每一字节都有一个"地址"（相当于旅馆中的房间号），一个存储区域的"地址"指的是该存储区域中第一字节的地址（或称首地址）。例如，执行以下语句后：

```
int a=3;
double b=4.9;
int *a_pointer=&a;
```

内存分配情况如图 4-7 所示。整型变量 a 占 4 个字节，首地址为 2010。实型变量 b 占 8 个字节，首地址为 2014。指针型变量 a_pointer 占 4 个字节，首地址为 3000（指针型变量的含义我们在这里暂且不管，只要知道任何变量都需要占用内存空间即可）。

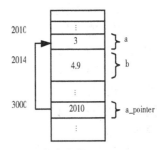

图 4-7 内存中的 a、b、a_pointer

C 语言是一种具有低级语言功能的高级语言，它的一个重要特点就是允许在程序中使用该实体的地址。变量的地址通过&运算符计算。例如，&a 将计算出变量 a 的地址 2010。以前曾介绍过 scanf()函数，它的参数就需要一个变量的地址。如 scanf("%d",&b)中的&b。

在程序中一般是通过变量名来对内存单元进行存取操作的。其实程序经过编译以后已经将变量名转换为变量的地址，对变量值的存取都是通过地址进行的。例如，printf("%d",a);的执行是这样的：根据变量名与地址的对应关系（这个对应关系是在编译时确定的），找到变量 a 的地址 2010，然后从 2010 开始的四个字节中取出数据即变量的值 3，把它输出。这种通过变量地址存取变量值的方式称为"直接访问"方式。

还有一种"间接访问"方式，把变量 a 的地址存放在另一个变量 a_pointer 中（见图 4-7）。如果想得到 a 的值，可以先访问 a_pointer，得到 a_pointer 的值 2010，再通过地址 2010 找到它所指向的存储单元单元的值即数值 3。

这种把地址放在一个变量中，然后通过先找出地址变量中的值（一个地址），再由此地址找到最终要访问的变量的方法，称为"间接访问"。需要说明，存放地址的变量是一种特殊的变量，它只能用来存放地址而不能用来存放其他类型（如整型、实型、字符型）的数据。

由于通过地址能找到所需要的变量单元，我们可以说，地址"指向"该变量单元（如同说，房间号"指向"某一房间一样）。因此在 C 语言中，将地址形象化地称为"指针"。一个变量的地址称为该变量的"指针"。例如，2010 是变量 a 的指针。如果有一个变量专门用来存放另一个变量的地址（即指针），则它称为"指针变量"。上述的 a_pointer 就是一个指针变量。下面我们将介绍如何定义指针变量。

4.2.2 指针变量的定义及其运算

1. 指针变量的定义

对指针变量的定义包括 3 项内容：

① 指针类型说明，即定义变量为一个指针变量。

② 指针变量名。

③ 变量值(指针)所指向的变量的数据类型。

其一般形式如下：

    类型说明符 *变量名;

其中，*表示这是一个指针变量，变量名即为定义的指针变量名，类型说明符表示本指针变量所指向的变量的数据类型。

例如：int *p1;

表示 p1 是一个指针变量，它的值是某个整型变量的地址。或者说 p1 指向一个整型变量。至于 p1 究竟指向哪一个整型变量，应由向 p1 赋予的地址来决定。

例如：int *p,q;

此语句中只有 p 是指针变量，而 q 不是，q 是 int 变量。

当然，语句：int *p, *q; 将 p 和 q 都声明为指针变量。

【例 4.5】分析以下程序的运行结果。

源程序如下：

```
#include <stdio.h>
void main()
{
    int *p1;
    float *p2;
    double *p3;
    char *p4;
    printf("%d,%d,%d,%d\n",sizeof(p1),sizeof(p2),sizeof(p3),sizeof(p4));
}
```

运行结果：

    4,4,4,4

说明：程序中定义了各种数据类型的指针，printf 语句输出这些指针变量的长度。从运行结果看，不论何种数据类型的指针，尽管不同类型的数据占用的内存空间不一样，但其指针变量占用的长度是相同的。VC6.0 运行环境为 32 位机，采用的地址占用 32 位即 4 个字节。

到现在为止，你已经知道怎样定义指针变量，下面我们将讨论怎样使指针变量指向内存空间以及怎样操作内存单元中的数据。

2. 指针变量运算符

（1）取地址运算符（&）

在 C 中，"&"称为取地址运算符，是单目运算符，其功能是取变量的地址。

例如，有语句：int *p, num=78; 若再使用语句：p=# 将 num 的地址存储到 p 中，num 与 p 所指向内存单元为同一内存单元。

假设内存地址为 1200 的内存单元分配给 p，内存地址 1800 分配给 num，则 p 和 num 在内存中的情况如图 4-8(a)所示。

（2）指针运算符（*）

在 c 中，"*"称为指针运算符或者间接访问运算符，是单目运算符，用来表示指针变量所指向的变量。

例如，对上例中的指针变量 p，由于 p 中保存着变量 num 的地址 1800，则*p 运算就是访问指针变量 p 指向的变量 num，所以 printf("%d",*p)输出的值为 78，即 num 的值。

赋值语句*p=24; 改变了内存单元 1800 中的内容，当然也改变了 num 的内容，如图 4-8(b)所示。

综上所述，&p、p 和*p 的含义不同如下：

&p 表示 p 的地址，既然指针 p 本身也是一个变量，它也有相应的存储地址，图 4-8(b)中是 1200。

p 表示 p 的内容，图 4-8(b)中是 1800。

*p 表示 p 所指的内存单元的内容，图 4-8(b)中是 24。

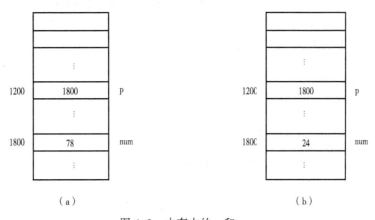

图 4-8 内存中的 p 和 num

【例 4.6】下面的程序说明指针变量是如何工作的。

源程序如下：

```
#include <stdio.h>
void main()
{
    int a=10;
    int *p;
    p=&a;
    printf("a=%d\n",a);
    printf("p=%x\n",p);
    printf("&a=%x\n",&a);
    printf("*p=%d\n",*p);
    printf("&p=%x\n",&p);
}
```

运行结果：

```
a-10
p=12ff7c
&a=12ff7c
*p=10
&p=12ff78
```

说明：其中，12ff7c 是指针 p 的值，即变量 a 的地址，12ff78 是指针 p 的地址（12ff7c、12ff78 是 16 进制数，是真正的内存地址，而前面例子中用的都是假设的地址）。p 和 a 的指向关系如图 4-9 所示。

（3）对"&"和"*"运算符的进一步说明

若有定义 int a,*pa=&a; 则：

① &*pa 的含义是什么？"&"和"*"两个运算符的优先级相同，但按自右向左方向结合，因此

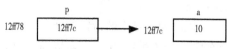

图 4-9　p 和 a 的指向关系

先进行*pa 运算，它就是变量 a，再执行&运算。因此，&*pa 与&a 相同，即变量 a 的地址。

② *&a 的含义是什么？先进行&a 运算，得到 a 的地址，再进行*运算，即&a 所指向的变量，*&a 和*pa 的作用一样，它们都等价于 a。

③ (*pa)++相当于 a++。其中的括号是必须的，如果没有括号，就成为*pa++，而"++"和"*"两个运算符的优先级相同，按自右向左方向结合，因此，它相当于*(pa++)。

下面再举一个指针变量的例子。

【例 4.7】分析以下程序的运行结果。

源程序如下：

```
#include <stdio.h>
void main()
{
    int a=3,b=5,*pa,*pb,*p;
    pa=&a;pb=&b;
    printf("%d,%d,%d,%d\n",a,b,*pa,*pb);
    p=pa;pa=pb;pb=p;
    printf("%d,%d,%d,%d\n",a,b,*pa,*pb);
}
```

运行结果：

```
3,5,3,5
3,5,5,3
```

说明：上述程序中，指针变量 pa 和 pb 分别指向变量 a 和 b，如图 4-10(a)所示，所以第一个 printf 语句输出 3,5,3,5。当执行 p=pa;pa=pb;pb=p; 语句后，使 pa 和 pb 的值交换，即 pa 指向 b，pb 指向 a，如图 4-10(b)所示，所以第二个 printf 语句输出 3,5,5,3。

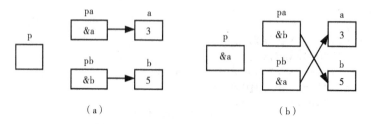

图 4-10　pa、pb 指针变量指向情况

3. 指针变量的初始化

与其他变量一样，指针变量在定义的同时，也可以对其赋初值，称为指针变量的初始化。

指针变量初始化的一般格式如下：

> 基类型 *指针变量名=初始地址值;

例如：

```
float x;
float *px=&x;
```

把变量 x 的地址作为初值赋给 px，从而 px 指向了变量 x 的存储空间。

若指针变量用常量 0 初始化，则称为空指针。因此语句 p=0; 将空指针存储到 p 中，也就是说 p 不指向任何对象。

最后强调，在使用一个指针变量之前，一定要保证它有一个明确的值。

如以下语句：

```
int *p;
*p=10;
```

由于 p 没有赋值，指针 p 是一个随机地址。语句*p=10;是把 10 赋给 p 所指的内存中的随机单元，因此有可能破坏该单元的原内容，还可能导致计算机死机或进入死循环。

4. 指针变量的运算

可以在指针变量上进行的运算有赋值、关系和一些受限的算术运算。指针变量的值可赋给同类型的另一指针变量，同类型的指针可以比较是否相等。指针变量可以加上或减去某个整数值，一个指针变量的值也可以减去另一个指针变量的值。

例如，有下面语句：

```
int i,*p1,*p2;
i=10;
p1=&i;
```

赋值语句：

p2=p1就使 p2 与 p1 指向同一对象 i,这种指向关系如图 4-11 所示。

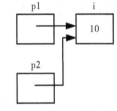

图 4-11　p1 和 p2 同时指向 i

如果 p 和 q 有相同的值，即指向同一内存单元，则表达式：p==q 的值为真。

指针变量上的算术运算不同于数字类型数据上的算术运算，下面的语句说明了指针变量的增量运算。

```
int *p;
double *q;
```

前面已经讲过，系统一般为 int 型变量分配 4 个字节的内存单元，为 double 分配 8 个字节的内存单元。因为 p 是 int 型指针，所以语句：p++; 或 p=p+1; 将 p 中的值增加 4 个字节（指向下一个整型单元）。同样，语句：q++; 将 q 中的值增加 8 个字节。

因此，在指针变量加上一个整数值时，指针变量的值增加了它所指的数据类型大小的整数倍。同样，指针变量减去一个整数时，指针变量的值减少它所指的数据类型大小的整数倍。

4.2.3　指针变量和数组

1. 数组

数组是一个在内存中顺序排列的、由若干相同数据类型数据（元素）组成的数据集合，程序编译时，系统将为数组分配一片连续的存储单元，数组中的各元素在内存中是按下标顺序存放的。例如，下面的语句声明了一个整型数组及整型指针变量，并为数组赋初值：

```
int a[]={3,4,5,6}, *p;
```

此时数组在内存中的存放情况如图 4-12(a)所示。由于 a 声明为整型数组，因此每个下标变量均占 4 个字节。因为每个数组元素都占有存储空间，它们都有相应的地址，所以可以将任一数组元素的地址赋给指针变量，或者说可以用指针变量指向一个特定的数组元素

例如，用 p=&a[1];语句使 p 指向 a 的元素 a[1]，如图 4-12(a)所示。若将数组 a 的首地址（即 a[0]的地址）赋给指针变量，可通过语句 p=&a[0];来完成，通过移动指针变量 p，可以使指针变量指向数组中的每一个元素，进而通过指针变量就可以引用数组中的任一元素。所以凡是能用数组下标变量完成的操作都可以由指向数组的指针变量来完成。

2. 指针变量与一维数组

C 中规定：数组名代表数组的首地址，即数组名是一个指向该数组第一个元素的常量指针，因此当有如下数组声明语句：int a[ ]={3, 4, 5}, *p;时，则 a 就是一个指向 a[0]的指针常量，如图 4-12(b)所示。

可以通过如下的赋值语句将数组名代表的数组首地址赋给指针变量：p=a;，该语句与 p=&a[0];等价。这个过程也可以在定义指针变量 p 时利用初始化方式来完成，即 int a[ ]={3,4,5}, *p=a;

此时称 p 指向数组 a。因为数组元素在内存是连续存放的，所以对指针变量 p 加上适当的偏移量就可得到数组 a 的其他元素的地址。就像通过一个整型指针访问被指向的整型变量一样，可以通过指针变量 p 访问该数组。 那么如何通过指针来引用数组元素呢？

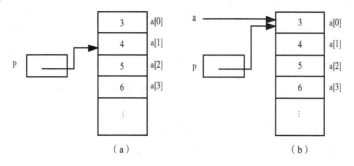

图 4-12　指针变量 p 和数组 a 在内存存放情况

在此之前，我们对数组元素的引用都是通过数组名带上由方括号括起来的下标（即下标变量）来进行的，这种引用方法称为下标法，这里要介绍的是称为指针法的引用方法。

如前所述，已经对整型数组 a 及整型指针变量 p 进行说明且使 p 指向起始元素 a[0]，则*p 表示其所指地址中的对象即内容，此处即 a[0]，这就是说*p 与 a[0]是等价的。若使 p 加上偏移量 2，即 p+2，则 p+2 指向从 p 开始的向后 2 个元素的位置，即 a[2]，则*(p+2)与 a[2]等价，同理由于 p+i 指向元素 a[i]，所以*(p+i)与 a[i]是等价的。由于数组名 a 实质上是一个指针，则 a+i 仍为一个指针，指向 a[i]，所以*(a+i)与 a[i]等价。

综上所述：*(p+i)等价于 a[i]（p 指向数组 a 的起始地址），*(a+i)等价于 a[i]。由于*(p+i)也可以写成 p[i]，因此为了表示数组中的某元素 a[i]，可以用如下几种方法表示：

$$\left\{\begin{array}{l} a[i] \\ *(a+i) \\ *(p+i) \qquad \text{（假定 p 是指向数组 a 起始地址的指针变量）} \\ p[i] \end{array}\right.$$

【例 4.8】 利用多种方法访问数组元素。

（1）下标法

源程序如下：

```
#include <stdio.h>
void main()
{
    int a[3]={10,20,30};
    int i;
    for(i=0;i<3;i++)
        printf("%3d",a[i]);
    printf("\n");
}
```

运行结果：

```
10  20  30
```

（2）通过数组名计算数组元素地址，找元素的值

源程序如下：

```
#include <stdio.h>
void main()
{
    int a[3]={10,20,30};
    int  i;
    for(i=0;i<3;i++)
        printf("%3d",*(a+i));
    printf("\n");
}
```

运行结果：

```
10  20  30
```

（3）通过指针变量计算数组元素地址，找元素的值

源程序如下：

```
#include <stdio.h>
void main()
{
    int a[3]={10,20,30};
    int *p=a,i;
    for(i=0;i<3;i++)
        printf("%3d",*(p+i));   /*(p+i)也可写成p[i]*/
    printf("\n");
}
```

运行结果：

```
10  20  30
```

（4）用指针变量指向数组元素

源程序如下：

```
#include <stdio.h>
```

```
void main()
{
    int a[3]={10,20,30};
    int *p=a;
    for(p=a;p<a+3;p++)
        printf("%3d",*p);
    printf("\n");
}
```

运行结果：

```
10  20  30
```

说明：在第 4 种方法中，p++ 使 p 的值不断改变从而指向不同的元素。如果不用 p 而用数组名 a 的变化行不行呢？例如，for(p=a;a<(p+10);a++) printf("%d",*a);，答案是不行。因为数组名 a 代表数组元素的首地址，它是一个指针常量，它的值在程序运行期间是固定不变的。既然 a 是常量，所以 a++ 是无法实现的。

在用指针变量指向数组元素时要注意：指针变量 p 可以指向有效的数组元素，实际上也可以指向数组以后的内存单元。看下面的例子：

```
int a[10],*p=a;
printf("%d",*(p+10));
```

数组 a 最后一个有效的元素是 a[9]，而(p+10)指向的是 a[9]后面的一个单元，现在要访问该单元，会得到一个不可预料的值，这是典型的地址越界问题，会使程序得不到预期的结果。由于 C 系统不做地址越界检查，这种错误比较隐蔽，初学者往往难以发现，在使用指针变量指向数组元素时，应切实保证指向数组中有效的元素。

指向数组元素的指针运算比较灵活，务必十分谨慎。下面再说明几点：

① ++*p 相当于++(*p)，先给 p 所指向的变量加 1，然后返回该变量的值(*p)。

② (*p)++，先返回 p 所指向的变量值(*p)，然后该变量值加 1。

③ *p++ 相当于*(p++)，表示返回 p 所指向变量的值(*p)，然后 p 增 1。

④ *++p 相当于*(++p)，表示 p 增 1，然后返回 p 所指向变量的值(*p)。

【例 4.9】分析以下程序的运行结果。

源程序如下：

```
#include <stdio.h>
void main()
{
    int a[]={10,20,30};
    int *p=a;
    printf("%d,",++*p);
    printf("%d\n",*p);
    p=a;                        /*p重新指向数组a的0号元素*/
    printf("%d,",(*p)++);
    printf("%d\n",*p);
    p=a;                        /*p重新指向数组a的0号元素*/
    printf("%d,",*p++);
    printf("%d\n",*p);
    p=a;                        /*p重新指向数组a的0号元素*/
    printf("%d,",*++p);
    printf("%d\n",*p);
}
```

运行结果：

```
11,11
11,12
12,20
20,20
```

说明：上述程序中，p 指向数组 a 的开头，对于++*p 表达式，先执行*p，其值为 a[0]即 10，再执行++，即 a[0]=a[0]+1，a[0]变为 11，p 仍指向 a[0]，该表达式返回执行++后的*p 的值，即 11。此时数组 a 各元素的值分别为 11、20、30。

p 重新指向数组 a 的开头，对于(*p)++ 表达式，先执行*p，其值为 a[0]，即 11，再执行++，即 a[0]=a[0]+1，a[0]变为 12，p 仍指向 a[0]，该表达式返回执行++前的*p 的值，即 11。此时数组 a 各元素的值依次为 12、20、30。

p 重新指向数组 a 的开头，对于*p++ 表达式，p 先指向 a[0]，执行 p++，p 指向 a[1]，该表达式返回执行++前*p 的值，即 12。此时数组 a 各元素的值同上。

p 重新指向数组 a 的开头，对于*++p 表达式，p 先指向 a[0]，执行++p，p 指向 a[1]，该表达式返回执行++后*p 的值，即 20。此时数组 a 各元素的值保持不变。

3．指针变量与二维数组

（1）二维数组可以被看做是由若干个一维数组构成的一个一维数组

假如有二维数组定义语句：int a[3][2]={11,12,13,14,15,16};，则 a 数组对应的元素如图 4-13 所示。

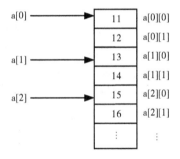

图 4-13　二维数组 a 在内存中的存放情况

由此可见二维数组中各元素在内存中仍然是连续存放的，存放的规则是"按行存放"，即先存放第 0 行元素，再存放第 1 行元素。

现在我们将第 0 行元素 a[0][0]、a[0][1]组成数组 a[0]，将第 1 行元素 a[1][0]、a[1][1]组成数组 a[1]，将第 2 行元素 a[2][0]、a[2][1]组成数组 a[2]，则 a[0]、a[1]、a[2]就是一维数组名，代表一个不可变的地址常量，它们分别指向每行的起始单元（行中第 0 列元素），如图 4-13 所示，a[0]指向的是第 0 行的第 0 个元素，则 a[0]+1 指向的是第 0 行的第 1 个元素，即指向本行的下一列元素，所以称 a[0]、a[1]、a[2]为列指针，即对它们的增减 1 将移过 1 列元素。

由于 a[0]+1 指向 a[0][1]，a[1]+1 指向 a[1][1]...，所以 *(a[0]+1)与 a[0][1]等价，*(a[1]+1)与 a[1][1]等价...，依此类推，*(a[i]+j)与 a[i][j]等价。又因为*(a+i)与 a[i]等价，所以*(a[i]+j)与*(*(a+i)+j)等价，a[i][j]与*(a+i)[j]等价,它们均表示二维数组元素 a[i][j]。

（2）二维数组元素的地址表示

假如有以下定义语句：int a[3][2]={11,12,13,14,15,16},i,j;，则二维数组各元素地址的表示方法有：

① 可用&a[i][j]表示(0≤i<3，0≤j<2)。

② 通过每行的首地址表示，即a[i]+j，与其等价的表示是*(a+i)+j。

③ 通过数组首元素地址&a[0][0]来表示，即&a[0][0]+2*i+j。

④ 通过数组首行开始地址a[0]表示，即a[0]+2*i+j。

由于数组a被看成是由a[0]、a[1]、a[2]组成的一维数组，而a[0]、a[1]、a[2]又是由两个整型元素组成的数组，所以a+0应指向a[0]数组的首地址（第0行元素的首地址），a+1应指向其下一个元素a[1]数组的首地址（第1行元素的首地址），a+2应指向其下一个元素a[2]数组的首地址（第2行元素的首地址），即a+i指向的是第i行的首地址，所以a被看成是一个行指针，指针a的基类型是一个由两个整型数据构成的数组。

因此，若有int a[3][2]={11,12,13,14,15,16}; int *pi;，则语句pi=&a[0][0];合法，它等价于pi=a[0];，但语句pi=a;则是不合法的，因为pi和a的基类型不同，pi是一个整型指针，而a是一个行指针。

（3）二维数组元素的引用

假如有以下定义语句：int a[3][2],i,j;，则二维数组元素 a[i][j]可表示成*(a[i]+j)、*(*(a+i)+j)、(*(a+i))[j]、*(&a[0][0]+2*i+j)等形式。

【例4.10】通过数组元素的地址来引用二维数组元素。

源程序如下：

```
#include <stdio.h>
void main()
{
    int a[3][4]={{1,3,5,7},{9,11,13,15},{17,19,21,23}};
    for(int i=0;i<3;i++)
    {
        for(int j=0; j<4; j++)
            printf("%8d",*(*(a+i)+j));  /*也可表示成*(a[i]+j)或(*(a+i))[j]*/
        printf("\n");
    }
}
```

运行结果：

```
1        3        5        7
9       11       13       15
17      19       21       23
```

（4）通过建立行指针来引用二维数组元素

在程序中可定义行指针变量：int (*p)[3];

指针p是指向一个由3个元素所组成的整型数组指针。在定义中，圆括号是不能少的，否则它是指针数组，这将在后面介绍。例如：

```
int a[3][4], (*p)[4];
p=a;
```

开始时p指向二维数组第0行，当进行p+1运算时，根据地址运算规则，应指向二维数组的第1行首地址，p+2应指向二维数组的第2行首地址，即p+i指向的是第i行的首地址，此时，可以通过如下形式来引用二维数组元素a[i][j]：*(p[i]+j)、*(*(p+i)+j)、(*(p+i))[j]、p[i][j]。

【例4.11】通过行指针变量来引用二维数组元素。

源程序如下：

```
#include <stdio.h>
```

```
void main()
{
    int a[3][4]={{1,3,5,7},{9,11,13,15},{17,19,21,23}};
    int (*p)[4]=a;
    for(int i=0;i<3;i++)
    {
        for(int j=0;j<4;j++)
            printf("%8d",p[i][j]);    /*也可表示成*(a[i]+j)或(*(a+i))[j]*/
        printf("\n");
    }
}
```

运行结果：

```
    1       3       5       7
    9      11      13      15
   17      19      21      23
```

4.2.4　字符串指针变量和字符串

1．字符串常量的表示

字符串常量是用双引号括起来的字符序列，例如"Good bye"就是一个字符串常量。该字符串中因为字符 d 后面还有一个空格字符，所以它由 8 个字符序列组成。

在程序中如出现字符串常量，C 编译器就把字符串常量安排在一个存储区域，这个区域是静态的，在整个程序运行的过程中始终占用。

字符串常量的长度是指该字符串中的字符个数。但在实际存储区域中，C 编译器还自动给字符串序列的末尾加上一个空字符'\0'，以此来标志字符串的结束。因此，一个字符串常量所占用的存储区域的字节数总比它的字符个数多一个字节。

在 C 语言中，操作一个字符串常量的方法有：

① 把字符串常量放在一个字符数组中，例如：

```
char s[]="Good bye";
```

数组 s 共有 9 个元素组成，其中，s[8]的内容是'\0'。实际上，在字符数组定义的过程中，C 编译器直接对数组 s 进行了初始化。

② 用字符指针变量指向字符串，然后通过字符指针变量来访问字符串存储区域。

2．字符串指针变量的定义和使用

字符串指针变量的定义与指向字符变量的指针变量的定义是相同的。它们二者之间只能按对指针变量的赋值不同来区别。

对指向字符变量的指针变量应赋予该字符变量的地址。例如：

char ch,*p=&ch; 表示 p 是一个指向字符变量 ch 的指针变量。

char *str="Good bye"; 则表示 str 是一个指向字符串的指针变量，并把字符串的首地址赋予了 str。

当字符串常量在表达式出现时，根据数组类型转换规则，它将被转换成字符指针。因此，若定义了字符指针：char *p;，则可用：p="Good bye";。

使 p 指向字符串常量中的首字符"G"，如图 4-14 所示。

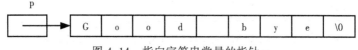

图 4-14　指向字符串常量的指针 p

以后可以通过 p 来访问这一存储区域，如*p 就是字符"G"，而*(p+i)就相当于字符串的 i 号字符。试图利用指针来修改字符串常量的做法是没有意义的。

【例 4.12】分析以下程序的运行结果。

源程序如下：

```
#include <stdio.h>
void main()
{
    char *str="Good bye";
    str=str+3;
    /*若使用*str='A';语句试图进行修改，会出现错误，因为不能修改字符串常量*/
    printf("%s",str);
}
```

运行结果：d bye

说明：上述程序中，对字符串指针 str 初始化时，str 指向首字符"G"，执行 str=str+3;后，str 指向字符"d"，printf("%s",str); 语句从 str 当时指向的单元开始输出各个字符，直到遇'\0'为止，因此最后输出为"d bye"。

【例 4.13】分析以下程序的运行结果。

源程序如下：

```
#include <stdio.h>
void main()
{
    char a[]="Good bye",*str=a;
    str=str+3;
    *str='A';
    printf("%s\n",str);
}
```

运行结果：A bye

说明：上述程序中，定义一个字符数组（并非字符串常量）和字符串指针 str，并将 str 初始化指向首字符"G"，执行 str=str+3;后，str 指向字符"d"，执行*str='A';修改 str 所指向的字符。因此输出为"A bye"。

在此可以完成修改的原因是 str 所指向的是字符数组，不是字符串常量。

3. 字符串指针变量与字符数组之间的区别

虽然用字符串指针变量和字符数组都能实现字符串的存储和处理，但两者是有区别的，不能混为一谈。

（1）存储内容不同

字符指针变量中存储的是字符串的首地址，而字符数组中存储的是字符串本身。例如：

```
char *pointer,str[100];
```

则编译系统给 pointer 分配 4 个字节存放它所指向的字符串首地址，给 str 分配则分配了 100 个字节来存放字符。

（2）赋值方式不同

对字符指针变量，可采用下面的赋值语句赋值：

```
char *pointer;
pointer="This is a example";
```

而字符数组，虽然可以在声明时初始化，但不能用赋值语句整体赋值，只能逐个元素地赋值。
下面的用法是非法的：

```
char array[20];
array="This is a example";   /*error!因为 array 是地址常量，不能被赋值*/
```

（3）指针变量的值是可以改变的

【例 4.14】改变指针变量的值。

源程序如下：

```
#include <stdio.h>
#include <string.h>
void main()
{
    char *p="hello world";
    p=p+6;
    puts(p);
}
```

运行结果：

```
world
```

说明：指针变量 p 可以变化，输出字符串时从 p 当时指向的单元开始输出各个字符，直到遇
'\0'为止。而数组名则代表数组的起始地址，是一个常量，常量是不能被改变的。

下面是错误的：

```
char p[]="hello world";
p=p+6;
puts(p);
```

4.2.5　指针数组与多级指针

1. 指针数组

一个数组的每个元素都是指针，则称该数组为指针数组。

例如：int *p[3];

该语句中 p 与"[ ]"结合，说明 p 是一个由 3 个元素组成的一维数组，p 前面的"*"则说明
p 数组中的每个元素均为一个指向整型数据的指针。

指针数组的最常见应用是对字符串的处理，即利用字符型指针数组完成一系列的有关字符串
的处理。例如，下面的语句定义了一个字符型指针数组，且同时对其进行了初始化：

```
char *p[3]={ "Basic","Pascal","C++"};
```

此时，p 数组中的元素 p[0]、p[1]、p[2]分别指向了三个字符串，它们之间的关系如图 4-15 所示。

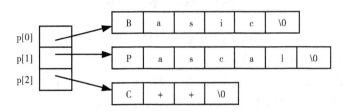

图 4-15　字符数组指针 p 指向各字符串

若要分别输出这些字符串，则执行如下程序段：

```
for(int i=0;i<3;i++)
    printf("%s\n",p[i]);
```

运行结果：

```
Basic
Pascal
C++
```

2．多级指针变量

在 C 中，除了允许指针变量指向普通变量外，还允许指针变量指向另外的指针变量，这种指向指针变量的指针变量称为多级指针变量。如二级指针变量的定义格式如下：

基类型　**指针变量名；

在前面已经介绍过，通过指针访问变量称为间接访问。由于指针变量直接指向变量，所以称为"单级间址"。而如果通过指向指针的指针变量来访问变量则构成"二级间址"，如图 4-16 所示。

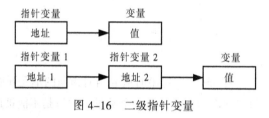

图 4-16　二级指针变量

下面举个例子说明二级指针变量的基本应用。

【例 4.15】二级指针基本应用。

源程序如下：

```
#include <stdio.h>
void main()
{
    int **k,*a,b=100;
    a=&b;k=&a;
    printf("%d\n",**k);
}
```

运行结果：

```
100
```

说明：程序中 a 是一级指针变量，存放整数 b 的地址。int **k 定义了一个二级指针变量，存放了指针变量 a 的地址。

4.3　结　构　体

前面我们介绍了用户自己声明的构造类型——数组，数组中的各元素是属于同一个类型的。但是在处理任务时只使用数组是不够的。有时需要将不同类型的数据组合成一个有机的整体，以方便用户使用。例如，一个员工的姓名、性别、年龄、工资等项目，都是这个员工的属性，如图 4-17 所示。

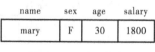

图 4-17　员工信息

可以看出，name（姓名）、sex（性别）、age（年龄）、salary（工资）都是与姓名为 "mary" 的学生相关的。如果在程序中将 name，sex，age，salary 分别定义为互相独立的变量，就很难反映出它们之间的内在联系。应当把它们组织成一个组合项，在一个组合项中包含若干个类型不同（当然也可以相同）的数据项。C 中允许用户自己定义这样一种数据类型，称为结构体。结构体是由不同数据类型的数据组成的集合体。它由若干成员组成，每一个成员可以是一个基本数据类型或者是一个构造类型。结构体既然是一种构造而成的数据类型，那么在说明和使用之前必须先定义它。

4.3.1 结构体的定义

定义一个结构体的一般形式如下：

```
struct 结构体名
{
      数据类型 成员名1;
      数据类型 成员名2;
      …
      数据类型 成员名n;
};
```

例如，下面语句：

```
struct employee
{
      char name[15];   /*姓名*/
      char sex;        /*性别*/
      int age;         /*年龄*/
      float salary;    /*工资*/
};
```

定义了有 4 个成员的结构体 employee。

像任何类型定义一样，结构体只是类型定义，而不是变量定义。因此，结构体只是定义了一种数据类型，而并不涉及存储分配。下面我们说明如何定义结构体类型变量。

4.3.2 定义结构体类型变量的方法

定义结构变量有以下 3 种方法。以上面定义的 employee 为例来加以说明。

1. 先定义结构体，再定义结构体变量

在已经定义好结构体类型后，再定义结构体变量的一般格式如下：

```
struct 结构体名 结构体变量名表;
```

例如：

```
struct employee emp1,emp2;
```

上面的语句定义了两个 employee 结构体变量 emp1 和 emp2。在定义了结构体变量后，系统会为之分配内存单元。例如 emp1 和 emp2 在内存中各占 24 个字节（15+1+4+4）。为这两个变量分配的存储空间情况如图 4-18 所示。

2. 在定义结构类型的同时定义结构体变量

这种形式的说明的一般形式如下：

```
struct 结构体名
{
      成员表列
```

```
}变量名表列;
```
例如，以下语句在定义结构体类型 employee 的同时定义了结构体变量 emp1 和 emp2。
```
struct employee
{
    char name[15];    /*姓名*/
    char sex;         /*性别*/
    int age;          /*年龄*/
    float salary;     /*工资*/
}emp1,emp2;
```

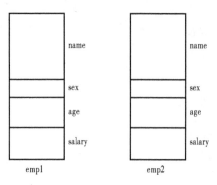

图 4-18　emp1 和 emp2 在内存存放情况

3. 直接说明结构体变量

这种形式的说明的一般形式如下：
```
struct
{
    成员表列
}变量名表列;
```
例如：
```
struct
{
    char name[15];    /*姓名*/
    char sex;         /*性别*/
    int age;          /*年龄*/
    float salary;     /*工资*/
}emp1,emp2;
```
第三种方法与第二种方法的区别在于第三种方法中省去了结构体名，而直接给出结构体变量。

在上述 employee 结构体定义中，所有的成员都是基本数据类型或数组类型。成员也可以是一个结构体，即构成了嵌套的结构体。

例如：
```
struct Date
{
    int year,month,day;     /*年，月，日*/
}
struct Teacher
{
    char name[8];                /*姓名*/
    struct Date birthday;        /*出生日期*/
    char depart[201              /*工作部门*/
```

```
    }teacher1,teacher2;
```

先声明一个 struct Date 类型，它代表"日期"，包含 3 个成员：year(年)、month(月)、day(日)。
然后再声明 struct Teacher 类型时，将成员 birthday 指定为 struct Date 类型。

4.3.3　结构体变量的引用

在定义了结构体变量以后，当然可以引用这个变量。

① 可以将一个结构体变量的值赋给另一个具有相同结构的结构体变量。

如上面的 emp1 和 emp2 都是 employee 型的变量，可以这样赋值：emp2=emp1;，此赋值语句
把 emp1 的所有成员的值整体赋予 emp2。

② 一般对结构体变量的使用，包括赋值、输入、输出、运算等都是通过结构体变量的成员
来实现的。

引用结构体变量成员的一般形式如下：

　　结构体变量名.成员名

例如：

```
    emp1.salary          即第一个人的工资
    emp2.salary          即第二个人的工资
```

③ 如果成员本身又是一个结构体则必须逐级找到最低级的成员才能使用。

例如，对上面定义的结构体变量 teacher1，可以这样访问其 month 成员：teacher1.birthday.month

4.3.4　结构体变量的赋值和初始化

1. 赋值

结构体变量的赋值就是给各成员赋值。可用输入语句或赋值语句来完成。

【例 4.16】给结构体变量赋值并输出其值。

源程序如下：

```
#include <stdio.h>
void main()
{
    struct employee
    {
        char name[15];
        char sex;
        int age;
        float salary;
    }emp1;
    emp1.age=35;
    emp1.salary=1200;
    printf("input name and sex:\n");
    scanf("%s %c",&emp1.name,&emp1.sex);
    printf("name=%s\nsex=%c\n",emp1.name,emp1.sex);
    printf("age=%d\nsalary=%7.2f\n",emp1.age,emp1.salary);
}
```

运行结果：

```
input name and sex:
Zhang gang M ✔
name=Zhang gang
sex=M
```

```
age=35
salary=1200.00
```

说明：本程序中用赋值语句给 age 和 salary 两个成员赋值，用 scanf()函数动态地输入 name 和 sex 成员值，最后输出 emp1 的各个成员值。

2．结构体变量的初始化

和其他类型变量一样，对结构体变量可以在定义时进行初始化赋值。

【例 4.17】对结构体变量初始化。

源程序如下：

```c
#include <stdio.h>
void main()
{
    struct employee
    {
        char name[15];
        char sex;
        int age;
        float salary;
    }emp1={"Zhang ping",'M',35,2000};
    printf("name=%s\nsex=%c\n",emp1.name,emp1.sex);
    printf("age=%d\nsalary=%7.2f\n",emp1.age,emp1.salary);
}
```

运行结果：

```
name=Zhang ping
sex=M
age=35
salary=2000.00
```

4.3.5 结构体数组的定义

数组的元素也可以是结构体类型的，因此可以构成结构体数组。结构体数组的每一个元素都是具有相同结构体类型的下标结构体变量。在实际应用中，经常用结构体数组来表示具有相同数据结构的一个群体。如一个班的学生档案，一个车间职工的工资表等。

方法和结构体变量相似，只需说明它为数组类型即可。

例如：

```c
struct employee
{
    char name[15];
    char sex;
    int age;
    float salary;
}emp[3];
```

定义了一个结构体数组 emp，共有 3 个元素，emp[0]～emp[2]。每个数组元素都具有 struct employee 的结构形式。对结构体数组可以作初始化赋值。例如：

```c
struct employee
{
    char name[15];
    char sex;
    int age;
```

```
    float salary;
}emp[3]={{"Li ping",'M',45,1000}, {"Zhang ping",'M',50,3000},
{"He fang",'F',35,1800}};
```

【例 4.18】计算员工的工资总和。

源程序如下：

```
#include <stdio.h>
void main()
{
    struct employee
    {
      char name[15];
      char sex;
      int age;
      float salary;
    }emp[3]={{"Li ping",'M',45,1000}, {"Zhang ping",'M',50,3000},
    {"He fang",'F',35,1800}};
    int i;
    float s=0;
    for(i=0;i<3;i++)
        s+=emp[i].salary;
    printf("s=%7.2f\n",s);
}
```

运行结果：

```
s=5800.00
```

说明：本例程序中定义了一个结构体数组 emp，共 3 个元素，并作了初始化赋值。在 main()
函数中用 for 语句逐个累加各元素的 salary 成员值存于 s 之中，最后输出全班总分。

4.3.6　结构体指针变量的说明和使用

1．指向结构体变量的指针

一个指针变量当用来指向一个结构体变量时，称之为结构体指针变量。结构体指针变量中的
值是所指向的结构体变量的首地址。通过结构体指针变量即可访问该结构体变量。

结构体指针变量说明的一般形式如下：struct 结构体名 *结构体指针变量名

例如，在前面的例题中定义了 employee 这个结构体，如要说明一个指向 employee 的指针变量
pemp，可写为 struct employee *pemp;

与前面讨论的各类指针变量相同，结构指针变量也必须要先赋值后才能使用。

赋值是把结构体变量的首地址赋予该指针变量，如果 emp1 是被说明为 employee 类型的结构
体变量，则语句：pemp=&emp1; 使 pemp 指向 emp1。

其访问的一般形式为

```
(*结构体指针变量).成员名
```

或为

```
结构体指针变量->成员名
```

例如：(*pemp).salary 或者 pemp->salary

应该注意(*pemp)两侧的括号不可少，因为成员符"."的优先级高于"*"。如去掉括号写成
pemp.salary 则等效于(pemp.salary)，这样，意义就完全不对了。

下面通过例子来说明结构体指针变量的具体说明和使用方法。

【例 4.19】通过指针变量访问结构体。

源程序如下：

```
#include <stdio.h>
void main()
{
    struct employee
    {
        char name[15];
        char sex;
        int age;
        float salary;
    }emp1={"Zhang ping",'M',35,2000};
    struct employee *pemp;
    pemp=&emp1;
    printf("Name=%s,salary=%7.2f\n",(*pemp).name,(*pemp).salary);
    printf("Name=%s,salary=%7.2f\n",pemp->name,pemp->salary);
}
```

运行结果：

```
Name=Zhang ping,salary=2000.00
Name=Zhang ping,salary=2000.00
```

说明：本程序定义了一个指向 employee 类型结构的指针变量 pemp 并被赋予 emp1 的地址，因此 pemp 指向 emp1。然后在 printf 语句内用两种形式输出 emp1 的成员值。从运行结果可以看出：

```
(*结构体指针变量).成员名
结构体指针变量->成员名
```

这两种用于表示结构体成员的形式是完全等效的。

2. 指向结构体数组的指针

指针变量可以指向一个结构体数组，这时结构体指针变量的值是整个结构体数组的首地址。结构体指针变量也可指向结构体数组的一个元素，这时结构体指针变量的值是该结构体数组元素的首地址。

设 pemp 为指向结构体数组的指针变量，则 pemp 也指向该结构体数组的 0 号元素，pemp+1 指向 1 号元素，pemp+i 则指向 i 号元素。这与普通数组的情况是一致的。

【例 4.20】通过指针变量输出结构体数组。

源程序如下：

```
#include <stdio.h>
void main()
{
    struct employee
    {
        char name[15];
        char sex;
        int age;
        float salary;
    }emp[3]={{"Li ping",'M',45,1000}, {"Zhang ping",'M',50,3000},
    {"He fang",'F',35,1800}};
    struct employee *pemp;
    for(pemp=emp;pemp<emp+3;pemp++)
      printf("Name=%s,sex=%c,age=%d,salary=%7.2f\n",pemp->name,pemp->
      sex,pemp->age,pemp->salary);
}
```

运行结果：

```
Name=Li ping,sex=M,age=45,salary=1000.00
Name=Zhang ping,sex=M,age=50,salary=3000.00
Name=He fang,sex=F,age=35,salary=1800.00
```

说明：在程序中首先定义了 employee 结构体类型的数组 emp 并作了初始化赋值，然后定义 pemp 为指向 employee 类型的指针。在循环语句 for 的表达式 1 中，pemp 被赋予 emp 的首地址，然后循环 3 次，输出 emp 数组的各成员值。

4.4　共　用　体

4.4.1　共用体的概念

有时需要使几种不同类型的变量存放到同一段内存单元中。例如，可以把一个整型变量和一个双精度变量放在同一个地址开始的内存单元中，如图 4-19 所示。

图 4-19　i 和 d 共用一段内存

以上两个变量在内存中占用的字节数不同，但都从同一地址开始（图中设地址为 2000）存放。也就是使用覆盖技术，几个变量互相覆盖。这种使几个不同的变量共同占用一段内存的结构，称为共用体类型的结构。

定义一个共用体类型的一般形式如下：

```
union 共用体名
{
    数据类型 成员名1；
    数据类型 成员名2；
    …
    数据类型 成员名n；
};
```

定义共用体变量的一般形式如下：

```
共用体类型名 共用体变量名；
```

当然也可以在定义共用体类型的同时定义共用体变量，也可以没有共用体类型名而直接定义共用体变量。

例如：

```
union data
{
    int i;
    double d;
}
union data a,b,c;
(先定义再说明)
union data
{
```

```
    int i;
    double d;
} a,b,c;
(定义同时说明)
union
{
    int i;
    double d;
} a,b,c;
(直接说明)
```

可以看出,"共用体"和"结构体"的定义形式相似,但它们的含义是不同的。结构体变量所占内存长度是各成员占的内存长度之和。每个成员分别占有其自己的内存单元。共用体变量所占的内存长度等于最长的成员的长度。例如,上面定义的 a、b、c 各占 8 个字节(因为一个双精度型变量占 8 个字节),而不是各占 4+8=12 个字节。

4.4.2 对共用体变量的访问方式

不能引用共用体变量,而只能引用共用体变量的成员。例如,下面的引用是正确的:

```
a.i(引用成员 i)
a.d(引用成员 d)
```

4.4.3 共用体类型数据的特点

① 使用共用体变量的目的是希望用同一个内存段存放几种不同类型的数据。但请注意:在每一瞬间只能存放其中一种,而不能同时存放几种。换句话说,每一瞬间只有一个成员起作用,其他成员不起作用。

② 能够访问的是共用体变量中最后一次被赋值的成员,在对一个新的成员赋值后原有的成员就失去作用。

③ 共用体变量的地址和它的成员的地址都是同一地址。例如:&a, &a.i, &a.d 都具有同一地址值,其原因是显然的。

4.5 枚 举 类 型

在实际问题中,有些变量的取值被限定在一个有限的范围内。例如,表示一年四季的 spring, summer, autumn 和 winter。如果把这些量说明为整型,字符型或其他类型显然是不妥当的。为此,C 语言提供了一种称为"枚举"的类型。在"枚举"类型的定义中列举出所有可能的取值,被说明为该"枚举"类型的变量取值不能超过定义的范围。

4.5.1 枚举类型的定义和枚举变量的说明

枚举的定义枚举类型定义的一般形式如下:

```
enum 枚举名{ 枚举值表 };
```

在枚举值表中应罗列出所有可用值,这些值也称为枚举元素。

例如: enum season{spring,summer,autumn,winter};

该枚举名为 season，枚举值共有 4 个，即一年的四季。

枚举变量的说明：如同结构和共用体一样，枚举变量也可以用不同的方式说明，即先定义后说明，同时定义说明或直接说明。

例如：

```
enum season{spring,summer,autumn,winter};
enum season a,b,c;
```

上述语句声明 a，b，c 为枚举型 season 的变量。

4.5.2　枚举类型变量的赋值和使用

枚举类型在使用中规定：枚举元素本身由系统定义了一个表示序号的数值，从 0 开始顺序定义为 0，1，2…。如在 season 中，spring 值为 0，summer 值为 1，autumn 值为 2，winter 值为 3。

【例 4.21】枚举变量基本应用。

源程序如下：

```
#include <stdio.h>
void main()
{
    enum season{spring,summer,autumn,winter} a,b,c;
    a=spring;
    b=summer;
    c=winter;
    printf("%d,%d,%d",a,b,c);
}
```

运行结果：

```
0,1,3
```

说明：只能把枚举值赋予枚举变量，不能把元素的数值直接赋予枚举变量。

例如：

```
a=sum;
b=mon;
```

是正确的。而：

```
a=0;
b=1;
```

是错误的。

还应该说明的是枚举元素不是字符常量也不是字符串常量，使用时不要加单、双引号。

4.6　类型定义符 typedef

C 语言不仅提供了丰富的数据类型，而且还允许由用户自己定义类型说明符，也就是说允许由用户为数据类型命名"别名"。类型定义符 typedef 即可用来完成此功能。例如，有整型量 a，b，其说明如下：

```
int a,b;
```

其中 int 是整型变量的类型说明符。int 的完整写法为 integer，为了增加程序的可读性，可把整型说明符用 typedef 定义为

```
typedef int INTEGER;
```

这以后就可用 INTEGER 来代替 int 作整型变量的类型说明了。 例如：

```
INTEGER a,b;
```

它等效于：

```
int a,b;
```

用 typedef 定义数组、指针、结构等类型将带来很大的方便，不仅使程序书写简单而且使意义更为明确，因而增强了可读性。例如：

typedef char NAME[20]; 表示 NAME 是字符数组类型，数组长度为 20。然后可用 NAME 说明变量，例如：

```
NAME a1,a2,s1,s2;
```

完全等效于：

```
char a1[20],a2[20],s1[20],s2[20]
```

又如：

```
typedef struct stu
{
    char name[20];
    int age;
    char sex;
} STU;
```

定义 STU 表示 stu 的结构类型，然后可用 STU 来说明结构变量：

```
STU body1,body2;
```

typedef 定义的一般形式如下：

```
typedef 原类型名 新类型名;
```

其中，原类型名中含有定义部分，新类型名一般用大写表示，以便于区别。

有时也可用宏定义来代替 typedef 的功能，但是宏定义是由预处理完成的，而 typedef 则是在编译时完成的，后者更为灵活方便。

习　题　4

一、选择题（从四个备选答案中选出一个正确答案）

1. 若有说明：int a[10]; 则对 a 数组元素的正确引用是（　　）。

   A. a[3.5]　　　　　B. a(8)　　　　　C. a[6–5]　　　　　D. a[10]

2. 定义如下变量和数组：

   ```
   int j;
   int x[3][3]={1,2,3,4,5,6,7,8,9};
   ```

   则下面语句的输出结果是（　　）。

   ```
   for (j=2; j>=0; j--)
   printf("%2d",x[j][2-j]);
   ```

   A. 1 5 9　　　　　B. 1 4 7　　　　　C. 7 5 3　　　　　D. 3 6 9

3. 下面程序段的运行结果是（　　）。

   ```
   char c[5]={ 'x','y','\0','z','\0' };
   printf("%s",c);
   ```

   A. 'x"y'　　　　　B. xyz　　　　　C. xy　　　　　D. "xyz"

4. 合法的数组说明语句是 (　　　)。

    A．int a[]="string"　　　　　　　　B．int a[5]={0,1,2,3,4,5};

    C．char a="string";　　　　　　　　　D．char a[]={'0','1','2','3','4','5'};

5. 有如下程序段：

```
int *p,a=10,b=1;
p=&a; a=*p+b;
```

    执行该程序段后，a 的值为 (　　　)。

    A．12　　　　　　　B．11　　　　　　　C．10　　　　　　　D．编译出错

6. 设 p1、p2 是指向 int 型一维数组的指针变量，k 为 int 型变量，以下错误的语句是 (　　　)。

    A．k=*p1+*p2;　　　B．p2=k　　　　　　C．p1=p2;　　　　　D．k=p2–p1;

7. 有如下说明：

```
int a[10]={1,2,3,4,5,6,7,8,9,10},*p=a;
```

    则数值为 9 的表达式是 (　　　)。

    A．*p+9　　　　　　B．*（p+8）　　　　C．*p+=9　　　　　D．p+8

8. 以下不正确的字符串赋值语句是 (　　　)。

    A．char *s; s="abcde";　　　　　　　B．char s[ ]="abcde";

    C．char s[10]; s="abcde";　　　　　　D．char *s="abcde";

9. 下面程序段的运行结果是 (　　　)。

```
char a[]="lanuage",*p;
p=a;
while（*p!='u'）{printf（"%c",*p-32）;p++;}
```

    A．LANGUAGE　　　B．language　　　　C．LAN　　　　　　D．langUAGE

10. 运行下列程序，正确结果是 (　　　)。

```
#include <string.h>
void main()
{
    char *s1[5]={"Oracle","Access","Sybase","MySQL","DB2"};
    char s2[]="F";
    int i,Count =0;
    for(i=0;i<=4;i++)
    {
        if(strcmp(s2,s1[i])>0)
            Count++;
    }
    printf("%d",Count);
}
```

    A．0　　　　　　　　B．1　　　　　　　　C．3　　　　　　　　D．2

11. 下列程序的输出结果是 (　　　)。

```
#include <stdio.h>
void main()
{
    int a[5]={2,4,6,8,10},*p,**k;
    p=a;
    k=&p;
```

```
        printf("%d",*(p++));
        printf("%d\n",**k);
    }
```

　　A. 4　　　　　　　　B. 22　　　　　　　C. 24　　　　　　　D. 46

12. 若有定义：int a[3][4]，不能表示数组元素 a[1][1]的是（　　　）。

　　A. *(a[1]+1)　　　　B. *(a+5)　　　　　C. *(&a[1][1])　　　D. *(*(a+1)+1)

13. 以下结构体定义

```
        struct example
        {
            int x;
            int y;
        }v1;
```

　　则（　　　）是正确的引用或定义。

　　A. example.x=10　　　　　　　　　　B. example v2;v2.x=10

　　C. struct v2;v2.x=10　　　　　　　　D. struct example v2={10}

14. 下列程序的输出结果是（　　　）。

```
        #include <stdio.h>
        struct abc
        { int a,b,c;};
        void main()
        {
            struct abc s[2]={{1,2,3},{4,5,6}};
            int t;
            t=s[0].a+s[1].b;
            printf("%d\n",t);
        }
```

　　A. 5　　　　　　　　B. 6　　　　　　　　C. 7　　　　　　　D. 8

15. 已知：

```
        union
        {   int i;
            char c;
            float a;
        }test;
```

　　则 test 占用内存的字节数是（　　　）。

　　A. 4　　　　　　　　B. 5　　　　　　　　C. 6　　　　　　　D. 7

二、填空题

1. 已知有一个 3 行 4 列的矩阵，要用一个整型二维数组表示，数组名为 a，下标从 0 开始，写出该数组的说明语句_____。

2. 若有定义：int　a[ ]={1,4,6,5,8,9};，则*(a+5) 的值为_____。

3. 设有如下定义 int a[5][6],*p;，取数组元素 a[4][2]的地址放到 p 中的语句为_____。

4. 若有定义：int *p[4];，则标识符 p 表示_____。

5. 设有定义：struct {int a; float b; char c;} abc, *p_abc=&abc;，则对结构体成员 a 的引用方法可以是 abc.a 和_____。

6. 设有数组定义: char array[]="China";，则数组 array 所占的空间为_____字节。

7. 有以下定义和语句:

```
int a[3][2]={1,2,3,4,5,6,},*p[3];
p[0]=a[1];
```

则*(p[0]+1)的值为_____。

8. 有如下程序:

```
int a[10]={1,2,3,4,5,6,7,8,9,10};
int *p=&a[3],b; b=p[5];
```

则 b 的值是_____。

9. 下面程序的功能是累加 3×3 矩阵周边元素之和，请将程序补充完整。

```
#include <stdio.h>
void main()
{
    int x[3][3]={1,3,5,2,4,6,1,1,1};
    int i,j,sum=0;
    for(i=0;i<3;i++)
        for(j=0;j<3;j++) sum=sum+a[i][j];
    sum=sum-_____;
    printf("%d",sum);
}
```

10. 下面程序的功能是找出数组元素的最大值，请将程序补充完整。

```
#include <stdio.h>
void main()
{
    int x[5]={12,21,13,6,18};
    int *p,max;
    p=x;
    max=*p;
    for(p=x+1;p<x+5;p++)
        if(_____) max=*p;
    printf("%d\n",max);
}
```

三、根据给出的程序写出运行结果

1.
```
#include <stdio.h>
void main()
{   int  i,j,temp;
    int  a[]={0,1,2,3,4,5,6,7,8,9};
    for(i=0,j=9;i<j;i++,j--)
        {temp=a[i];a[i]=a[j];a[j]=temp;}
    for(j=0;j<10;j++)
        printf("%2d",a[j]);
}
```
运行结果是: _____。

2.
```
#include <stdio.h>
void main()
{
    int a[3][3]={1,2,3,4,5,6,7,8,9},i,s=1;
```

```
      for(i=0;i<=2;i++)
          s=s*a[i][i];
      printf("s=%d\n",s);
  }
```

运行结果是：_____。

3.
```
#include <stdio.h>
void main()
{
    char str[30];
    scanf("%s",str);
    printf("str=%s",str);
}
```

运行时若输入"hello world"，运行结果是：_____。

4.
```
#include <stdio.h>
#include <string.h>
void main()
{   char  str1[20]="good",str2[ ]="morning";
    int  i,j;
    for(i=strlen(str1),j=0;str2[j]!='\0'; i++, j++)
        str1[i]=str2[j];
    str1[i]='\0';
    printf("string1=%s",str1);
}
```

运行结果是：_____。

5.
```
#include <stdio.h>
void main()
{
    int a[4]={0,1,2,3},*p;
    p=&a[2];
    printf("%d\n",*--p);
}
```

运行结果是：_____。

6.
```
#include <stdio.h>
void main()
{
    char s[]="abcdef";
    char *p=s;
    *(p+2)+=3;
    printf("%c,%c\n",*p,*(p+2));
}
```

运行结果是：_____。

7.
```
#include <stdio.h>
#include <string.h>
void main()
{   char *p1, *p2, c, s[50];
    gets(s);
    p1=s; p2=s+strlen(s)-1;
```

```
            for(; p1<p2; p1++, p2--)
            {   c=*p1; *p1=*p2; *p2=c;
            }
            printf("The new string is %s\n", s);
        }
```
程序运行时输入"abc we #y"，运行结果是：_____。

8.
```
        #include <stdio.h>
        void main()
        {
            struct s
            {
                int n;
                int *m;
            }*p;
            int d[5]={10,20,30,40,50};
            struct s arr[5]={100,&d[0],200,&d[1],300,&d[2],400,&d[3],500,&d[4]};
            p=arr;
            printf("%d,",++p->n);
            printf("%d,",(++p)->n);
            printf("%d\n",++(*p->m));
        }
```
运行结果是：_____。

9.
```
        #include <stdio.h>
        void main()
        {
            union un
            {
                short int a;
                char c[2];
            }w;
            w.c[0]=10;w.c[1]=1;
            printf("%d\n",w.a);
        }
```
运行结果是：_____。

10.
```
        #include <stdio.h>
        void main()
        {
            enum direction{east,west,south,north} a,b;
            a=west;
            b=north;
            printf("%d,%d",a,b);
        }
```
运行结果是：_____。

四、编程题

1. 将一个数组中的值按逆序重新存放。例如，原来顺序为 8，4，5，3，2。要求改为 2，3，5，4，8。

2. 生日蛋糕由以下成分组成：

水果	黄油	糖	面粉	鸡蛋
100	300	200	100	250

每种原料的价格如下表：（单位：元／克）

水果	黄油	糖	面粉	鸡蛋
0.25	0.3	0.2	0.05	0.2

编程求出做 5 个蛋糕所需原料的总价格。

3. 有 5 个学生，学习 3 门课程，已知所有学生的各科成绩，编程求每门课程的平均成绩。

4. 输入一串字符，计算其中空格的个数。

5. 输入两个整数，利用指针变量计算两个数之和（用指针变量实现）。

6. 将字符串 a 复制为字符串 b（要求用指向字符串指针变量实现）。

7. 输入一行文字，统计空格、数字字符各多少个（要求用指向字符串指针变量实现）。

8. 计算字符串长度，不要用 strlen() 函数（要求用指向字符串指针变量实现）。

9. 先存储一个班学生的姓名，从键盘输入一个姓名，查找该人是否为该班学生（要求用指针数组存储学生名字）。

10. 编写一程序，从键盘输入 5 本书的名称和定价并存储在一个结构体数组中，从中查找定价最高的书的名称和单价，并输出到屏幕上。

11. 将习题 10 用指向结构体数组的指针再实现一遍。

第 5 章
结构化程序设计的应用

本章主要意旨在于综合了 C 语言结构化程序设计思想理论知识的基础上，加大了多种算法和解题思路的示例、练习，在实践练习中以举一反三的方式对同一问题给出了多种算法。

5.1 结构化程序设计思想

5.1.1 结构化程序设计思想

传统的程序设计方法可以归结为"程序=算法+数据结构"，将程序定义为处理数据的一系列过程。结构化程序设计方法 SP（Structured Programming）的着眼点是"面向过程"。特点是将程序中的数据与处理数据的方法分离。结构化程序设计方法的核心是"算法设计"，主张使用顺序、选择、循环三种基本结构来嵌套连接成具有复杂层次的"结构化程序"，严格控制 GOTO 语句的使用。基本思想是把一个复杂的求解过程分阶段进行，每个阶段处理的问题都限制在人们容易理解和处理的范围内。具体方法是（见图 5-1）：自上向下，逐步细化；模块化设计；结构化编码。

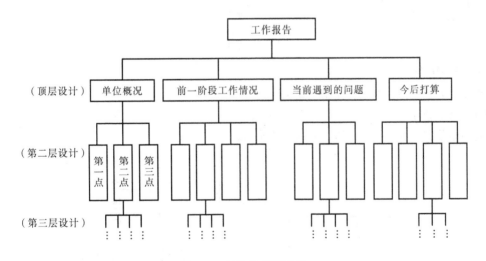

图 5-1 结构化程序设计

所谓"自上向下，逐步细化"：先写出结构简单明了的主程序，将主程序分割成若干子程序；如果子程序还比较复杂，使用相同的方法将子程序再次分割，如此反复直到每一个细节都可以用高级语言清楚表达为止。同时，按照先全局后局部、先整体后细节、先抽象后具体的过程，组织人们的思维活动，从最能反映问题体系结构的概念出发，逐步精细化、具体化、逐步补充细节，直到设计出可以在机器上执行的程序。

5.1.2 使用 N-S 图和流程图表示基本结构

1．顺序结构

程序中的各项操作按顺序自上而下逐一执行，如图 5-2 所示。

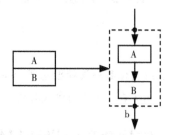

图 5-2　顺序结构

2．选择结构

程序中的某些操作由条件控制执行，如图 5-3 所示。

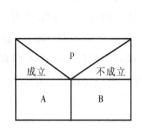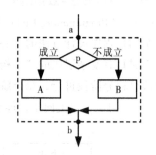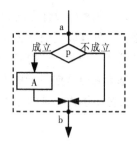

图 5-3　选择结构

3．循环结构

程序中的某些操作由条件控制反复执行。

（1）当型循环

先判断条件，再执行循环体，如图 5-4 所示。

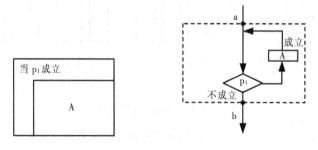

图 5-4　当型循环结构

（2）直到型循环

先执行循环体，后判断条件，如图 5-5 所示。

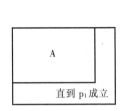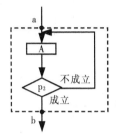

图 5-5　直到型循环结构

5.2　选择和循环的应用

【例 5.1】一座高架桥最高限速 90km/h，判断一辆车是否超速，若超速需要交纳罚金。根据汽车时速与最高限速的比值划分罚金的多少：

$r=(v-90)/90$　　（r 为超速比，v 为汽车时速）

当 $r<=0.2$ 时，为正常值。

当 r 介于 0.2～0.4 时，须交纳 200 元。

当 r 介于 0.4～0.6 时，须交纳 500 元。

当 $r>=0.6$ 时，交纳 1 000 元。

编写程序从键盘输入一辆汽车的时速，并判断其是否超速，若超速需要缴纳多少罚金？

方法一：使用并列 if 语句。

源程序如下：

```
#include <stdio.h>
#include <stdio.h>
void main()
{
    float r,v;
    printf("请输入车速 v:\n");
    scanf("%f",&v);
    r=(v-90)/90;
    if(r<=0.2)  printf("正常!\n");
    if(r>0.2&&r<=0.4)   printf("请支付200元!\n");
    if(r>0.4&&r<=0.6)   printf("请支付500元!\n");
    if(r>0.6)   printf("请支付1000元!\n");
}
```

方法二：在 else 子句中嵌套 if 语句，流程如图 5-6 所示。

源程序如下：

```
#include <stdio.h>
void main()
{
    float r,v;
    printf("请输入车速 v:\n");
```

```
    scanf("%f",&v);
    r=(v-90)/90;
    if(r<=0.2)  printf("正常!\n");
    else if(r<=0.4)     printf("请支付200元!\n");
    else if(r<=0.6)     printf("请支付500元!\n");
    else    printf("请支付1000元!\n");
}
```

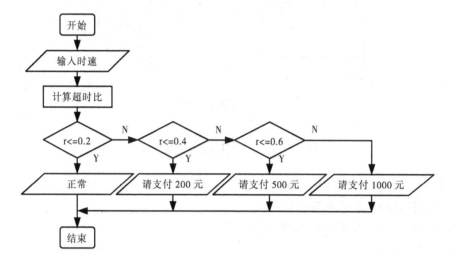

图 5-6　例 5.1 else 嵌套 if 流程图

方法三：在if子句中嵌套if语句，流程如图5-7所示。

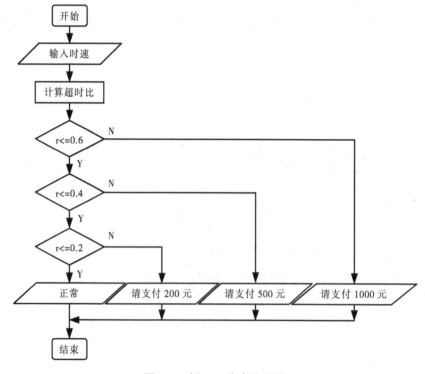

图 5-7　例 5.1 if 嵌套流程图

源程序如下:

```
#include <stdio.h>
void main()
{
    float r,v;
    printf("请输入车速 v:\n");
    scanf("%f",&v);
    r=(v-90)/90;
    if(r<=0.6)
    {   if(r<=0.4)
        {   if(r<=0.2)
                printf("正常!\n");
            else  printf("请支付 200 元!\n");
        }
        else  printf("请支付 500 元!\n");
    }
    else  printf("请支付 1000 元!\n");
}
```

运行结果:

请输入车速 v:

<u>125</u>✓

请支付 200 元!

通过上面三种解法, 巩固了 if 语句的嵌套。由于分支语句的每个分支只允许有一条语句, 所以当某个分支语句需要一次执行多个语句时必须使用复合语句, 即将多条语句用大括号括起来。如 "方法三" 的解法, 因为 else 语句总是与距它最近的 if 相匹配, 一旦不小心丢掉某个大括号就会引起 if...else 配对错误。因此, 为了避免类似情况发生, 尽量使用简单 if 语句的嵌套, 或者使用 else 子句中嵌套 if 语句, 如 "方法二" 所示。

【例 5.2】有 10 个小朋友要入托, 根据年龄不同将他们分别编入大班、中班、和小班, 统计分到各班人数。

分班规律: 2 岁以下在小班; 2~4 岁在中班; 4~6 岁在大班。

方法一: 使用 else 分句嵌套 if 语句, 流程如图 5-8 所示。

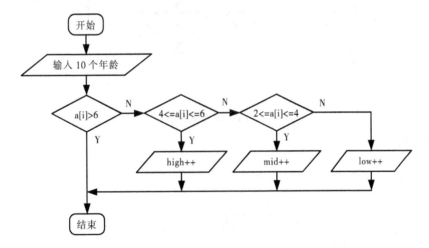

图 5-8　例 5.2 else 嵌套 if 流程图

源程序如下：

```c
#include <stdio.h>
void main()
{
    int a[10],i,low=0,mid=0,high=0;    /*数组a[10]中存放孩子的年龄*/
    printf("请输入10个1~6之间的整数: \n");
    for(i=0;i<10;i++)
        scanf("%d",&a[i]);                /*从键盘输入年龄赋值给数组a[i]*/
    for(i=0;i<10;i++)
    {
        if (a[i]>6)  ;
        else if(a[i]>=4) high++;
        else if(a[i]>=2) mid++;
        else      low++;
    }
    printf("low=%d,mid=%d,high=%d\n",low,mid,high);
}
```

方法二：使用if子句嵌套if语句，流程如图5-9所示。

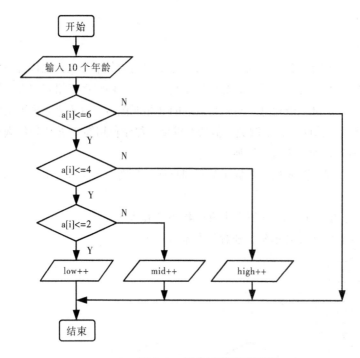

图5-9　例5.2 if 嵌套流程图

源程序如下：

```c
#include <stdio.h>
void main()
{
    int a[10],i,low=0,mid=0,high=0;
    printf("请输入10个1~6之间的整数: \n");
    for(i=0;i<10;i++)
        scanf("%d",&a[i]);
```

```
        for(i=0;i<10;i++)
        {
            if(a[i]<=6)
            {
              if(a[i]<=4)
                if(a[i]<=2)  low++;
                else  mid++;
              else high++;
            }
        }
        printf("low=%d,mid=%d,high=%d\n",low,mid,high);
    }
```

方法三：使用多路开关 switch 语句。

源程序如下：

```
    #include <stdio.h>
    void main()
    {
        int a[10],i,low=0,mid=0,high=0;
        printf("请输入 10 个 1~6 之间的整数: \n");
        for(i=0;i<10;i++)
            scanf("%d",&a[i]);
        for(i=0;i<10;i++)
        {
            switch(a[i])     /*switch 语句入口依次为每个孩子的年龄*/
            {
                case  1:
                case  2: low++;break;
                case  3:
                case  4: mid++;break;
                case  5:
                case  6: high++;break;
            }
        }
        printf("low=%d,mid=%d,high=%d\n",low,mid,high);
    }
```

运行结果：

```
请输入 10 个 1~6 之间的整数:
1  2  2  3  4  1  5  6  3  1↙
low=5,mid=3,high=2
```

【例 5.3】将学生百分制成绩转换为相应等级并输出。要求：

大于 90 分	A
80～89 分	B
70～79 分	C
60～69 分	D
小于 60 分	E

这种多分支题，可以使用 if 语句的嵌套，也可以使用 switch 语句。

方法一：使用 if 语句的嵌套。

源程序如下：

```
#include <stdio.h>
void main()
{
float score;
    printf("请输入成绩:\n ");
    scanf("%f",&score);
    if(score<=0|| score>100)              /*检查输入数据的合法性*/
        printf("输入错误.\n");
    else if(score>=90)
        printf("A\n");
        else if(score>=80)
            printf("B\n");
            else if(score>=70)
                printf("C\n");
                else if(score>=60)
                    printf("D\n");
                    else
                        printf("E\n");
}
```

方法二：使用 switch 语句。

源程序如下：

```
#include <stdio.h>
void main()
{   float score;
    int s;
    printf("请输入成绩:\n ");
    scanf("%f",&score);
    if(score<=0||score>100)          /*检查输入数据的合法性*/
    {
        printf("输入错误!请重新输入成绩:\n");
        scanf("%f",&score);
    }
    if(score<60)     s=5;            /*不及格的统一执行 case 5: 分句*/
    else s=score/10;                /*将成绩缩小 10 倍，取值范围在 10 以内*/
    switch (s)
    {
        case  10:
        case  9: printf("转换为相应等级是: A\n");break;
        case  8: printf("转换为相应等级是: B\n");break;
        case  7: printf("转换为相应等级是: C\n");break;
        case  6: printf("转换为相应等级是: D\n");break;
        case  5: printf("转换为相应等级是: E\n");break;
    }
}
```

运行结果：

请输入成绩:

　　77.5✓

　　转换为相应等级是: C

常见错误提示为 case 后是常量，既不能用区间也不能用运算符表示。例如：

case 90～100:　printf("转换为相应等级是：A\n");break;是错误的。

case s>=70&&s<=79:　printf("转换为相应等级是：C\n");break;　也是错误的。

【例 5.4】判断所输入的日期是这一年中的第几天。

分析：例如，输入的是 4 月 1 日，那么就应该是前三个月的天数之和再加 1。但是如果当年恰好是闰年，那么 2 月份就会比平年的 2 月份多一天，所以除了统计出各月份之和还要判断这一年是否是闰年。

源程序如下：

```c
#include <stdio.h>
void main()
{
    int  year,month,day,sum=0,flag;
    printf("请输入日期:\n");
    scanf("%d%d%d",&year,&month,&day);
    if(day<0 ||day>31 || month<0 ||month>12)
        printf("日期错误\n");
    switch(month)    /*找出所输入日期所在月份前几个月的天数*/
    {
        case  1:sum=0;break;
        case  2:
            if(day>30)
                printf("日期错误\n");
            else sum=31;
            break;
        case  3:sum=59;break;
        case  4:
            if(day>31)
                printf("日期错误\n");
            else  sum=90;
            break;
        case  5:sum=120;break;
        case  6:
            if(day>31)
                printf("日期错误\n");
            else  sum=151;
            break;
        case  7:sum=181;break;
        case  8:sum=212;break;
        case  9:
            if(day>31)
                printf("日期错误\n");
            else  sum=243;
            break;
        case  10:sum=273;break;
        case  11:
            if(day>31)
                printf("日期错误\n");
            else  sum=304;
```

```
            break;
        case  12:sum=334;break;
    }
    sum+=day;    /*前几个月的天数加上所输入的天数*/
    if(year%4==0&&year%100!=0||year%400==0)
        flag=1;
    else
        flag=0;
    if(flag==1&&month>2)
    /*如果是闰年且输入的月份大于 2，那么总天数再加 1*/
        sum+=1;
    printf("这天是一年的第%d 天",sum);
}
```

第一次运行结果：

请输入日期：

2008 8 8✓

这天是一年的第 221 天

第二次运行结果：

请输入日期：

1900 4 6✓

这天是一年的第 96 天

从运行结果可判断出：1900 年不是闰年，原因是 1900 既能被 4 整除又能被 100 整除，所以 1900 年是平年。通过上述例题可以总结出只要能使用 if...else 语句的都能转换成 switch 语句，反之则不然。当一个表达式适用于多种情况时建议使用 switch 语句简化程序。

【例 5.5】输入一组正整数，找出其中的最大值，并统计出整数的个数。要求：当输入"0"时结束输入。

分析：求一组数中的最大值，定义一个变量。例如，max 存放第一个数，然后各个数依次与 max 比较，如果大于 max，则将该数赋值给 max，直至所有的数比较完毕，max 中存放的就是这组数中的最大值。

源程序如下：

```
#include <stdio.h>
void main()
{
    int max,n,i=0;
    printf("请输入一组数:\n");
    scanf("%d",&n);
    max=n;
    while(n!=0)
    {
        if(n>max)
            max=n;
        scanf("%d",&n);      /*在循环内改变每次输入的数值*/
        i++;                 /*计算输入数据的个数*/
    }
    printf("最大值是%d,这组数共%d 个\n",max,i);
}
```

运行结果：

> 请输入一组数：
> 23 98 52 12 47 31 0✓
> 最大值是 8，这组数共 7 个

思考：若同时求出一组数中的最大值和最小值，程序应如何修改？

【例 5.6】现有 48 块砖和 48 个人，男生每人搬 4 块，女生每人搬 3 块，小孩子两人搬 1 块，搬完所有砖共需要男生、女生、小孩各几人？

要求：使用穷举法。穷举法又称枚举法，是将所有可能出现的情况一一测试，直到找出符合要求的结果。

分析：男生×4+女生×3+小孩×1.0/2=48，如果全是男生最多有 12 人（男生最大取值为 12），全是女生最多有 16 人（女生最大取值为 16），小孩=48-男生-女生。

源程序如下：

```
#include <stdio.h>
void main()
{
    int b,g,c;   /*b是男生，g是女生，c是小孩*/
    for(b=0;b<=12;b++)
        for(g=0;g<=16;g++)
        {   c=48-b-g;
            if(b*4+g*3+c*1.0/2==48)
                printf("b=%d,g=%d,c=%d\n",b,g,c);
        }
}
```

运行结果：

> b=4,g=4,c=40

【例 5.7】用欧几里得算法即辗转相除法求两个正整数的最大公约数和最小公倍数。

分析：辗转相除法原理为

① 输入两个正整数 x,y，并使 x>y。

② x 除以 y 的余数为 n 即 n=x%y。

③ 若 n=0，则 y 即为两数的最大公约数

④ 若 n≠0，则将 y 赋值给 x，将 n 赋值给 y，此时得到新的一组 x,y 值并重复执行②，直到 n=0。

最小公倍数=x*y/最大公约数

由上述叙述可知，求两数的最大公约数可以通过循环实现，执行循环的条件 n≠0。辗转相除法如图 5-10 所示。

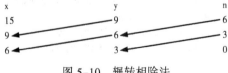

图 5-10　辗转相除法

源程序如下：

```
#include <stdio.h>
void main()
```

```
{
    int x,y,n,m,t;
    printf("请输入x,y:\n");
    scanf("%d%d",&x,&y);
    m=x*y;
    if(x<y)              /*若x<y就将两者互换，保证x放最大值*/
    {
        t=x;
        x=y;
        y=t;
    }
    n=x%y;
    while(n!=0)          /*当余数n不等于0就执行循环体*/
    {
        x=y;
        y=n;
        n=x%y;
    }
    printf("%d和%d的最大公约数为: %d\n",x,y,y);
    printf("%d和%d的最小公倍数为: %d\n",x,y,m/y);
}
```

运行结果：

```
请输入x,y:
36  102✓
36和102的最大公约数为: 6
36和102的最小公倍数为: 612
```

除了辗转相除法，还可以用最大公约数的定义来求，即最大公约数一定小于等于最小的那个数，同时能被这两个数整除。

源程序如下：

```
#include <stdio.h>
void main()
{   int x,y,i,t;
    printf("请输入x,y:\n");
    scanf("%d%d",&x,&y);
    if(x<y)   /*若x<y就将两者互换，保证x永远大于y*/
    {
        t=x;
        x=y;
        y=t;
    }
    for(i=y;i>=0;i--)            /*i的初值是x,y中的较小数*/
        if(x%i==0&&y%i==0)   break;
    printf("%d和%d的最大公约数为: %d\n",x,y,i);
    printf("%d和%d的最小公倍数为: %d\n",x,y,x*y/i);
}
```

运行结果：

```
请输入x,y:
9  12✓
9和12的最大公约数为: 3
9和12的最小公倍数为: 36
```

【例 5.8】从键盘输入一个数 *a*，判断 *a* 是否为素数。

分析：素数定义是只能被 1 和它本身整除的数（规定 1 不是素数）。依据定义可以得出判定素数的方法：定义一个变量 i=2～(a-1)，用 i 依次同 a 相除，余数为 0，则证明 a 被除了 1 和它本身以外的数整除了，a 不是素数。事实上，不用除这么多次，用数学方法可以得知：如果一个数不是素数的话，一定能分解成 a=num1*num2，它们中的最小值一定不大于 sqrt(num)，所以只需要用 2～$\sqrt{a}$ 之间（取整数）的数去除 a 即可得到结果。

① 使用 scanf()函数输入一个整数 a。

② 定义一个变量 k，k=sqrt(a)。

③ 定义循环变量 i，i 从 2 递增到 k，每次递增均判断 a%i 是否为 0。

④ 若 a%i==0，则 a 不是素数且终止对剩余数的判断；否则 i=i+1，继续对其余的 i 值进行判断直到 k，则 a 是素数。

方法一：使用 goto 语句。

源程序如下：

```c
#include <stdio.h>
#include <math.h>
void main()
{
    int a,i,k;
    printf("请输入 a:\n");
    scanf("%d",&a);
    k=sqrt(a);                  /*使用 sqrt()函数计算 a 的平方根*/
    for(i=2;i<=k;i++)           /*i 从递增到 k，判断 a%i 是否为 0*/
    {
        if(a%i==0)
        {
            printf("不是素数",a);
            goto end;
        }
    }
    printf("%d是素数",a);
    end: printf("\n");
}
```

方法二：使用 break 语句，且定义一个标志变量 flag。

源程序如下：

```c
#include <stdio.h>
#include <math.h>
void main()
{
    int a,i,flag=0;             /*标志变量 flag 初值为 0*/
    printf("请输入 a:\n");
    scanf("%d",&a);
    for(i=2;i<=sqrt(a);i++)
    {   if(a%i==0)
        {
            flag=1;             /*flag 被重新赋值为 1，表示 a 不是素数*/
```

```
            break;
        }
    }
    if(flag==0)  printf("%d是素数\n",a);
    else  printf("%d不是素数\n",a);
}
```

运行结果：

请输入 a：

7↙

7是素数

【例5.9】从键盘输入一个整数 a，若 a 不是素数则输出其全部因子。

分析：能被 a 整除的 i 就是 a 的一个因子。因此要得到 a 的全部因子，i 应该从 2 递增到 a-1。

源程序如下：

```
#include <stdio.h>
void main()
{
    int a,i,flag=1;/*flag=1表示a是素数*/
    printf("请输入a:");
    scanf("%d",&a);
    for (i=2;i<=a-1;i++)
        if(a%i==0)
        {
            flag=0;  /*flag=0表示a不是是素数*/
            printf("%d  ",i );
        }
    if(flag)/*等价于if(flag!=0)*/
    printf("%d是一个素数! \n",a);
}
```

运行结果：

请输入 a: 16↙

2   4   8

【例5.10】求 Fibonacci 数列：1，1，2，3，5，8，…的前 36 个数。这是 13 世纪的一个经典递推数列问题，借助于"兔子生崽"描述了这个数列：一对小兔子的成熟期为 1 个月，一个月后长为成兔。如果一对成兔每月又生一对小兔，这对小兔到了第二个月就开始生小兔。问一对小兔开始繁殖 3 年后共有多少兔子？

图解成兔和小兔的繁殖情况如图 5-11 所示。

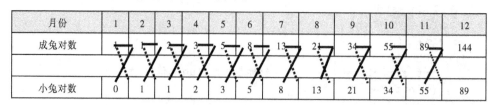

月份	1	2	3	4	5	6	7	8	9	10	11	12
成兔对数	1	1	2	3	5	8	13	21	34	55	89	144
小兔对数	0	1	1	2	3	5	8	13	21	34	55	89

图 5-11 兔子繁殖问题

图中实线表示成兔，虚线表示成兔生的小兔。由这一规律不难看出以后两年成兔与小兔繁殖的数量关系。由此可得出下列递推公式。

分析：这是一个递推问题，下面为递推公式。

```
F1=1              (n=1)
F2=1              (n=2)
Fn=Fn-1+Fn-2      (n≥3)
```

方法一：设 f1、f2 为相邻的两个数，用循环实现递推，每次输出两个数，循环 18 次。

源程序如下：

```c
#include <stdio.h>
void main()
{
    long int f1,f2;              /*为了避免发生数据溢出变量定义为长整型*/
    int i;
    f1=1;f2=1;
    for(i=1;i<=18;i++)           /*一次输出两项，所以循环次即可*/
    {
        printf("%12ld%12ld",f1,f2);
        if(i%2==0) printf("\n");  /*每输出 4 项后换行*/
        f1=f1+f2;
        f2=f2+f1;
    }
}
```

方法二：设 f 为所求项，如 f=f1+f2，每次输出一项，需要循环 34 次。

源程序如下：

```c
#include <stdio.h>
void main()
{
    long f1=1,f2=1,f;
    int i;
    printf("%10ld%10ld",f1,f2);   /*先输出已知的前两项*/
    for(i=3;i<=36;i++)            /*循环从第 3 项开始*/
    {
        f=f1+f2;
        printf("%10ld",f);        /*一次输出一项*/
        if(i%4==0)  printf("\n"); /*每输出 4 项换行*/
        f1=f2;
        f2=f;
    }
}
```

方法三：使用数组求 Fibonacci 数列前 36 个数。

源程序如下：

```c
#include <stdio.h>
void main()
{
    int i;
    long int f[36]={1,1};
    for(i=2;i<36;i++)            /*循环从第 3 项开始*/
        f[i]=f[i-2]+f[i-1];      /*当前项等于前两项之和*/
    for(i=0;i<36;i++)           /*使用循环输出数组*/
    {
```

```
            if(i%4==0)  printf("\n");              /*每输出 4 项换行*/
            else  printf("%12ld",f[i]);
        }
    }
```

运行结果：

1	1	2	3
5	8	13	21
34	55	89	144
233	377	610	987
1597	2584	4181	6765
10941	17711	28657	46368
75025	121393	196418	317811
514229	832040	1346269	2178309
3524578	5702887	9227465	14930352

【例 5.11】用冒泡法对 8 个数进行降序排列。

分析：假设一维数组 a[7]中存放 8 个数。

① 将 8 个数中的最小数存放到 a[7]中。首先比较 a[0]和 a[1]，如果 a[0]<a[1]，则交换 a[0]和 a[1]的值；然后比较 a[1]和 a[2]，如果 a[1]<a[2]，则交换 a[1]和 a[2]的值；依此类推，两个相邻的数进行比较，若前者小于后者，则交换它们的值，最后如果 a[6]<a[7]，则交换 a[6]和 a[7]的值，这样 a[7]中存放这 8 个数中的最小数。第一次比较排序结束。

② 将前 7 个数（a[0]~a[6]）中的最小数存放到 a[6]中。首先比较 a[0]和 a[1]，如果 a[0]<a[1]，则交换 a[0]和 a[1]的值；然后比较 a[1]和 a[2]，如果 a[1]<a[2]，则交换 a[1]和 a[2]的值；依此类推，两个相邻的数进行比较，若前者小于后者，则交换它们的值，最后如果 a[5]<a[6]，则交换 a[5]和 a[6]的值，这样 a[6]中存放这 7 个数中的最小数。第二次比较排序结束。

③ 重复上述过程，共经过 7 次比较，排序结束。

可以推理，n 个数据，需进行 n-1 趟比较排序：for (i=0;i<n-1;i++)…

当进行第 i 趟比较排序时，已有 i 个数排好序，只需对前 n-i 个数（a[0]~a[n-i-1]），进行 n-i 次比较：for (j=0;j<n-i;j++) …每次进行的是相邻两个数的比较：即对 a[j]与 a[j+1]两个数进行比较，如果 a[j]<a[j+1]，则交换 a[j]和 a[j+1]的值。

源程序如下：

```
#include <stdio.h>
void main()
{
    int a[8],i,j,t;
    printf("请输入 8 个数: \n");
    for(i=0;i<8;i++)              /*使用 for 循环输入 8 个整数*/
     scanf("%d",&a[i]);
    printf("\n");
    for(i=0;i<7;i++)              /*定义循环变量 i 控制比较的趟数*/
    for(j=0;j<8-i;j++)           /*定义循环变量 j 控制每趟的比较次数*/
        if(a[j]<a[j+1])          /*如果后者大于前者，则交换这两个元素的值*/
        {
            t=a[j];
            a[j]=a[j+1];
            a[j+1]=t;
```

```
        }
        printf("排序后的数组: \n");
        for(i=0;i<8;i++)
            printf("%d ",a[i]);    /*使用 for 循环输出排序后的 8 个数*/
    }
```

运行结果：

请输入 8 个数：

<u>12 89 55 74 23 98 65 10✓</u>

排序后的数组：

98 89 74 65 55 23 12 10

【例 5.12】 使用选择法升序排列 8 个数。

分析：使用一维数组存放 8 个数 假设 a[8]={98，12，10，9，35，24，65，78}；

① 第一轮，k=0（即 a[0]的下标 0），将 a[0]与 a[1]~a[7]逐一比较，若某一个 a[j]比 a[0]小，记下其下标 j，将 j 的值赋予 k，这样 k 中存放着 a[0]~a[7]中最小值的下标，若 k≠0，交换 a[0]和 a[k]的值，否则不进行交换。此时 a[0]=9。

② 第二轮，k=1，将 a[1]与 a[2]~a[7]逐一比较，若某一个 a[j]比 a[1]小，记下其下标 j，记下其下标 j，将 j 的值赋予 k，这样 k 中存放着 a[1]~a[7]中最小值的下标，若 k≠1，交换 a[1]和 a[k]的值，否则不进行交换。此时 a[1]=12。

③ 重复上述过程，共经过 7 轮比较后，a[0]~a[7]就按由小到大的顺序存放了。

源程序如下：

```
    #include <stdio.h>
    void main()
    {
        int a[8],i,j,k,x;
        printf("请输入 8 个数:\n");
        for(i=0;i<8;i++)
            scanf("%d",&a[i]);
        printf("\n");
        for(i=0;i<7;i++)          /*外循环，控制 7 轮比较*/
        {
            k=i;
            for(j=i+1;j<8;j++)    /*内循环，用 k 记住所找数中最小数的下标*/
                if(a[j]<a[k]) k=j;
            if(k!=i)        /*以下 3 行将 a[i+1]~a[7]中最小数与 a[i]互换*/
            {
                x=a[i];
                a[i]=a[k];
                a[k]=x;
            }
        }
        printf("排序后的数组:\n");
        for(i=0;i<8;i++)
            printf("%d ",a[i]);
    }
```

运行结果：

请输入 8 个数：

```
98  12  10  9  35  24  65  78✓
```
排序后的数组:
```
9  10  12  24  35  65  78  98
```

通过上面两道例题,我们可以总结出冒泡法与选择法排序的差别:冒泡法是在每一轮循环中若当前元素符合条件就交换;而选择法则是在每一轮循环中,如果当前元素符合条件就暂存其下标值,直到本轮循环结束进行唯一一次交换。

【例 5.13】求一个 4×4 矩阵两条对角线之和。

分析:首先定义一个二维数组存放这个矩阵,使用 for 循环嵌套进行输入;其次再观察其中一条对角线(左上到右下),这条对角线各元素的行列下标是相等的。另一条对角线(右上到左下)各元素的行列下标之和等于 3。

源程序如下:

```
#include <stdio.h>
void main()
{    int i,j,a[4][4],sum=0;
     printf("请输入矩阵: \n");
     for(i=0;i<4;i++)                    /*使用 for 循环嵌套进行输入*/
         for(j=0;j<4;j++)
             scanf("%d",&a[i][j]);
     for(i=0;i<4;i++)
         for(j=0;j<4;j++)
             if(i==j||i+j==3)  sum+=a[i][j];
                               /*当元素下标相等或和为 3 时,sum 就累加*/
     printf("sum=%d",sum);
}
```

运行结果:
```
请输入矩阵:
2  0  4  6
5  9  7  3
0  5  1  2
12 16  1  7✓
sum=49
```

【例 5.14】输入 3 个字符串,通过比较找出其中最大的字符串。

分析:定义一个二维字符数组用来存放这 3 个字符串,同时定义一个字符数组用来存放最终结果。

源程序如下:

```
#include <stdio.h>
#include <string.h>
void main()
{
    char string[20],str[3][20];
    int i;
    for(i=0;i<3;i++)                    /*使用 for 循环和 gets 函数输入个字符串*/
        gets(str[i]);
    if(strcmp(str[0],str[1])>0)
    /*比较前两个字符串,将大的赋值给 string 数组*/
        strcpy(string,str[0]);
```

```
        else
            strcpy(string,str[1]);
        if(strcmp(str[2],string)>0)
            strcpy(string,str[2]);
        printf("\n最大的字符串是:\n%s\n",string);
    }
```

运行结果:

<u>Where are you?</u>
<u>What did you say?</u>
<u>What is the time?</u> ✓
最大字符串是: Where are you?

【例 5.15】设计一个程序输出国际象棋棋盘。

分析:国际象棋棋盘是 8×8 黑白相间的结构,所以可以使用 ASCII 表中的一个图形■,它的 ASCII 值为 219。

源程序如下:

```
#include <stdio.h>
void main()
{
    int i,j;
    for(i=0;i<8;i++)              /*使用循环变量 i 和 j 分别控制行列变化*/
    {
        for(j=0;j<8;j++)
        if((i+j)%2==0)           /*行列相加为偶数时输出■*/
            printf("%c%c",219,219);
        else                     /*行列相加为奇数时输出"空格"代表白色方格*/
            printf("  ");
        printf("\n");            /*换行*/
    }
}
```

运行结果:

【例 5.16】输出 10 级楼梯,同时在楼梯上方打印两个笑脸。

分析:可以通过控制列循环变量 j 和行循环变量 i 的关系阶梯状输出■,至于"笑脸"可以使用 ASCII 表中的图形 ☺。

源程序如下:

```
#include <stdio.h>
void main()
{
    int i,j;
    printf("\1\1\n");            /*ASCII 值为 1 输出 ☺*/
    for(i=1;i<11;i++)
```

```
{    for(j=1;j<=i;j++)        /*当列变量 j 与行变量 i 相等时停止输出■,并换行*/
        printf("%c%c",219,219);
    printf("\n");    }
}
```

运行结果:

5.3 指针的应用

指针是 C 语言的灵魂,使用指针可以提高程序的运行效率,提高程序的灵活性,降低内存的使用。

5.3.1 数组与指针

数组名是地址(指针)常量,引用数组元素可以用下标法(如 a[i]),也可以用指针法(如*P),即通过指向数组元素的指针找到所需操作的元素。使用指针法可以使目标代码占内存少,运行速度快。

(1)通过数组名计算数组元素地址,输出元素值

【例 5.17】假设一个整型数组 a 有 10 个元素,要求用指针的形式访问输出各元素的值。

源程序如下:

```
#include <stdio.h>
void main()
{
    int a[10];
    int i;
    printf("请输入 10 个整数:\n ");
    for(i=0;i<10;i++)
        scanf("%d",&a[i]);
    printf("您输入的 10 个数是:\n ");
    for(i=0;i<10;i++)
        printf("%d ",*(a+i));
}
```

程序说明:在最后一个输出语句中访问数组元素时没有采用下标法,而是用数组名加上这个元素在数组中的位置来实现对该数组元素的访问,因为数组名是地址常量,所以在取元素值时要加上“*”号。另外因为常量在程序运行过程中的值不可改变,所以在程序中不要出现类似这样的语句:a=a+i,或 a++,因为常量是不能被赋值或自增运算的。

运行结果:

请输入 10 个整数：
　0　1　2　3　4　5　6　7　8　9✓
您输入的 10 个数是：
　0　1　2　3　4　5　6　7　8　9

（2）通过指针变量指向数组元素，输出元素值

源程序如下：

```
#include <stdio.h>
void main()
{
    int a[10];
    int *p,i;
    printf("请输入 10 个整数:\n ");
    for(i=0;i<10;i++)
        scanf("%d",&a[i]);
    printf("您输入的 10 个数是:\n ");
    for(p=a;p<(a+10);p++)
        printf("%d ",*p);
}
```

程序说明：定义一个指向整型数据的指针变量 p，但定义时 p 没有指向任何变量，在最后一个 for 语句中，p 指向数组 a，这里要注意因为数组名是指针常量，所以在执行 p=a 时，不要对数组名取地址，即 p=&a 是错误的。当指针变量指向数组后，就可以利用指针变量的指向访问数组元素。

运行结果：

请输入 10 个整数：
　0　1　2　3　4　5　6　7　8　9✓
您输入的 10 个数是：
　0　1　2　3　4　5　6　7　8　9

我们也可以利用指针对数组元素进行初始化。如上例也可改为如下程序。

源程序如下：

```
#include <stdio.h>
void main()
{
    int a[10];
    int *p,i;
    p=a;
    printf("请输入 10 个整数:\n ");
    for(i=0;i<10;i++)
        scanf("%d",p+i);
    printf("您输入的 10 个数是:\n ");
    for(p=a;p<(a+10);p++)
        printf("%d ",*p);
}
```

程序说明：和上例不同的是，指针变量一开始就指向数组，在为数组元素赋初值时，采用的是指针运算访问数组元素，由于指针就是地址，所以在用 scanf()函数时，不需要在指针前加取地址符 "&"；另外在程序最后利用 for 语句输出数组元素值时，一定要用赋值语句 p=a 使指针重新指向数组起始地址。

思考：如果最后的 for 语句中去掉 p=a 这条语句输出结果是什么？

如果没有 p=a，要想得到正确的结果应该怎样修改程序？

【例 5.18】用指针实现例 5.11。

源程序如下：

```
#include <stdio.h>
void  main()
{
    int a[8],i,j,t;
    int *pt;
    pt=a;
    printf("请输入 8 个数:\n");
    for(i=0;i<8;i++)                    /*使用 for 循环输入 8 个整数*/
        scanf("%d",pt++);
    pt=a;
    printf("\n");
    for(i=0;i<7;i++)                    /*定义循环变量 i 控制循环轮数*/
        for(j=0;j<8-i;j++)             /*定义循环变量 j 控制每轮中交换次数*/
            if(*(pt+j)<*(pt+j+1))      /*如果后一个元素大于前一个元素交换*/
            {
                t=*(pt+j);
                *(pt+j)=*(pt+j+1);
                *(pt+j+1)=t;
            }
    printf("已排好序的数据:\n");
    for(pt=a;pt<a+8;)
        printf("%3d",*(pt++));         /*使用 for 循环输出排列好的个数*/
}
```

【例 5.19】在一个已排好序（由小到大）的数组中查找待插入数据 x 应插入的位置，使其插入后，数组元素仍能按由小到大的顺序排列。

分析：插入是数组的基本操作之一，在实际应用中常常用到这一算法，对学生成绩进行排序后，如果漏掉了一个学生的成绩，这时不必对所有学生再重新排序，只要找到应该插入的位置即可。因此，插入排序的关键是找到该插入的位置，然后依次移动插入位置及其后的所有元素，空出这一位置放入待插入的元素。

分析：

step1：生成已排好序的数组元素。

step2：取得待插入的元素 x。

step3：查找定位，确定元素 x 该插入的数组下标位置 pos。

step4：将插入位置 pos 及其后的所有元素后移一个位置。

step5：插入元素 x 到位置 pos。

源程序如下：

```
#define  N 5
#include <stdio.h>
void  main()
{
    int a[N+1],pos,x,i;
```

```
        int *pt;
        pt=a;
        printf("请输入 5 个由小到大已排好序的数据: \n");
        for(pt=a;pt<a+N;pt++)
            scanf("%d",pt);
        printf("请输入要插入的数据: \n");
        scanf("%d",&x);
        /*查找插入位置*/
        for(pos=0,pt=a;pt<a+N&&x>*pt;pt++)
            pos++;
        /*pos 位置后所有元素后移*/
        for(pt=a,i=N-1;i>=pos;i--)
        {
            pt=a;
            *(pt+i+1)=*(pt+i);
        }
        *(pt+pos)=x;
        /*插入 x 后显示*/
        for(pt=a;pt<=a+N;pt++)
            printf("%6d",*pt);
    }
```

运行结果:

请输入 5 个由小到大已排好序的数据:

<u>56 67 78 89 90</u>↙

请输入要插入的数据:

<u>88</u>↙

56 67 78 88 89 90

【例 5.20】编写一个能计算任意 m 行 n 列二维数组元素最大值、并能指出其所在的行列下标的函数 maxfind(),利用函数 maxfind() 计算三个班学生(假设每班 4 个学生)的某门课成绩的最高分,并指出具有该最高分成绩的学生是第几个班的第几个学生。

分析:

step1:输入三个班学生的某门课成绩存于数组 score 中,用 s[i][j]表示第 i+1 班第 j+1 个学生的成绩。

step2:调用函数 maxfind(),计算最高分 max 及其所在的班及学号(数组行列下标值)。

step3:输出最高分 max 及其所在的班级和学生编号。

源程序如下:

```
#include <stdio.h>
void main()
{
    int maxfind(int *p,int m,int n,int *prow,int *pcol);
    int score[3][4];
    int i,j,max,row,col;
    printf("请输入成绩: \n");
    for(i=0;i<3;i++)
        for(j=0;j<4;j++)
            scanf("%d",&score[i][j]);
    max=maxfind(*score,3,4,&row,&col);
```

```
        printf("max=%d,row=%d,col=%d",max,row,col);
    }
    int maxfind(int *p,int m,int n,int *prow,int *pcol)
    {
        int i,j,max;
        max=p[0],*prow=0,*pcol=0;
        for(i=0;i<m;i++)
            for(j=0;j<n;j++)
                if(p[i*n+j]>max)
                {
                    max=p[i*n+j];
                    *prow=i;
                    *pcol=j;
                }
        return max;
    }
```

运行结果：

请输入成绩：

92	85	81	74
79	93	65	84
61	56	73	89 ✓

max=93,row=1,col=1

5.3.2　字符串与指针

C 语言没有专门的字符串类型数据，所以在处理字符串时，一种方法是定义字符数组，还有一种方法就是定义字符指针，用字符指针指向字符串。

【例 5.21】输入若干字符，以"#"结束，用指针变量把输入字符中的大写字母转化为小写字母并输出。

源程序如下：

```
#include <stdio.h>
void main()
{
    char str[255], *p=str;
    printf("请输入字符串，以#号结束:\n");
    gets(str);
    while(*p&&*p!='#')
    {
        if(*p>='A' &&*p<='Z' )
            *p+=32;
        p++;
    }
    if(*p=='#' )        *p='\0';
    else printf("您没有以#号结束!\n");
    puts(str);
}
```

运行结果：

请输入字符串，以#号结束：

ASD45EFGHJty#✓

asd45efghjty

5.3.3 指针数组与指向指针的指针

（1）利用指针数组可以指向若干个字符串，使字符串的处理更加灵活

【例 5.22】要根据输入的月份号，输出该月英文名。如输入"5"，则输出"May"。

源程序如下：

```
#include <stdio.h>
void main()
{
    char   *ch[ ]={"January","February","March","April","May","June",
    "July","August","September","October","Novenmber","December"};
    int month=0;
    printf("请输入月份: ");
    scanf("%d",&month);
    if(month<1||month>12 )
        printf("您输入的月份有错: \n");
    }
    printf("您输入的月份是: %s",*(ch+month-1));
}
```

分析：可用一维字符指针数组 ch 存入月份表，通过对数组的初始化，数组每一元素存入一个字符串首地址。输入正确数据后，通过计算找到相应月份的数组元素下标，即为要输出的月份。

程序说明：ch 有 12 个元素，其初值是字符串的起始地址，如图 5-12 所示，这些字符串是不等长的。因为月份是从一月开始而数组下标从 0 开始，所以当根据 month 的值计算对应指针数组中哪个元素的值时要使 month 值减 1。

运行结果：

请输入月份: 3↙
您输入的月份是: March

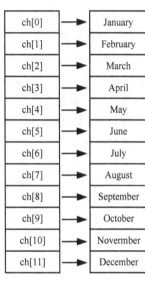

图 5-12

【例 5.23】将若干字符串按字符顺序（由小到大）输出。

源程序如下：

```
#include <stdio.h>
#include <string.h>
void main()
{
    char *name[ ]={"Follow me","BASIC","Java","Delphi","Computer design"};
    char *temp;
    int n=5,i,k,j;
    /*排序*/
    for(i=0;i<n-1;i++)
    {
        k=i;
        for(j=i+1;j<n;j++)
            if(strcmp(name[k],name[j])>0)  k=j;
        if(k!=i)
            {
```

```
            temp=name[i];
            name[i]=name[k];
            name[k]=temp;
        }
    }
    /*输出*/
    for(i=0;i<n;i++)
        printf("%s\n",name[i]);
}
```

程序说明：在排序代码段中，采用选择法对字符串进行排序。strcmp()是字符串比较函数，name[k]和 name[i]是第 k 个和第 i 个字符串的起始地址。当执行完内循环 for 语句后，从第 i 串到第 n 串这些字符串中，第 k 串最"小"。若 k≠i 就表示最小的串不是第 i 串。故将 name[i]和 name[k] 对换。在输出程序段 name[i]分别代表各字符串（按从小到大顺序排好的各字符串）的首地址。

运行结果：

```
BASIC
Computer design
Delphi
Follow me
Java
```

（2）指向指针的指针

当指针变量用于指向指针类型变量时，我们称之为指向指针的指针变量（二级指针），即一个指针变量的地址就是指向该变量的指针。使用二级指针可以在建立复杂的数据结构时提供较大的灵活性，能够实现其他语言所难以实现的一些功能。

【例 5.24】用指向指针的指针变量访问一维和二维数组。

源程序如下：

```
#include <stdio.h>
void main()
{
    int a[10],b[3][4],*pt1,*pt2,**pt3,i,j;  /*pt3是指向指针的指针变量*/
    printf("请输入 10 个整数: \n");
    for(i=0;i<10;i++)
        scanf("%d",&a[i]);                /*一维数组的输入*/
    printf("请输入 12 个整数: \n");
    for(i=0;i<3;i++)
        for(j=0;j<4;j++)
            scanf("%d",&b[i][j]);        /*二维数组的输入*/
    printf("输出结果\n");
    for(pt1=a,pt3=&pt1,i=0;i<10;i++)
        printf("%4d",*(*pt3+i));         /*用指向指针的指针变量输出一维数组*/
    printf("\n");
    for(i=0;i<3;i++)                      /*用指向指针的指针变量输出二维数组*/
    {
        pt2=b[i];pt3=&pt2;
        for(j=0;j<4;j++)
            printf("%4d",*(*pt3+j));
```

```
            printf("\n");
        }
    }
```

程序说明：程序的存储示意如图 5-13 所示，对一维数组 a 来说，若把数组的首地址即数组名赋给指针变量 pt1，pt1 就指向数组 a，数组的各元素用 pt1 表示为*（pt1+i），也可以简化为*pt1+i 表示。

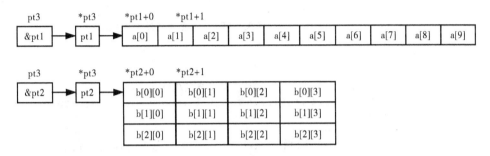

图 5-13

如果执行 pt3=&pt1，则将 p1 的地址传递给指针变量 pt3，*pt3 就是 pt1。用 pt3 来表示一维数组的各元素，只需要将 pt1 表示的数组元素*（pt1+i）中的 pt1 换成*pt3 即可，表示为*(*pt3+i)。对二维数组 b 来说，b[i]表示第 i 行首地址，将其传递给指针变量 pt2，使其指向该行。该行的元素用 pt2 表示为*(pt2+i)。若 pt3=&pt2，则表示 pt3 指向 pt2，用 pt3 表示的二维数组第 i 行元素为：*(*pt3+i)。这与程序中的表示完全相同。

运行结果：

> 请输入 10 个整数：
> 0 1 2 3 4 5 6 7 8 9↙
> 请输入 12 个整数：
> 1 3 5 7
> 9 8 6 4
> 3 5 1 0↙
> 输出结果：
> 0   1   2   3   4   5   6   7   8   9
> 1   3   5   7
> 9   8   6   4
> 3   5   1   0

5.4　结构体的应用

5.4.1　结构体数组

我们知道，一个学校或者一个班级不会仅有一名学生的，实际情况是我们要处理大量学生的信息；同样商城所销售的产品也不会仅仅只有一种，要记录大量相同结构的信息，C 语言允许使用结构体数组，即数组中每一个元素都是一个结构体变量。

【例 5.25】有 10 个学生的信息，要计算每个学生的平均成绩并输出学生的信息。

源程序如下：

```
#include <stdio.h>
```

```
struct student
{
    int num;
    char name[10];
    int score[3];
    float average;
};
void main()
{
    struct student st[10];  /*定义含有 10 个元素的结构体数组*/
    int i;
    for(i=0;i<1;i++)
    {
        printf("请输入第%d个学生的学号姓名成绩成绩成绩\n",i+1);
        scanf("%d %d%d%d",&st[i].num,&st[i].score[0],&st[i].score[1],& st[i].
        score[2]);
        gets(st[i].name);
        st[i].average=(st[i].score[0]+st[i].score[1]+st[i].score[2])/3.0;
    }
    printf("学号姓名成绩成绩成绩 平均成绩\n");
    for(i=0;i<1;i++)
        printf("%-6d %-12s %8d %8d %8d %f \n",st[i].num,st[i].name, st[i].
        score[0],st[i].score[1],st[i].score[2],st[i].average);
}
```

在对结构体数组进行初始化时，可以在定义时进行初始化，例如：

```
struct student st[3]={{10,"张三",70,80,85},{0,"李四",90,88,85},{0,"王五",
80,92,85}};
```

初始化时，要将每个元素的数据分别用花括号括起来；也可以如程序中所示利用循环语句为数组中元素赋值。

5.4.2 结构体的嵌套定义

在实际生活中，一个较大的实体可能由多个成员构成，而这些成员中有些又有可能是由一些更小的成员构成的实体。例如，要构建存有 5 个人的通讯录，联系人的基本信息有姓名、联系电话、电子邮箱和通信地址，并将通讯录信息输出。

表 5-1　通信录结构表

姓名	通信地址				联系电话	电子邮箱
	城市	街道	门牌号	邮编		

从表 5-1 可以看到，在一个通信记录信息中，联系人的通信地址由多个信息项组成。所以在定义通信录结构体时，要先定义通信地址结构体类型，再定义联系人结构体类型。具体定义如下：

```
/*通信地址结构体定义*/
struct  address
{
    char city[10];
    char street[20];
    int code;
    int zip;
};
```

在定义嵌套的结构类型时，必须先定义成员的结构类型，再定义主结构类型。

从联系人结构体定义中我们看到联系人的成员中有一个是结构体类型成员，这样构成了结构定义的嵌套，其中 nest_friend 是结构体类型数组，C 语言允许在定义完结构体类型后直接说明该类型的变量。

【例 5.26】构建存有 5 个人的通讯录。

源程序如下：

```c
#include <stdio.h>
struct  address
{   char city[10];
    char street[20];
    int code;
    int zip;
};
struct nest_friendslist
{
    char name[10];
    struct  address  addr;
    char telephone[13];
    char e_mail[20];
} nest_friend[5];
void main()
{
    int i=0;
    for(;i<1;i++)
    {
        printf("请输入朋友姓名,所在城市,街道,门牌号,邮政编码,电话,电子邮箱:\n");
        scanf("%s%s%s%d%d%s%s",nest_friend[i].name,nest_friend[i].addr.
        city,nest_friend[i].addr.street,nest_friend[i].addr.code,nest_
        friend[i].addr.zip,nest_friend[i].telephone,nest_friend[i].e_m
        ail);
    }
    for(i=0;i<1;i++)
    {
        printf("朋友姓名 城市 街道门牌号邮政编码电话电子邮箱:\n");
        printf("%s%s%s%d%d%s%s",nest_friend[i].name,nest_friend[i].addr.
        city,nest_friend[i].addr.street,nest_friend[i].addr.code,nest_
        friend[i].addr.zip,nest_friend[i].telephone,nest_friend[i].e_mail);
    }
}
```

5.4.3　结构体指针

C 语言允许使用结构体指针访问结构体成员，其访问方式与利用结构体变量访问没有本质的区别。

【例 5.27】定义简单的联系人结构体类型，成员包括朋友的姓名、年龄、电话号码，利用指针变量访问结构体成员。

源程序如下：

```c
#include <stdio.h>
struct  friends_list
```

```
    {
        char name[10];
        int age;
        char phone[10];
    };
    void main()
    {
        struct friends_list  friend1={"zhang", 26, "88018445"};
        struct friends_list *p;            /*定义结构体指针*/
        p=&friend1;                        /*结构体指针指向 friend1*/
        printf("朋友姓名为%s   年龄为%d 电话为%s\n",p->name,p->age,p->phone);
        printf("朋友姓名为%s   年龄为%d 电话为%s\n",(*p).name,(*p).age,(*p).
        phone);
    }
```

注意：利用结构体指针访问结构体数据成员时不用成员运算符 "."而是用指向运算符 "->"；但是用*p 形式访问结构体成员时，要用成员运算符，如(*p).name.。

5.4.4 动态存储分配——链表

一般情况下，运行中的很多存储要求在写程序时无法确定。人们设想能否找到这样一种程序控制的存储分配方法，根据需要临时分配内存单元以存放有用的数据，当数据不使用时又可以随时释放存储单元，也就是存储空间不是由编译系统分配，而是由用户在程序中通过动态分配获取。

链表（Linked Table）是指若干个数据（每一个数据组成一个"结点"）按一定的原则连接起来。这个原则是：前一个结点"指向"下一个结点，只有通过前一个结点才能找到下一个结点。图 5-14 表示简单的链表原理图。

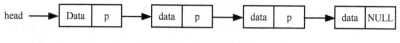

图 5-14　链表原理图

链表有一个"头指针"变量，以 head 表示，存放一个指向结点的地址。链表中每个结点都包括两部分：用户数据和下一结点地址。从图 5-14 中可看出 head 指向第一个元素，第一个元素又指向第二个元素……直到最后一个元素，最后一个元素不再指向其他元素，被称为"表尾"，它的地址部分为一个"NULL"，NULL 表示空地址。

1. 静态链表

【例 5.28】建立一个简单链表，它由 3 个学生数据的结点组成，学生数据包括学生姓名、学号以及一门课的成绩。

源程序如下：

```
    #include <stdio.h>
    struct student
    {
        char *name;
        long num;
        float score;
        struct student *next;
    };
    void main()
```

```
{       struct student a,b,c,*head,*p;
        a.num=99101;   a.score=89; a.name="John";
        b.num=99103;   b.score=90; b.name="Lily";
        c.num=99107;   c.score=85; c.name="Tom";
                                /*对结点的 name,num 和 score 成员赋值*/
        head=&a;                /*将结点 a 的起始地址赋给头指针 head*/
        a.next=&b;              /*将结点 b 的起始地址赋给结点 a 的 next 成员*/
        b.next=&c;              /*将结点 c 的起始地址赋给结点 a 的 next 成员*/
        c.next=NULL;            /*结点 c 的 next 成员不存放其他结点的始地址*/
        p=head;
        do
        {printf("%s\t%ld\t%5.1f\n",p->name,p->num,p->score);
                                /*输出 p 指向的结点数据*/
         p=p->next;             /*p 指向下一结点*/
        } while(p!=NULL);       /*输出 c 结点后 p 的值为 NULL*/
}
```

运行结果：

```
John    99101    89.0
Lily    99103    90.0
Tom     99107    85.0
```

本例中所有结点都是在程序中定义的，不是临时开辟空间建立的，存储空间用完后也不能释放，所以这种链表称为"静态链表"。

2. 处理动态链表所需的函数

（1）动态存储分配函数 malloc()

在内存的动态存储区中分配一个连续空间，其长度为 size。

若申请成功，则返回一个指向所分配内存空间起始地址的指针；若申请内存空间不成功，则返回 NULL（值为 0）。返回值类型为（void *）。通用指针的一个重要用途是将 malloc()的返回值转换为特定指针类型，赋给一个指针。

函数 malloc()示例：

```
/*动态分配 n 个整数类型大小的空间*/
if((p=(int*)malloc(n*sizeof(int)))==NULL)
{
    printf("Not able to allocate memory. \n");
    exit(1);
}
```

调用 malloc()函数时，用 sizeof 计算存储块大小；每次动态分配都要检查是否成功，考虑例外情况处理；虽然存储块是动态分配的，但它的大小在分配后也是确定的，不要越界使用。

（2）计数动态存储分配函数 calloc()

```
void *calloc( unsigned n, unsigned size)
```

在内存的动态存储区中分配 n 个连续空间，每一存储空间的长度为 size，并且分配后把存储块里全部初始化为 0。若申请成功，则返回一个指向被分配内存空间的起始地址的指针；若申请内存空间不成功，则返回 NULL。malloc()对所分配的存储块不做任何事情，calloc()对整个区域进行初始化。

（3）动态存储释放函数 free()

```
void free(void *ptr)
```

释放由动态存储分配函数申请到的整块内存空间，ptr 为指向要释放空间的首地址。当某个动态分配的存储块不再用时，要及时将它释放。

3. 动态链表的建立与输出

动态链表是指在程序运行过程中动态地建立链表，即逐个开辟结点空间，输入结点数据，并建立结点间前后相链的关系。

【例 5.29】建立由 3 个学生数据结点组成的动态链表，学生数据包括学生姓名、学号以及一门课的成绩。

分析：建立 3 个指针变量：head，pt1，pt2，它们都指向 struct student 型数据。先用 malloc() 函数开辟第一个结点空间，并使 pt1、pt2 指向它。然后从键盘读入学生的数据给 pt1 所指的第一个结点。规定学号不能为–1，如果为–1 则表示链表建立结束，本结点不应连接到链表中。设 head 的初值为 NULL，此时链表为"空"，当建立第一个结点后，head 就指向第一个结点。如果输入的 pt1->num 不等于–1，则输入的结点有效，令 head=pt1，即头指针指向第一个生成的结点，同时 pt2=pt1 即 pt2 也指向新结点，如图 5-15 所示；接下来再生成下一个新结点，并使 pt1 指向新结点，接着输入新结点数据如图 5-16 所示，若 pt1->num 不等于–1，则新结点有效，执行 pt2->next=pt1，将新结点的地址赋给上一结点的 next 成员，接着使 pt2=pt1，即使 pt2 指向新建立的结点，如图 5-17 所示；接下来再重复生成新结点、输入结点数据；当不需要在链表中加入结点时，让 pt1->num=–1，这时生成的新结点不再加入到链表中，循环结束。最后执行 p2->next=NULL，整个链表建立结束，如图 5-18 所示。算法 N–S 图如图 5-19 所示。

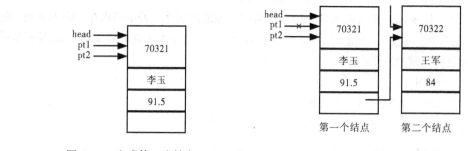

图 5-15　生成第一个结点

图 5-16　生成第二个结点

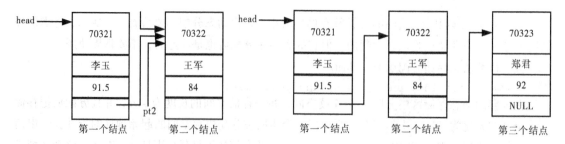

图 5-17　pt2 指向第二个结点

图 5-18　动态生成链表图

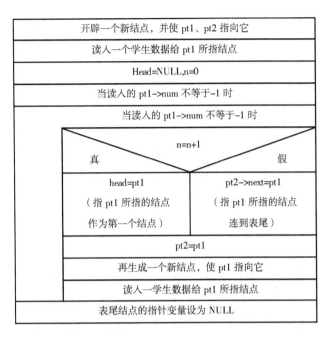

图 5-19 例 5.29 算法 N–S 图

源程序如下：

```c
#include <stdio.h>
#include <malloc.h>
#define  LEN  sizeof(struct student)
struct student
{
    num;
    char *name[10];
    float score;
    struct student *next;
};
void main()
{
    struct student *head;
    struct student *pt1,*pt2;
    int n=0;
    /*建立链表*/
    pt1=pt2=( struct student*) malloc(LEN);
    printf("请输入学生姓名: ");
    scanf("%s",pt1->name);
    printf("请输入学生学号: ");
    scanf("%ld",&pt1->num);
    printf("请输入学生成绩: ");
    scanf("%f",&pt1->score);
    head=NULL;
    while(pt1->num!=-1)
```

```
        {
                n=n+1;
                if(n==1)head=pt1;
                else pt2->next=pt1;
                pt2=pt1;
                pt1=(struct student*)malloc(LEN);     /*生成新的结点空间*/
                printf("请输入学生姓名: ");
                scanf("%s",pt1->name);
                printf("请输入学生学号, 学号为-1 结束: ");
                scanf("%ld",&pt1->num);
                printf("请输入学生成绩: \n");
                scanf("%f",&pt1->score);
        }
        pt2->next=NULL;
        /* 输出链表 */
        pt1=head;                                /*pt1 指向头结点*/
        printf("姓名\t 学号\t 成绩\n");
        while(pt1!=NULL)
        {
                printf("%s\t%ld\t%3.1f\n",pt1->name,pt1->num,pt1->score);
                pt1=pt1->next;                    /*pt1 指向下一结点*/
        }
        }
```

动态链表中，链表长度可根据实际结点的多少确定，提高了程序的灵活性。对于动态链表来说，除了建立与输出外还有插入、删除等操作，限于篇幅，在这里不再讲述，有兴趣的朋友可以参考文献中所提到的教材。

习　题　5

一、选择题（从四个备选答案中选出一个正确答案）

1. 假设所有变量均已定义，下列程序段运行之后 x 的值是（　　　）。

```
        a=b=c=0;x=35;
        if(!a)   x--;
        else if(B);
        if(c)    x=3;
        else x=4;
```

A. 34　　　　　　　　B. 4　　　　　　　　C. 35　　　　　　　　D. 3

2. 下列程序的输出结果是（　　　）。

```
        #include <stdio.h>
        void main()
        {    int x=100,a=10,b=20,n=5,m=0;
             if(a<B)
                 if(b!=10)
                        if(!n)
                              x=1;
                        else if(m)
                              x=10;
                              else  x=-1;
```

```
                    printf("%d\n",x);
        }
```

  A. 1   B. -1   C. 10   D. 100

3. 选择下列程序段输出结果（   ）。

```
        x=9;
        while(x>7)
        {
            printf("*");
            x--;
        }
```

  A. ****   B. ***   C. **   D. *

4. 循环语句 for(x=0,y=0;(y!=1)||(x<4);x++)执行（   ）次。

  A. 无限次   B. 不确定   C. 3 次   D. 4 次

5. 假设已定义 a，b 为整型变量，则执行下列程序段后 b 的值（   ）。

```
        a=1;b=10;
        do
        {   b-=a;
            a++;
        }   while(b--<0);
```

  A. 9   B. 8   C. -2   D. -1

6. 假设 x，y 为整型变量，则执行如下程序段后 y 的值为（   ）。

```
        for(x=1,y=1;y<=50;y++)
        {
            if(x>=10)
                break;
            if(x%2==1)
                {x+=5;continue;}
            x-=3;
        }
```

  A. 2   B. 4   C. 6   D.8

7. 若有以下定义，则数值为 4 的正确表达式是（   ）。

```
        int a[10]={1,2,3,4,5,6,7,8,9,10};
        char c='a',d,g;
```

  A. a[g-c]   B. a[4]   C. a['d'-'c']   D. a['d'-c]

8. 下列正确的选项是（   ）。

  A. char a[3][]={'abc', '1'};   B. char a[][3]={ 'abc','1'};

  C. char a[3][]={'a','1'}; D. char a[][3]={ "a", "1"};

9. 下列字符串 "a\x21\\\tp\202q" 长度是（   ）。

  A. 7   B. 9   C. 15   D. 16

10. 若定义 "int a[10],*p=a;"，则正确的数组元素引用是（   ）。

  A. a[p]   B. p[a]   C. *(p+2)   D. p+2

11. 执行语句 char a[10]={"abcd"},*p=a;后，*(p+4)的值是（   ）。

  A. "abcd"   B. 'd'   C. '\0'   D. 不确定

12. 若有定义：int x=0, *p=&x;，则语句 printf("%d\n",*p);的输出结果是（　　　）。

    A. 随机值　　　　　　B. 0　　　　　　　　C. x 的地址　　　　　　D. p 的地址

13. 设有定义：int n1=0,n2,*p=&n2,*q=&n1;，以下赋值语句中与 n2=n1;语句等价的是（　　　）。

    A. *p=*q;　　　　　　B. p=q;　　　　　　C. *p=&n1;　　　　　　D. p=*q;

14. 有以下程序

```
#include <stdio.h>
void main()
{
    int a=7,b=8,*p,*q,*r;
    p=&a;q=&b;
    r=p; p=q;q=r;
    printf("%d,%d,%d,%d\n",*p,*q,a,B);
}
```

程序运行后的输出结果是（　　　）。

    A. 8,7,8,7　　　　　B. 7,8,7,8　　　　　C. 8,7,7,8　　　　　D. 7,8,8,7

15. 设有定义：int a,*pa=&a;，以下 scanf 语句中能正确为变量 a 读入数据的是（　　　）。

    A. scanf("%d",pa) ;　　　　　　　　　　B. scanf("%d",a) ;

    C. scanf("%d",&pa) ;　　　　　　　　　D. scanf("%d",*pa) ;

16. 若有以下说明和语句：

```
struct  student
{
    int  age;
    int  num;
} std,*p;
p=&std;
```

以下对结构体变量 std 中成员 age 的引用方式错误的是（　　　）。

    A. std.age　　　　B. p-> age　　　　C. (*p).age　　　　D. *p.age

17. 以下程序运行的结果是（　　　）。

```
#include <stdio.h>
void main()
{
    struct  date
    { int year,month,day;    } today;
    printf("%d\n",sizeof(struct  date));
}
```

    A. 6　　　　　　　B. 8　　　　　　　C. 10　　　　　　　D. 12

18. 变量 a 所占内存字节数是（　　　）。

```
Union U
{   char  st[4];
    int i;
    long lf;
};
struct A
{   int  c;
```

```
    union U u;
} a;
```
  A. 6   B. 8   C. 10   D. 12

19. 若有以下语句，则下面表达式的值为 1002 的是（　　）。

```
struct  student
{   int   age;
    int   num;
    };
struct  student stu[3]={{1001,20},{1002,19},{1003,21}};
struct  student*p;
p=stu;
```
  A. (p++)-> num   B. (p++)->age   C. (*p).num   D. (*++).age

20. 有以下程序段：

```
void  main()
{   int a=5,*b,**c;
    c=&b;b=&a;
    …
}
```
  程序在执行了 c=&b;b=&a;语句后，表达式：**c 的值是（　　）。

  A. 变量 a 的地址   B. 变量 b 中的值

  C. 变量 a 中的值   D. 变量 b 的地址

二、填空题

1. 设 i, j, k 均为整型变量，则执行完下列 for 语句后，k 的值为_____。

```
for(i=0,j=10;i<=j;i++.j--) k=i+j;
```

2. 下列程序功能是输入一个整数，判断是否是素数，如果是则输出 1，否则输出 0，请补充完整
 程序。

```
#include <stdio.h>
void main()
{   int i,x,y=1;
    scanf("%d",&x);
    for(i=2;i<=x/2;i++)
        if_____
            { y=0;break; }
    printf("%d\n",y);
}
```

3. 根据变量定义"int b[5],a[][3]={1, 2, 3, 4, 5, 6};"b[4]=_____, a[1][2]=_____

4. 下列程序功能是输出数组 s 中最大元素的下标，请填空。

```
#include <stdio.h>
void main()
{   int k,p,s[]={1,-9,7,2,-10,3};
    for(p=0,k=p;p<6;p++)
        if(s[p]>s[k])
            _____
    printf("%d\n",k);
}
```

5. _____运算符用于返回其操作数在内作中的地址。

6. _____运算符用于返回其操作数指向的变量的值。

三、根据给出的程序写出运行结果

1.
```c
#include <stdio.h>
void main()
{   int x,y,z,max;
    x=1,y=2,z=3;
    max=x;
    if(z>y)
    {
        if(z>x)
            max=z;
    }
    else if(y>x)
            max=y;
    printf("max=%d\n",max);
}
```
运行结果是：_____。

2.
```c
#include <stdio.h>
void main()
{
    int y=9;
    for(;y>0;y--)
        if(y%3==0)
            {printf("%d",--y);continue; }
}
```
运行结果是_____。

3.
```c
#include <stdio.h>
void main()
{
    char s[]="1234567";
    int i;
    for(i=0;i<7;i=i+3)
        printf("%s\n",s+i);
}
```
运行结果是_____。

4.
```c
#include <stdio.h>
void main()
{
    int a[6][6],i,j;
    for(i=1;i<6;i++)
        for(j=1;j<6;j++)
            a[i][j]=(i/j)*(j/i);
    for(i=1;i<6;i++)
    {
        for(j=1;j<6;j++)
            printf("%2d%",a[i][j]);
        printf("\n");
```

```
            }
        }
```
    运行结果是_____。

5.      ```
        #include <stdio.h>
        void main()
        {
            int a[]={1,2,3,4,5}, *p;p=a;
            printf("%d\t",*p);
            printf("%d\t",*(++p));
            printf("%d\t",*++p);
            printf("%d\t",*(p--));
            printf("%d\t",*p++);
            printf("%d\t",*p);
            printf("%d\t",++(*p));
            printf("%d",*p);
        }
        ```
    运行结果是: _____。

6.      ```
        #include <stdio.h>
        void main()
        {
            char strb[]="one world one dream";
            char *pstr="ONE WORLD ONE DREAM";
            int i=0;
            printf("%c%s\n",*strb,pstr+1);
            while(putchar(*(strb+i))) i++;
            printf("i=%d\n",i);
            while(--i) putchar (*(pstr+i));
            printf("\n%s\n",&pstr[3]);
        }
        ```
    运行结果是: _____。

四、编程题

1. 编程计算 1×2+2×3+3×4+…+49×50 的值。

（提示：用累加算法，通项公式是 t=i-(i+1)(i=1,2,3,…49)，然后再将各个 t 求和）

2. 输入某个二维数组的行数和列数以及该数组的所有元素，然后求出数组的外围元素之和。

3. 输出所有"水仙花数"。水仙花数就是一个三位数，其各位数字的立方和与该数自身相等。例如，$407=4^3+0^3+7^3=64+0+343=407$ 就是水仙花数。

（提示：假设 m 即为所求，则 m 的取值范围 100～999。将 m 分解为 i，j，k 分别代表百位数字、十位数字和个位数字，最后判断 m 是否等于 i*i*i+j*j*j+k*k*k,如果相等即可输出；或者分别找出 i，j，k 的取值范围，使得 m=100*i+10*j+k,n=i*i*i+j*j*j+k*k*k，最后只要判断 m 和 n 是否相等，如果相等即可输出。）

4. 在奥运会跳水比赛中，有 9 个评委为参赛的选手打分，分数为 1～10 分。选手最后得分为去掉一个最高分和一个最低分后其余 7 个分数的平均值。编写一个程序实现。

（提示：将分数存放在一个一维数组中，找出数组中 9 个元素的最大值最小值，再对 9 个元素求和，从最终的结果中减去最大值和最小值，最后对剩余的 7 个数求平均值）

5. 编写程序：要求输入一正整数，打印出杨辉三角，如输入 4，则输出：

$$1$$
$$1 \quad 1$$
$$1 \quad 2 \quad 1$$
$$1 \quad 3 \quad 3 \quad 1$$

提示：可用一个二维数组来完成，仔细观察，可将该三角变形如下：

1
1 1
1 2 1
1 3 3 1

观察该图形，可知该数组的第一列与主对角线上的元素均为 1，从第三行到第 n 行 a[i][j]=a[i-1][j-1]+a[i-1][j]。

6. 甲、乙两个城市有一条 999 公里长的公路。公路旁每隔一公里竖立着一个里程碑，里程碑的半边写着距甲城的距离，另半边写着距乙城的距离。有位司机注意到有的里程碑上所写的数仅用了两个不同的数字，例如 000/999 仅用了 0 和 9，118/881 仅用了 1 和 8。算一算具有这种特征的里程碑共有多少个，是什么样的？

（提示：从题意中可知每对数仅用了两个不同的数字，并且两个数字之和恒等于 9，并且每对数之和也应恒等于 999。利用三重循环分别求出每个数字的各位数字，因为每个数最多只用两个不同的数字，所以每个数中至少有 2 个数字是相同的，再根据两个不同数字之和恒等于 9 求解。）

7. 若干求婚者排成一行，一二报数，报单数的退场。余下的人靠拢后再一二报数，报单数的退场，最后剩下的一位就可以娶公主为妻。若现在你站出来数一下，共有 101 人在你前面，你应站到哪一个位置才能娶到公主呢？

8. 有 4 名学生，每个学生信息包括学号、姓名、成绩，要求找出成绩最高学生的姓名和成绩。（提示：用指针方法）。

9. 编一程序，随机产生 10 道口算题，并对其输入的结果进行判断，并打印出成绩。

10. 从键盘上输入 4 名学生的成绩，存入结构体数组中，并计算出每位同学的总成绩。

参考数据如下：

name	number	score1	score 2	score 3	sum
a	1	80	76	85	
b	2	93	87	90	
c	3	65	72	75	
d	4	83	92	75	

第 6 章 —— 函数和预处理

本章主要介绍函数的定义、调用、函数的返回值，函数的嵌套调用和递归调用；局部变量和全局变量、变量的存储类别以及编译预处理的基本知识。

6.1 函 数 概 述

函数是构成 C 程序的基本模块。C 程序都是由一个个函数所组成的，即使是最简单的程序也要有一个 main()函数。C语言不仅提供了极为丰富的库函数（如 Turbo C，MSC 都提供了 300 多个库函数），还允许用户建立自己定义的函数。用户可把自己的算法编成一个个相对独立的函数模块，然后用调用的方法来使用函数。可以说 C 程序的全部工作都是由各式各样的函数完成的，所以也把 C 语言称为函数式语言。

由于采用了函数模块式的结构，C 语言易于实现结构化程序设计。使程序的层次结构清晰，便于程序的编写、阅读和调试。

在 C 语言中可从不同的角度对函数分类。

1. 从函数定义的角度看，函数可分为库函数和用户定义函数两种

- 库函数：由 C 系统提供，用户无须定义，也不必在程序中作类型说明，只需在程序前用 include 命令将包含有该函数原型的头文件调入，即可在程序中直接调用。例如，printf()、scanf()、getchar()、putchar()、gets()、puts()等函数均属此类。
- 用户定义函数：由用户根据需要编写的函数。对于用户自定义函数，不仅要在程序中定义函数本身，而且在主调函数模块中还必须对该被调函数进行类型说明，然后才能使用。

2. C 语言的函数兼有其他语言中的函数和过程两种功能，从这个角度看，函数分为有返回值函数和无返回值函数两种

- 有返回值函数：此类函数被调用执行完后将向调用者返回一个运行结果，称为函数返回值。如数学函数即属于此类函数。由用户定义的这种要返回函数值的函数，必须在函数定义和函数说明中明确返回值的类型。
- 无返回值函数：此类函数用于完成某项特定的处理任务，执行完成后不向调用者返回函数值。这类函数类似于其他语言的过程。由于函数无须返回值，用户在定义此类函数时可指定它的返回值为"空类型"，空类型的说明符为"void"。

3. 从主调函数和被调函数之间数据传送的角度看，函数分为无参函数和有参函数两种

- 无参函数：函数定义、函数说明及函数调用中均不带参数。主调函数和被调函数之间不进行参数传送。此类函数通常用来完成一组指定的功能，可以返回或不返回函数值。

- 有参函数：也称为带参函数。在函数定义及函数说明时都有参数，称为形式参数（简称为形参）。在函数调用时也必须给出参数，称为实际参数（简称为实参）。进行函数调用时，主调函数将把实参的值传送给形参，供被调函数使用。

应该指出的是，在C语言中，所有的函数定义，包括主函数 main()在内，都是平行的。也就是说，在一个函数的函数体内，不能再定义另一个函数，即不能嵌套定义。但是函数之间允许相互调用，也允许嵌套调用。习惯上把调用者称为主调函数。函数还可以自己调用自己，称为递归调用。

main() 函数是主函数，它可以调用其他函数，而不允许被其他函数调用。因此，C程序的执行总是从 main()函数开始，完成对其他函数的调用后再返回到 main()函数，最后由 main()函数结束整个程序。一个C源程序必须有，也只能有一个主函数 main()。

6.2 函数的定义和调用

C 程序中，一个函数必须先定义后才能使用，所谓定义函数，就是编写完成函数功能的程序块。任何函数（包括主函数 main()）都是由函数首部和函数体两部分组成。根据函数是否需要参数，可将函数分为无参函数和有参函数两种。

6.2.1 无参函数的定义

无参函数的定义形式：

```
[类型标识符]  函数名(void)
{
声明语句部分
可执行语句部分
}
```

其中：

1. 类型标识符

类型标识符指明了函数返回值的类型。可以是 int、float、double、void 等。当确认不需要返回值时，函数类型标识符可以写为 void。中括号[]括起来的内容根据需要可以省略（如[类型标识符]），若省略类型标识符，函数的返回值默认为 int 型，而不是无返回值，如 fuc(){…}返回值为整型。

2. 函数名

函数名是由用户定义的标识符，命名规则同变量名。在旧标准中，函数可以缺省参数表。但在新标准中，函数不可缺省参数表；如果不需要参数，则用"void"表示（主函数 main()例外），实际使用时有无均可，不影响程序的运行和结果。

3. 函数体

{}中的内容称为函数体。在函数体中声明部分，是对函数体内部所用到的变量的类型说明。

【例 6.1】无参函数使用举例。

```
void print1() /*也可写成void print1(void)*/
{
```

```
    printf ("\n*************** \n");
}
void message()\\或 void message(void)
{
    printf ("   Hello world!      ");
}
#include <stdio.h>
void main()
{
    print1();           /*调用 print1()函数输出一串**/
    message()           /*调用 message()函数,输出 Hello world! */
    print1();           /*调用 print1()函数输出一串**/
}
```

运行结果:

```
***************
    Hello world!
***************
```

6.2.2　有参函数的定义

1. 有参函数定义的一般格式

```
[函数类型]　函数名(数据类型　参数1,数据类型　参数2…)
{    说明语句部分;
     可执行语句部分;
}
```

例如:

```
double fun(int x,int y){…}正确。
double fun(int x,y){…}错误,没有声明 y 的类型。
```

2. 说明:

- 函数类型、函数名等要求同无参函数。但有参函数比无参函数多了一个参数表。需对每一个参数声明其类型,即使两个参数的数据类型相同,也要分别说明,如上例。
- 在老版本 C 语言中,参数类型说明允许放在函数说明部分的第 2 行单独指定。例如:

```
double fun(x,y)
    int x,y;
```

但在 VC++6.0 环境下,不支持这种格式,建议大家不使用这种形式。

- 调用有参函数时,调用函数将赋予这些参数实际的值。为了与调用函数提供的实际参数区别开,将函数定义中的参数表称为形式参数表,简称形参表。
- 空函数:既无参数、函数体又为空的函数。其一般形式如下:

```
[函数类型]　函数名(void) { }
例如: void fun(){ }
      int  fun(){ }
      fun(){ }
```

都是正确的空函数定义

【例 6.2】编写函数 sum(),功能是求 1+2+3+…+n。

源程序如下:

```
int sum(int m)/*函数首部
{
```

```
        int sum1=0;
        int i;
        for(i=0;i<=m;i++)      /*形参 m 在 sum()函数中可以使用*/
            sum1+=i;
        return sum1;           /*将结果 sum1 的值返回到调用函数 main()*/
    }
    #include <stdio.h>
    void main()
    {
        int n; long s;
        printf("\n请输入一个整数: ");
        scanf("%d",&n);
        s=sum(n);              /*调用 sum()函数求 1 到 n 的和*/
        printf("\n1+2+3+…+%d=%ld\n",n,s);
    }
```

运行结果:

```
    请输入一个整数: 100
    1+2+3+…+100=5050
```

分析: 运行程序后, 先执行 main()函数中的各条语句, 执行到 s=sum(n)语句时, 调用 sum()函数, 转去执行 sum()函数中的各条语句, 执行到 return sum1 时, sum()函数执行完毕, 将 sum1 的值返回到 main()函数的调用处, 并赋值给 s, 接着执行 main()函数中 printf 语句, 显示最后结果。

6.2.3 函数的参数和返回值

1. 形参和实参

前面已经介绍过, 函数的参数分为形参和实参两种。

- 形参: 形参出现在函数定义中, 在整个函数体内都可以使用, 离开该函数则不能使用。
- 实参: 实参出现在主调函数中, 进入被调函数后, 实参变量也不能使用。形参和实参的功能是作数据传送。发生函数调用时, 主调函数把实参的值传送给被调函数的形参从而实现主调函数向被调函数的数据传送。

2. 形参和实参的特点

- 形参变量只有在被调用时才分配内存单元, 在调用结束时, 即刻释放所分配的内存单元。因此, 形参只有在函数内部有效。函数调用结束返回主调函数后则不能再使用该形参变量。
- 实参可以是常量、变量、表达式、函数等, 无论实参是何种类型的量, 在进行函数调用时, 它们都必须具有确定的值, 以便把这些值传送给形参。因此, 应先用赋值、输入等办法使实参获得确定值。

3. 函数的返回值

函数的返回值是指函数被调用之后,执行函数体中的程序段所取得的并返回给主调函数的值。函数的值是在被调函数中通过 return 语句返回主调函数。

return 语句的一般形式如下:

```
    return 表达;或  return (表达式);
```

说明:

- 该语句的功能是计算表达式的值, 并返回给主调函数。在函数中允许有多个 return 语句, 但每次调用只能有一个 return 语句被执行, 因此只能返回一个函数值。

- 函数返回值的类型和函数定义中函数的类型应保持一致。如果两者不一致，则以函数类型为准，自动进行类型转换。
- 如函数值为整型，在函数定义时可以省去类型说明。

例如：int fun()和 fun()作用等同。

- 不返回函数值的函数，可以明确定义为"void"。同时被调函数中的 return 为空即 return；也可以没用 return 语句，为了使程序有良好的可读性并减少出错， 凡不要求返回值的函数都应定义为空类型。

6.2.4 函数的调用

1. 函数调用的一般形式

我们知道，用户的一个算法可以定义为一个函数，或者说一个函数可以完成一个功能，在 C 语言中是通过对函数的调用来执行函数体从而实现这个算法或完成这个功能的。

C 语言中，函数调用的一般形式如下：

```
函数名(实际参数表);
```

2. 关于函数调用的几点说明

- 如果使用标准库函数，首先要了解该函数的原型声明所在的头文件，并用 include 命令将该文件加入到源程序中。
- 如果使用用户自己定义的函数，要检查该函数是否已经定义，定义的位置在调用之前，可直接调用，否则要先进行函数声明，才能调用（具体声明方法见下节）。
- 调用函数时，要将实参的值传递给形参，所以实参和形参在数量上、类型上、顺序上应严格一致，否则会发生类型不匹配的错误。
- 在 C 语言中，可以用函数表达式、函数语句和函数实参几种方式调用函数。

例如：

```
s=sum(n);是一个赋值表达式，把 sum 的返回值赋予变量 s。
printf ("%d",a);scanf ("%d",&b);都是以函数语句的方式调用函数。
printf("%d",max(x,y)); 是把 max 调用的返回值又作为 printf 函数的实参来使用的。
```

- 在函数调用中还应该注意的一个问题是求值顺序的问题。所谓求值顺序是指对实参表中各量是自左至右使用，还是自右至左使用。对此，各系统的规定不一定相同，只要在所使用的系统中验证一下就清楚了。

例如：

```
#include <stdio.h>
void main()
{
    int i=8;
    printf("%d,%d,%d,%d\n",++i,--i,i++,i--);
}
```

如按照从右至左的顺序求值。运行结果应为 8，7，7，8。

如对 printf 语句中的++i，--i，i++，i--从左至右求值，结果应为 9，8，8，9。

应特别注意的是，无论是从左至右求值，还是自右至左求值，其输出顺序都是不变的，即输出顺序总是和实参表中实参的顺序相同。由于 VC++6.0 中是自右至左求值，所以结果为 8，7，7，

8。建议大家尽量避免这样使用。

3. 被调用函数的声明和函数原型

在主调函数中调用某函数之前应对该被调函数进行说明（声明），这与使用变量之前要先进行变量说明是一样的。在主调函数中对被调函数作说明的目的是使编译系统知道被调函数返回值的类型，以便在主调函数中按此种类型对返回值做相应的处理。

其一般形式如下：

    类型说明符 被调函数名（类型 形参，类型 形参...）；或者为：
    类型说明符 被调函数名（类型，类型...）；

括号内给出了形参的类型和形参名，或只给出形参类型。这便于编译系统进行检查，以防止可能出现的错误。

C语言中又规定以下情况可以省去主调函数中对被调函数的函数说明。

- 如果被调函数的返回值是整型或字符型时，可以不对被调函数做说明，而直接调用。这时，系统将自动对被调函数返回值按整型处理。

- 当被调函数的函数定义出现在主调函数之前时，在主调函数中也可以不对被调函数再做说明而直接调用。如例 6.1 中，函数 sum()的定义放在 main()函数之前，因此可在 main()函数中省去对 max()函数的说明。

- 如在所有函数定义之前，在函数外预先说明了各个函数的类型，则在以后的各主调函数中，可不再对被调函数做说明。例如：

```
char str(int a);       /*函数声明语句，末尾加;*/
float f(float b);      /*函数声明语句，末尾加;*/
void main()
{
    …
}
 char str(int a)       /*函数定义的首部，末尾不加;*/
{
    …
}
float f(float b)       /*函数定义的首部，末尾不加;*/
{
    …
}
```

其中，第一二行对 str()函数和 f()函数预先做了说明，因此在以后各函数中无须对 str()和 f()函数再做说明就可直接调用。

- 对库函数的调用不需要再做说明，但必须把该函数的头文件用 include 命令包含在源文件前部。

6.3   函数间的参数传递

我们知道当调用一个有参函数函数时，主调函数把实参的值传送给被调函数的形参从而实现主调函数向被调函数的数据传送。传送的方式值传递和地址传递有两种。

6.3.1　值传递

值传递是把实参的值传送给形参，而不能把形参的值反向地传送给实参。因此在函数调用过程中，形参的值发生改变，而实参中的值不会变化。值传递是单向的。当形参为简单变量时，实参和形参的数据传递属于值传递。

【例6.3】实参和形参的值传递。

```c
#include <stdio.h>
void main()
{
    void fun(int x,int y);   /*fun()函数声明*/
    int x=10,y=15;
    fun(x,y);                /*调用函数 fun()*/
    printf("在主函数中 x=%d,y=%d",x,y);
}

void fun(int x,int y)        /*fun()函数定义*/
{
    int k=x+y;
    x=k-x;y=k-y;             /*交换 x，y 的值*/
    printf("\n 在 fun()函数中 x=%d,y=%d\n",x,y);
}
```

运行结果：

```
在 fun()函数中 x=15,y=10
在主函数中 x=10,y=15
```

分析：由于 main()和 fun()是两个不同的函数，在不同函数中可以使用相同的变量名。首先执行 main()函数并且 x=10,y=15，执行到 fun(x,y)（实为 fun(10,15)），此时将 10 和 15 分别赋予 fun()函数的 x 和 y，转而执行 fun()函数各语句，在 fun()函数中，输出结果"在 fun()函数中 x=15,y=10"，执行完 fun()函数中各语句，返回到 main()函数，执行 fun(x,y)的下一条语句，输出结果"在主函数中 x=10,y=15"可以看出，在 fun()函数中，x 和 y 的值发生了改变，但这种改变并没有影响实参的值，实参的值仍为原值即 x=10，y=15。这说明当形参为简单变量时，实参将值传递给形参，而且这种传递是单向的，形参值的改变不会影响实参的值。图 6-1 描述了值传递情况。

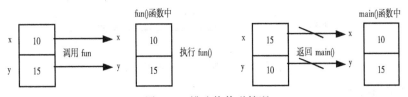

图 6-1　描述值传递情况

6.3.2　地址传递

函数调用时可以把实参的值传递给形参，也可以把实参的地址传递给形参，这样形参和实参指向同一块内存区域，形参所指内存区域的内容发生变化，实参也得到变化后的内容。但要注意实参和形参均为指针或数组名。

【例6.4】实参和形参的地址传递。

```
#include <stdio.h>
void main()
{    void fun(int *x,int *y);  /*fun()函数声明*/
     int x=10,y=15;
     fun(&x,&y);                  /*调用函数 fun()。使用 x, y 的地址作实参*/
     printf("\n 在内存中 x 的地址: %x,x 的值为: %d\n",&x,x);
     printf("\n 在内存中 y 的地址: %x,y 的值为: %d\n",&y,y);
}
void fun(int *a,int *b)     /*fun()函数定义*/
{
     int k;
     k=*a,*a=*b,*b=k;            /*交换指针变量 a,b 所指单元的值*/
     printf("\n 指针变量 a 的值: %x,a 所指单元的值为: %d\n",a,*a);
     printf("\n 指针变量 b 的值: %x,b 所指单元的值为: %d\n",b,*b);
}
```

运行结果:

```
指针变量 a 的值: 12ff7c,a 所指单元的值为 15
指针变量 b 的值: 12ff78,b 所指单元的值为 10
在内存中 x 的地址: 12ff7c,x 的值为 15
在内存中 y 的地址: 12ff78,y 的值为 10
```

分析:首先执行 main()函数并且 x=10,y=15,执行到 fun(&x,&y),将变量 x 和 y 的地址分别赋予 fun()函数的指针变量 a 和 b,转而执行 fun()函数各语句,在 fun()函数中,指针变量 a 和 b 所指内存单元的值进行了交换。由于指针变量 a 和变量 x 指向同一块内存区域,所以指针变量 a 的值与变量 x 的地址值相同均为 12ff7c,它们所指内存单元中的值也相同均为 15,对于指针变量 b 和变量 y 也有同样的结果。图 6-2 描述了地址传递情况。

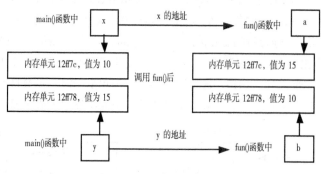

图 6-2   地址传递示意图

6.3.3   数组作函数参数

数组可以作为函数的参数使用,进行数据传送。数组用做函数参数有两种形式,一种是把数组元素(下标变量)作为实参使用;另一种是把数组名作为函数的形参和实参使用。

1.   数组元素作函数实参

数组元素就是下标变量,它与普通变量并无区别。因此,它作为函数实参使用与普通变量是完全相同的,在发生函数调用时,把作为实参的数组元素的值传送给形参,实现单向的值传送。

【例6.5】判别一个整数数组中各元素的值,若小于 0 则输出该值,若大于等于 0 则输出 0 值。

分析：本程序中定义函数 void pzf(int v)，根据 v 值输出相应的结果。在 main()函数中用一个 for 语句输入数组各元素，每输入一个就以该数组元素作实参调用一次 pzf()函数，即把 a[i]的值传送给形参 v，供 pzf()函数使用。

源程序如下：

```c
#include <stdio.h>
void pzf(int v)
{
    if(v<0)
        printf("%d  ",v);
    else
        printf("%d  ",0);
}
void main()
{
    int a[5],i;
    printf("\n请输入 5 个数:");
    for(i=0;i<5;i++)
    {   scanf("%d",&a[i]);
        pzf(a[i]);/*数组元素 a[i]作实参，将 a[i]的值传给 pzf 中的变量 v*/
    }
}
```

运行结果：

请输入 5 个数: <u>5 7 -2 -3 4</u>↙
0 0 -2 -3 0

2. 一维数组名作为函数参数

在用数组名作函数参数时，不是进行值的传送，即不是把实参数组的每一个元素的值都赋予形参数组的各个元素。而是把实参数组的首地址赋予形参数组名，形参数组名取得该首地址之后，也就等于有了实参的数组。实际上形参数组和实参数组为同一数组，共同拥有同一段内存空间。

注意：用数组名作函数参数时，要求形参和相对应的实参都必须是类型相同的数组，都必须有明确的数组说明。当形参和实参二者不一致时，即会发生错误。

【例 6.6】 编写函数，对输入的 10 个字符按照从小到大的顺序排列。

分析：我们准备编写两个函数，在主函数中完成字符的输入和排序后字符的输出，在 sort()函数中完成对字符的排序。函数原型为 void sort(char a[],int m)，其功能是对一串字符排序，为了使该函数具有一定的通用性，字符的个数设一个变量 m 来存储，这种方法希望大家掌握。

源程序如下：

```c
#include <stdio.h>
#include <string.h>
void main()
{
    void sort(char a[],int m);  /*函数声明*/
    char p[10];int i;
    printf("输入 10 个字符:\n");
    gets(p);
    sort(p,10);                 /*调用排序函数 sort,10 为字符个数传给 sort 中的 m*/
    printf("排序结果:\n");
```

```
        for(i=0;i<10;i++)
            printf("%c",p[i]);
    }
    void sort(char a[],int m)  /*函数定义，a 为字符数组名，m 存放字符个数*/
    {   int  i,j;
        char c;
        for(i=0;i<m-1;i++)
            for(j=0;j<m-i-1;j++)
                if(a[j]>a[j+1])
                    c=a[j],a[j]=a[j+1],a[j+1]=c;
    }
```

运行结果：

输入 10 个字符: adcbfehgtz
排序结果:
abcdefghtz

由于调用 sort()函数后，p 和 a 指向同一块内存区域，所以在 sort()函数中对字符串排序后，主调函数中得到了排序后的结果，或者称形参的改变会使实参同样改变。

p[0]	p[1]	p[2]	p[3]	p[4]	p[5]	p[6]	p[7]	p[8]	p[9]
a	b	c	d	e	f	g	h	t	z
a[0]	a[1]	a[2]	a[3]	a[4]	a[5]	a[6]	a[7]	a[8]	a[9]

另外，形参和实参可以同为数组名、指向数组的指针，也可以形参为数组名，实参为指向数组的指针；或者形参为指向数组的指针，实参为数组名。

【例6.7】对 10 个字符从小到大排序，形参为字符指针，实参为字符数组名。

源程序如下：

```
        #include <stdio.h>
        #include <string.h>
        void main()
        {
            void sort(char *a,int m);    /*函数声明*/
            char  p[10];int i;
            printf("输入 10 个字符:\n");
            gets(p);
            sort(p,10);
            /*调用排序函数 sort，10 为字符个数传给 sort 中的 m*/
            printf("排序结果:\n");
            for(i=0;i<10;i++)
                printf("%c",p[i]);
        }
        void sort(char *a,int m)              /*函数定义，a 为字符指针，m 存放字符个数*/
        {   int  i,j;
            char c;
            for(i=0;i<m-1;i++)
                for(j=0;j<m-i-1;j++)
                    if(a[j]>a[j+1])
                        c=a[j],a[j]=a[j+1],a[j+1]=c;
        }
```

【**例 6.8**】对 10 个字符从小到大排序，形参和实参均使用字符指针。

源程序如下：

```
#include <stdio.h>
#include <string.h>
void main()
{
    void sort(char *a,int m);     /*函数声明*/
    char a[10];                   /*定义字符数组 a*/
    char *p=a;int i;              /*定义字符指针 p 指向字符数组 a*/
    printf("输入 10 个字符:\n");
    gets(p);
    sort(p,10);
    /*调用 sort()函数，p 为字符指针，10 为字符个数传给 sort 中的 m*/
    printf("排序结果:\n");
    for(i=0;i<10;i++)
        printf("%c",p[i]);
}
void sort(char *a,int m)          /*函数定义，a 为字符指针，m 存放字符个数*/
{   int i,j;
    char c;
    for(i=0;i<m-1;i++)
        for(j=0;j<m-i-1;j++)
            if(a[j]>a[j+1])
                c=a[j],a[j]=a[j+1],a[j+1]=c;
}
```

【**例 6.9**】对 *n* 个字符(以实际输入的个数为准)从小到大排序，形参为数组名，实参为字符指针。

分析：假定输入字符数不超过 100，因为输入的字符个数未知，所以在主函数中要设计一个计数器统计实际输入的字符个数，再调用排序函数 sort()，完成排序。

源程序如下：

```
#include <stdio.h>
#include <string.h>
void main()
{
    void sort(char a[],int m);   /*函数声明，其中 a 为字符指针，m 为字符个数*/
    char s[100];                 /*定义字符数组 s*/
    char *p=s;                   /*定义字符指针 p 指向字符数组 s*/
    int i;
    int n=0;                     /*n 用来存放实际输入的字符个数*/
    printf("输入若干个字符，不超过 100 个，按回车键结束:\n");
    gets(s);
    n=strlen(p);                 /*求实际输入的字符个数存放在 n 中*/
    p=s;                         /*调用 sort()函数前初始化字符指针 p*/
    sort(p,n);
    /*调用 sort()函数，p 为字符指针，n 为字符个数传给 sort 中的 m*/
    printf("共有%d 个字符，排序结果如下:\n",n);
    for(i=0;i<n;i++)
        printf("%c",p[i]);
}
```

```
void sort(char a[],int m)              /*函数定义，a为字符数组名，m存放字符个数*/
{   int i,j;
    char c;
        for(i=0;i<m-1;i++)
            for(j=0;j<m-i-1;j++)
                if(a[j]>a[j+1])
                    c=a[j],a[j]=a[j+1],a[j+1]=c;
}
```

运行结果：

> 输入若干个字符，不超过100个，按回车键结束
> cdega
> 共有5个字符，排序结果如下：
> acdeg✓

3. 多维数组名作为函数的参数

既然一维数组可以作为参数传递给函数，多维数组同样也可以作为参数。和一维数组的情况相似，也要遵循几条规则：

- 通过数组名将数组的数据传递给被调函数。
- 在函数定义中，要在数组名后加上多个[]来表示多维数组。
- 除第一维外，其他高维的长度不能省略。例如：

```
int  array[3][10]可写为int  array[][10]
```

【例6.10】求 2×3 矩阵中数据的平均值。

源程序如下：

```
#include <stdio.h>
void  main()
{
    int  average(int a[][3],int m,int n);
    int  value[][3]={{2,4,6},{8,10,12}};
     printf("矩阵的平均值为: %d",average(value,2,3));
}
int  average(int a[][3],int m,int n)
{
    int  i,j,sum=0;
     for(i=0;i<m;i++)
        for(j=0;j<n;j++)
            sum=sum+a[i][j];
    return  sum/(m*n);
}
```

运行结果：

> 矩阵的平均值为: 7

6.3.4 指针数组名作函数参数

在解决实际问题时，往往需要同时处理多个字符串。例如，电影院同期上映的电影名称查询、图书馆书目的管理等。在 C 语言中，一个字符串就是用一维的字符数组来存储的，多个字符串的存放就需要用到二维数组来实现。但在定义二维数组时，需要指定列数，即每个字符串中包含的字符个数都是相等的，这显然不合理。因为数组是静态分配方式，在分配空间时，需按照最大的

字符串长度进行分配，而不同的字符串之间长度相差很大，这样就会造成内存单元的浪费。

　　使用指针数组，可以使得数组中的每个指针变量指向不等长的多个字符串，从而解决了上面的问题。

　　【例 6.11】将多个字符串按字典顺序输出。

　　源程序如下：

```c
#include <stdio.h>
#include <string.h>
void  sort(char *name[],int n);
void  print(char *name[],int n);
void  main()
{
    char  *name[3]={"New Zealand","Australia","China"};
    int  n=3;
    sort(name,n);
    print(name,n);
}
void  sort(char *name[],int n)
{
    char  *temp;
    int  i,j,k;
    for(i=0;i<n-1;i++)
        {k=i;
        for(j=i+1;j<n;j++)
            if(strcmp(name[k], name[j])>0)  k=j;
        if(k!=i){temp=name[i];name[i]=name[k];name[k]=temp;}
        }
}
void  print(char *name[],int  n)
{
    int  i;
    for(i=0;i<n;i++)
        printf("%s\n",name[i]);
}
```

　　运行结果：

```
Australia
China
New Zealand
```

6.4　函数的嵌套调用和递归调用

6.4.1　函数的嵌套调用

　　前面我们已经提到，C 语言中不允许作嵌套的函数定义。因此各函数之间是平行的，不存在上一级函数和下一级函数的问题。但是 C 语言允许在一个函数的定义中出现对另一个函数的调用。这样就出现了函数的嵌套调用。既在被调函数中又调用其他函数。C 语言中，主函数可以调用其他函数，其他函数之间也可以互相调用，但主函数不可以被其他函数调用。函数的嵌套调用关系如图 6-3 所示。

　　图 6-3 表示了两层嵌套的情形。其执行过程是首先执行 main()函数，其中调用 f()函数的语句时，即转去执行 f()函数，在 f()函数中调用 g()函数时，又转去执行 g()函数，g()函数执行完毕返回

f()函数的断点继续执行，f()函数执行完毕返回 main()函数的断点继续执行，直至结束。

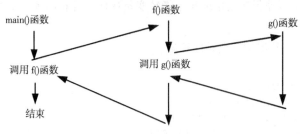

图 6-3　函数的嵌套调用

【例 6.12】计算 sum=$2^2!$ +$3^2!$。

分析：本题可编写两个函数，fun1 用来计算平方值，fun2 用来计算阶乘值。主函数中调用 fun1 计算出平方值，再在 fun1 中以平方值为实参，调用 fun2 计算其阶乘值，然后返回 fun1，再返回主函数，在循环程序中计算累加和。

源程序如下：

```c
#include <stdio.h>
long fun1(int p);
long fun2(int q);
long fun1(int p)          /*函数定义，因涉及阶乘数较大，返回值为 long 或 double*/
{
    int k;
    long r;              /*r 存放因阶乘数很大，所以定义为 long，甚至可以为 double*/
    k=p*p;
    r=fun2(k);           /*在 fun1 中，调用 fun2，程序转去执行 fun2*/
    return r;            /*返回到调用 fun1 的 main()函数*/
}
long fun2(int q)          /*求 q!，因数值大，返回值为 long 或 double*/
{
    long c=1;            /*因阶乘数很大，所以定义为 long，甚至可为 double*/
    int i;
    for(i=1;i<=q;i++)
        c=c*i;
    return c;  /*返回到调用 fun2 的 fun1 函数*/
}

void main()
{
    int i;
    long sum=0;              /*因 sum 为累加变量，一定要有合适的初始值！！！*/
    for(i=2;i<=3;i++);      /*调用两次 fun1 函数，求出 2!²+3!²*/
        sum=sum+fun1(i);
    printf("\nsum=%ld\n",s); /*输出 2²! +3²!的值*/
}
```

运行结果：

```
sum=362904
```

6.4.2　函数的递归调用

一个函数在它的函数体内直接调用它自身或通过其他函数间接调用它自身称为递归调用。这种函数称为递归函数。C语言允许函数的递归调用。在递归调用中，主调函数同时又是被调函数。执行递归函数将反复调用其自身，每调用一次就进入新的一层。

例如，有函数 f()定义如下：

```
int f(int x)
{
    int y,z;
    z=f(y);/*在函数体内调用 f 自身*/
    return z;
}
```

f()函数的函数体内直接调用 f 自身，f 是一个递归函数。

再如，有 h()，g()两个函数：

```
int h(int x)                    int g(int y)
{                               {
    int z;                          int i;
    z=g(x);                         i=h(x);
    return(z);                      return(i);
}                               }
```

h()函数调用 g()函数，而 g()函数又调用 h()函数，这样 h()函数通过 g()函数间接调用了其自身，h 是一个递归函数。

上述的 f 和 h 两个函数，都是递归函数。但是运行该函数将无止境地调用其自身，这当然是不正确的。为了防止递归调用无终止地进行，必须在函数内有终止递归调用的手段。常用的办法是加条件判断，满足某种条件后就不再作递归调用，然后逐层返回。下面举例说明递归调用的执行过程。

【例 6.13】用递归法计算 n!

分析：用递归法计算 n!可用下述公式表示。

```
n!=1           (n=0,1)
n!=n×(n-1)!   (n>1)
```

假如 n! 定义为一个函数 fun(x)，则上式可表示为 fun(n)=n*fun(n-1)

依此类推有：

```
fun(n-1)=(n-1)*fun(n-2)
fun(n-2)=(n-2)*fun(n-1)
...
fun(2)=2*fun(1)
```

恰为 fun()函数的递归调用。据此程序可写为：

```
#include <stdio.h>
long fun(int n)          /*递归函数*/
{
    long f;              /*f 用来存放 n!的值*/
    if(n<0) printf("n<0,Data error");
    else if(n==0||n==1) f=1;
    else f=fun(n-1)*n;
    return(f);           /*将 n!的值返回到调用 fun 的函数处*/
}
void main()
{   int n;
    long y;
    printf("\n请输入一个整数:");
    scanf("%d",&n);
```

```
        y=fun(n);              /*调用 fun()函数，求 n! */
        printf("\n%d!=%ld",n,y);
    }
```

运行结果：

请输入一个整数: 4↙
4!=24

下面以 4! 为例说明递归函数的执行过程：

第一步：函数展开

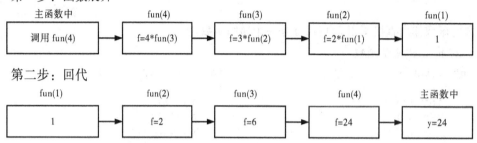

第二步：回代

从此例可见，编写递归函数关键要找出递归规律，写出递归公式，在函数体内用 if 语句控制递归调用为有限次调用。在函数体内可以根据需要定义一个变量用来存储函数的值。

许多问题既可以用递归的方法求解，也可以用循环结果求解，如上例阶乘的算法就是如此。一般来说，递归程序结构清晰、简单，但因为递归程序在目标代码中是通过堆栈实现的，所以很难事先估计需要的存储量，执行速度也比较慢。但有些算法很难用通常的循环结构实现。典型的问题是 Hanoi 塔问题。

【例6.14】Hanoi 塔问题。

一块板上有三根针，A、B、C。A 针上套有 64 个大小不等的圆盘，大的在下，小的在上。要把这 64 个圆盘从 A 针移动 C 针上，每次只能移动一个圆盘，移动可以借助 B 针进行。但在任何时候，任何针上的圆盘都必须保持大盘在下，小盘在上。求移动的步骤。

通过分析可以看出，将 n 个圆盘由 A 移动到 C 上可以分解为以下几个步骤：

第一步把 A 上的 n–1 个圆盘借助 C 移到 B 上。

第二步把 A 上的一个圆盘移到 C 上。

第三步把 B 上的 n–1 个圆盘借助 A 移到 C 上。

其中第一步和第三步是类似的，显然这是一个递归过程。当 n=1 时，直接将 A 上的盘子移动到 C；当 n=2 时，需移动 3 次，先将 A 上盘子移动到 B，再将 A 上的盘子移动到 C，最后将 B 上的盘子移动到 C。据此算法程序代码如下：

```
#include <stdio.h>
void move(int n,int x,int y,int z)
/*n 为盘子数，x，y，z 为三根针，将 x 移动到 z*/
{
    if(n==1)    printf("%c-->%c\n",x,z);
    else
    {   move(n-1,x,z,y);
            printf("%c-->%c\n",x,z);
        move(n-1,y,x,z);
    }
}
void main()
```

```
{
    int num;/*A 盘上的圆盘数*/
    printf("\n 请输入盘子数:");
    scanf("%d",&num);
    printf("移动 %2d 个盘子的步骤:\n",num);
    move(num,'A','B','C');
}
```

从程序中可以看出，move()函数是一个递归函数，它有 4 个形参 n、x、y、z。n 表示圆盘数，x、y、z 分别表示 3 根针。move()函数的功能是把 x 上的 n 个圆盘移动到 z 上。当 n=1 时，直接把 x 上的圆盘移至 z 上，输出 x→z。如果 n≠1 则分为 3 步：递归调用 move()函数，把 n−1 个圆盘从 x 移到 y；输出 x→z；递归调用 move()函数，把 n−1 个圆盘从 y 移到 z。在递归调用过程中 n=n−1，故 n 的值逐次递减，最后 n=1 时，终止递归，逐层返回。

当 n=3 时程序运行的结果如下：

```
请输入盘子数: 3
移动 3 个盘子的步骤:
A→C
A→B
C→B
A→C
B→A
B→C
A→C
```

6.5　变量的作用域和存储类别

6.5.1　变量的作用域

在讨论函数的形参变量时曾经提到，形参变量只在被调用期间才分配内存单元，调用结束立即释放。这一点表明形参变量只有在函数内才是有效的，离开该函数就不能再使用了。这种变量有效性的范围称为变量的作用域。不仅对于形参变量，C 语言中所有的量都有自己的作用域。C 语言中的变量，按作用域范围可分为两种，即局部变量和全局变量。

1. 局部变量

局部变量也称为内部变量。局部变量是指在函数内定义说明的变量。其作用域仅限于函数内，离开该函数后再使用这种变量是非法的。例如：在主函数中 a、b、c 非法。

```
int  f1(int a)
{                        ⎫
    int b,c;             ⎬  a,b,c 的有效范围
    …                    ⎭
}
}
void main()
{                        ⎫
    int m,n;             ⎬  a,b,c 的有效范围
    f1(m)                ⎭
}
```

关于局部变量的作用域还要说明以下几点：
- 主函数中定义的变量只能在主函数中使用，不能在其他函数中使用。同时，主函数中也不

能使用其他函数中定义的变量。因为主函数也是一个函数，它与其他函数是平行关系。这一点应予以注意。

- 形参变量的作用域为被调函数。如 f1 中的 a，实参变量的作用域为主调函数。如 main()函数中的 m。
- 在不同的函数中可以使用相同的变量名，因为它们在内存中占不同的单元，互不干扰，也不会发生混淆。如 f1 和 f2 中都有 c。
- 在复合语句中也可定义变量，但只在复合语句范围内有效。例如，变量 d 的有效范围是复合语句。

```
void main()
{
    int a,b,c;
    {int d;          ⎫变量 d 的有效范围  ⎫变量 a,b,c 的有效范围
                     ⎭                  ⎪
    }                                   ⎭
}
```

2. 全局变量

全局变量也称为外部变量，它是在所有函数外部定义的变量。其作用域是整个源程序。在函数中使用全局变量，一般应作全局变量说明。只有在函数内经过说明的全局变量才能使用。全局变量的说明符为 extern。但在一个函数之前定义的全局变量，在该函数内使用可不再加以说明。

【例 6.15】全局变量的定义和声明。

源程序如下：

```
#include <stdio.h>
int a=20;                    /*a 为全局变量*/
void main()
{
    extern d;                /*d 为全局变量，因定义在后，所以应说明*/
    int b=15,c;
    c=a+b+d;                 /*a 为全局变量，因定义在前，所以直接使用*/
    printf("a=%d,b=%d,c=%d,d=%d",ab,c,d);
}
int d=30;                    /*d 为全局变量*/
```

运行结果：

```
a=20,b=15,c=65,d=30
```

如果同一个源文件中，外部变量与局部变量同名，则在局部变量的作用范围内，外部变量被"屏蔽"，即它不起作用。

【例 6.16】全局变量的屏蔽。

源程序如下：

```
#include <stdio.h>
int a=13,b=5;                /*a，b 为全局变量*/
int max(int a,int b)         /*a，b 为局部变量*/
{
    int c;
    c=a>b?a:b;
    return(c);
}
```

```
void main()
{
    int a=8;                    /*全局变量 a=13 在主函数中不起作用*/
    printf("%d\n",max(a,b));
}
```

运行结果：

```
8
```

说明：程序中首先定义了全局变量 a=13，b=5，而在主函数中又定义了与全局变量同名的变量 a=8，根据规则在主函数中 a=8，调用 max()函数时，实际上为 max(8,5)，最后结果为 8。

【例 6.17】用全局变量的方法求两个正整数的最大公约数和最小公倍数。

分析：我们定义函数 int gygb(int x, int y)求两个正整数的最大公约数和最小公倍数，定义全局变量 GB 存储最小公倍数，这样调用 gygb()函数后，得到最大公约数和最小公倍数两个返回结果。

源程序如下：

```
#include <stdio.h>
int GB;
int gygb(int x,int y)                    /*求 m 和 n 的最大公约数和最小公倍数*/
{
    int i;
    if(x>y) i=y;
    else i=x;
    for(;i>=1;i--)
        if(x%i==0&&y%i==0) break;    /*i 为最大公约数*/
    GB=x*y/i;                        /*x 和 y 的最小公倍数*/
    return i;
}
void main()
{
    int m,n;
    printf("\n 请输入两个整数: ");
    scanf("%d%d",&m,&n);
    printf("\n%d 和%d 的最大公约数为: %d\n",m,n,gygb(m,n));
    printf("\n%d 和%d 的最小公倍数数为: %d\n",m,n,GB);
}
```

运行结果：

```
请输入两个整数: 4  6
4 和 6 的最大公约数为: 2
4 和 6 的最小公倍数为: 12
```

由于变量 GB 为全局变量，所以在 gygb()函数和主函数中均可使用，调用 gygb()函数就得到了两个返回值，初学者感觉很方便。但在实际编写程序，一般建议在不必要的时候尽量不使用全局变量，原因如下：

- 全局变量在程序执行的全部过程中都占有内存单元，而不是仅在需要的时候才分配空间，造成一定内存空间的浪费。
- 函数在执行过程中，依赖于源程序文件中的全局变量，这样当函数移植到别的源程序时降低了函数的通用性。全局变量使得函数之间产生了实际的数据的联系，使得函数间的相互影响增大，破坏了模块化程序设计的思想。
- 由于各个函数在执行中都可能改变全局变量的值，使得程序员很难判断出全局变量的当前值，造成了程序数据的混淆。使用过多的全局变量，会降低程序的清晰性。

6.5.2 变量的存储类别

前面我们已经介绍，从变量的作用域角度来分，变量可分为全局变量和局部变量。而从变量值存在的时间角度来分，可分为静态存储变量和动态存储变量。

内存中供用户使用的存储空间可分为用户区（存放可执行程序的机器指令）；静态存储区（存放需要占用固定存储单元的变量）；动态存储区（存放不需要占用固定存储单元的变量），即在程序运行期间根据需要进行动态的分配存储空间。

数据分别存放在静态存储区和动态存储区中。全局变量存放在静态存储区中，在程序执行过程中，它们占据固定的存储单元。而函数形参变量、局部变量（未加 static 说明的局部变量，即自动变量）、函数调用时的现场保护和返回地址等存放在动态存储区。

在 C 语言中，每个变量和函数有数据类型和存储类型两个属性。而变量和函数的数据类型我们在前面已经做了介绍，本节介绍变量的存储类型。

变量的存储类型有自动（auto）、静态（static）、外部（extern）和寄存器（register）4 种。

1. 局部变量的存储方式

局部变量的存储方式有自动（auto）、静态（static）和寄存器（register）3 种。

- 自动变量：在函数中定义的变量和形参，用关键字 auto 作为存储类型说明或省略存储类型的，称为自动变量。自动变量存储在动态存储区中。自动变量若没有初始化，是一个不定值，函数调用结束后释放其所占用的内存空间，其值不保留。

- 静态局部变量：在函数中定义的变量，用关键字 static 加以说明，称为静态局部变量。静态局部变量存储在静态存储区中。静态局部变量是在编译时赋初值的，没有初始化的静态变量，默认值为 0 或 0.0 或空，只赋一次初值，而且函数调用结束后其值保留。

【例 6.18】打印 1～4 的阶乘值。

源程序如下：

```
int fac(int n)
{
    static int f=1;            /*因为需要保留 f 的值，说明为静态局部变量*/
    f=f*n;
    return(f);
}

void main()
{
    auto int i;                /*i 为自动变量，也可省略 auto 写为 int  i;*/
    for(i=1;i<=4;i++)
        printf("%d!=%d\n",i,fac(i));
}
```

- 寄存器变量：C 语言允许将局部变量的值存放在 CPU 中的寄存器中，这种变量叫"寄存器变量"，用关键字 register 作声明。

【例 6.19】使用寄存器变量打印 1～4 的阶乘值。

源程序如下：

```
int fac(int n)
{
    register int i,f=1;      /*i, f 为寄存器变量*/
```

```
        for(i=1;i<=n;i++)
        f=f*i
        return(f);
    }
    void main()
    {   int i;
        for(i=0;i<=5;i++)
            printf("%d!=%d\n",i,fac(i));
    }
```

说明：只有局部自动变量和形式参数可以作为寄存器变量；一个计算机系统中的寄存器数目有限，不能定义任意多个寄存器变量；局部静态变量不能定义为寄存器变量。

2. 全局变量的存储方式

全局变量是在函数的外部定义的，编译时分配在静态存储区。

一个 C 程序可以由一个或多个源文件组成。全局变量可以只被它所在的源文件中的函数引用，定义变量时，用 static 作说明；全局变量也允许其他文件中的函数引用，定义时存储类别为 extern（可以省略），但在引用它的文件中必须用 extern 作声明。

【例 6.20】全局变量的引用。

源程序如下：

```
    file1.c:
    extern int c=5;              /*或写为 int c=5;可被其他文件引用的全局变量*/
    static int d=100;            /*全局变量 d 只能被本文件中的函数使用*/
    extern void ff();            /*声明函数 ff 是在其他文件中定义的*/
    #include <stdio.h>
    void main()
    {
        int c=2;                 /*在主函数中 c=2*/
        printf("file1:c=%d,d=%d\n",c,d);
        ff();
    }
    file2.c:
    #include <stdio.h>
    void ff()
    {
        extern int c;            /*声明变量 c 在其他文件中，或写为 extern c;*/
        printf("file2:c=%d\n",c);
    }
```

运行结果：

```
    file1:c=2,d=100
    file2:c=5
```

分析：在 file1 中定义了全局变量 c=5，d=100，其中 d 说明为 static，所以 d 只能被 file1 中的函数调用，而 c 可以被 file2 中的函数使用，在 file2 中必须用 extern 说明 c 是其他文件中定义的全局变量，c=5，在 file1 的主函数中也定义了 c，但在主函数中同名的全局变量 c 被屏蔽，所以 c=2，d=100。

可见用 static 修饰全局变量时，作用是使其作用域限制在定义它的源文件中，用 static 修饰局部变量时，作用是使其占据固定的存储单元，使用完毕不释放，保留上次的值；用 extern 修饰全局变量（extern 可以省略）可以使全局变量被其他文件中的函数引用，但在引用它的文件中要用 extern 声明，而不是重新定义。如 file2 中的 extern int c；或 extern c；应该注意。

6.6　内部函数和外部函数

根据函数是否能被其他源程序文件所调用，将函数分为内部函数和外部函数。

6.6.1　内部函数

如果某函数只能被本文件中的函数所调用，则称之为内部函数。其定义形式如下：

```
static 类型标识符　函数名([参数表])
```

例如：

```
static float mul(float x,float y){…}
```

由于内部函数是用 static 定义的，所以它又称静态函数。使用内部函数，可以使内部函数的作用域局限于本源程序文件。这样在不同的源程序文件中，可以使用相同的函数名进行函数定义，而不必担心造成干扰。

6.6.2　外部函数

如果一个函数能够被其他源程序文件所调用，称之为外部函数。其定义形式如下：

```
[extern] 类型标识符 函数名([参数列表]){…}
```

例如：

```
extern int add(int a,int b){…}
```

在 C 语言中，extern 是可以缺省的，所以前面我们所使用的函数都是外部函数。例如，上述函数的定义也可写为

```
int add(int a,int b){…}
```

当需要调用外部函数时，应该在主调函数中用 extern 对函数作出声明，表示该函数是在其他文件中定义的外部函数。声明的格式如下：

```
extern int add(int a,int b);
```

【例 6.21】二分法查找。

File1.cpp

源程序如下：

```
#include <stdio.h>
void main()
{
    extern int search(int x[],int n,int s)        /*声明 search 为外部函数*/
    int x,i,value[]={3,8,14,37,89};               /*数据一定要升序排列*/
    scanf("%d",&x);                               /*输入要查找的数据*/
    i=search( value,5,x);                         /*调用 search()函数*/
    if(i<=0) printf("%d 不存在\n",x);
    else printf("%d 的位置是 %d. ",x,i);          /*i 为下标，从 0 开始*/
}
```

File2.cpp

源程序如下：

```
#include <stdio.h>
int search(int x[],int n,int s)
```

```
    {
        int low,high,mid;
        low=0;
        high=n-1;
        while(low<=high)
        {   mid=(low+high)/2;
            if(x[mid]==s)  break;
                else if(x[mid]<s)  low=mid+1;
                else high=mid-1;
        }
        if(low<=high)  return  mid;
        else  return  0;
    }
```

分析：在本例中有两个源文件 file1.cpp 和 file2.cpp，函数 search() 位于 file2.cpp 中，从 search() 函数定义的首部可以看出它是一个外部函数，可以被其他源文件中的函数调用，在 file1 文件中包含主函数，主函数中调用了 search() 函数，需要注意的是，在主调函数必须有外部函数的声明语句，extern int search(int x[], int n, int s)；此时关键字 extern 是不能省略的（函数定义时可以省略）。二分法查找的算法前面已经介绍，在此不再重复。

6.7 带参数的 main() 函数

在以前的例子中，main() 函数的形式参数列表都是空的。实际上，main() 函数也可以带参数。带参数 main() 函数的定义格式如下：

```
    void main(int argc,char *argv[])
    {
        ...
    }
```

argc 和 argv 是 main() 函数的形式参数。这两个形式参数的类型是系统规定的。如果 main() 函数要带参数，就是这两个类型的参数；否则 main() 函数就没有参数。变量名称 argc 和 argv 是常规的名称，当然也可以换成其他名称。

由于 main() 函数不能被其他函数调用，因此不可能在程序内部取得实际值。那么，在何处把实参值赋予 main() 函数的形参呢？实际上，main() 函数的参数值是从操作系统命令行上获得的。当我们要运行一个可执行文件时，在 DOS 提示符下输入文件名，再输入实际参数即可把这些实参传送到 main() 的形参中去。

DOS 提示符下命令行的一般形式如下：

　　　C:\>可执行文件名　参数　参数…

但是应该特别注意的是，main() 的两个形参和命令行中的参数在位置上不是一一对应的。因为 main() 的形参只有二个，而命令行中的参数个数原则上未加限制。argc 参数表示了命令行中参数的个数（注意：文件名本身也算一个参数），argc 的值是在输入命令行时由系统按实际参数的个数自动赋予的。

【例 6.22】用同一程序实现文件的加密和解密。约定：程序的可执行文件名为 lock.exe，其用法为 lock +|– <被处理的文件名>，其中"+"为加密，"–"为解密。

源程序如下：

```c
#include <stdio.h>
main(int argc,char *argv[])
{
    char c;
    if (argc!=3) printf("参数个数不对! \n");
    else
    {
      c=*argv[1];              /*截取第二个实参字符串的第一个字符*/
      switch(c)
      {
          case '+':            /*执行加密*/
          {                    /*加密程序段*/
              printf("执行加密程序段。\n");
          }
           break;
          case '-':            /*执行解密*/
          {                    /*解密程序段*/
              printf("执行解密程序段。\n");
          }
           break;
           default: printf("第二个参数错误! \n");
          }
      }
    }
```

假如上述程序经编译、链接后生成的可执行文件在 C 盘的根目录下名为 lock.exe（否则经过重命名和复制在 C 盘根目录下有 lock.exe 文件），则可按照如下步骤运行 lock.exe 文件：

- 选择"开始"→"程序"→"附件"→"命令提示符"命令，打开"命令提示符"窗口。
- 在光标后输入 C：↙（将 C 盘置为当前盘）。
- 在光标后输入 CD \↙（将根目录置为当前目录）。
- 在 C:\>loca + 1.txt （执行 loak 文件，共 3 个参数）。

执行加密程序段。

C:\>

程序说明：

- 形参 argc 是命令行中参数的个数（可执行文件名本身也算一个）。

在本例中，形参 argc 的值为 3（lock、+|-、文件名）。

- 形参 argv 是一个字符指针数组，即形参 argv 首先是一个数组（元素个数为形参 argc 的值），其元素值都是指向实参字符串的指针。

在本例中，元素 argv[0]指向第 1 个实参字符串"lock"，元素 argv[1] 指向第 2 个实参字符串"+|-"，元素 argv[2]指向第 3 个实参字符串"被处理的文件名"。

6.8 编译预处理

6.8.1 概述

在前面各章中，已多次使用过以"#"号开头的预处理命令。如包含命令# include，宏定义命令# define 等。在源程序中这些命令都放在函数之外，而且一般都放在源文件的开头，它们称为预处理部分。

　　所谓预处理是指在进行编译的第一遍扫描（词法扫描和语法分析）之前所做的工作。预处理是 C 语言的一个重要功能，它由预处理程序负责完成。当对一个源文件进行编译时，系统将自动引用预处理程序对源程序中的预处理部分做处理，处理完毕再进入编译过程。预处理过程读入源代码，检查包含预处理指令的语句和宏定义，并对源代码进行响应的转换。预处理过程还会删除程序中的注释和多余的空白字符。

　　C 语言提供了多种预处理功能，如宏定义、文件包含、条件编译等。合理使用预处理功能编写的程序便于阅读、修改、移植和调试，也有利于模块化程序设计。本节介绍常用的几种预处理功能。

6.8.2　宏定义

　　在 C 语言源程序中允许用一个标识符来表示一个字符串，称为宏。被定义为宏的标识符称为宏名。在编译预处理时，对程序中所有出现的宏名都用宏定义中的字符串去代换，这称为宏代换或宏展开。

　　宏定义是由源程序中的宏定义命令完成的。宏代换是由预处理程序自动完成的。在 C 语言中，宏分为有参数和无参数两种。下面分别讨论这两种宏的定义和调用。

1. 无参宏定义

　　无参宏的宏名后不带参数。其定义的一般形式如下：

　　　　#define 标识符 字符串

　　其中，"#"表示这是一条预处理命令。凡是以"#"开头的均为预处理命令。"define"为宏定义命令。"标识符"即所定义的宏名。"字符串"可以是常数、表达式、格式串等。

　　在前面介绍过的符号常量的定义就是一种无参宏定义。此外，还经常对程序中反复使用的表达式进行宏定义。例如：

　　　　#define M (y*y+3*y)

　　定义 M 为表达式（y*y+3*y）。在编写源程序时，其中所有的（y*y+3*y）都可由 M 代替，而对源程序作编译时，将先由预处理程序进行宏代换，即用（y*y+3*y）表达式去置换所有的宏名 M，然后再进行编译。

　　【例 6.23】无参宏定义

```
#include <stdio.h>
#define M(y*y+3*y)
void main()
{
    int s,y;
    printf("Input a number: ");
    scanf("%d",&y);
    s=3*M+4*M+5*M;
    printf("S=%d\n",s);
}
```

运行情况：

```
Input a number: 1↙
S=48
```

上例程序中首先进行宏定义，定义 M 表示表达式（y*y+3*y），在 s=3*M+4*M+5*M 中使用了宏 M。在预处理时经宏展开后该语句变为

```
s=3*(y*y+3*y)+4(y*y+3*y)+5(y*y+3*y);
```

但要注意的是，在宏定义中表达式(y*y+3*y)两边的括号不能少。否则会发生错误。

若宏定义改为

```
#difine M y*y+3*y
```

在宏展开时将得到下面语句：

```
s=3*y*y+3*y+4*y*y+3*y+5*y*y+3*y;
```

显然与原题意要求不符，计算结果当然是错误的（y 输入 1 时，S= 21）。因此在宏定义时必须十分注意，应保证在宏代换之后不发生错误。

对于宏定义还要说明以下几点：

① 宏定义是用宏名来表示一个字符串，在宏展开时又以该字符串取代宏名，这只是一种简单的代换。字符串中可以含任何字符，可以是常数，也可以是表达式，预处理程序对它不作任何检查。如有错误，只能在编译已被宏展开后的源程序时发现。

② 宏定义不是说明或语句，在行末不必加分号，如果加上分号则连分号也一起置换。

③ 宏定义必须写在函数之外，其作用域默认从宏定义命令起到源程序结束。如果要终止其作用域可使用# undef 命令。例如：

```
#define PI 3.14159
#include <stdio.h>
void main()
{
    ...
}
#undef PI
void f1()
{
    ...
}
```

表示 PI 只在 main()函数中有效，在 f1()函数中无效。

④ 宏名在源程序中若用引号括起来，则预处理程序不对其作宏代换。例如：

```
#define OK 100
void main()
{
    printf("OK");
    printf("\n");
}
```

上例中定义宏名 OK 表示 100，但在 printf 语句中 OK 被引号括起来，因此不作宏代换。程序的运行结果为 OK，这表示把"OK"依然作为字符串来处理。

⑤ 宏定义允许嵌套，即在宏定义的字符串中还可以使用已经定义的宏名。在宏展开时由预处理程序层层代换。例如：

```
#define PI 3.1415926
#define S PI*r*r          /*PI 是已定义的宏名*/
```

对于语句：

```
printf("%f",S);
```
在宏代换后变为
```
printf("%f",3.1415926*r*r);
```
⑥ 习惯上宏名用大写字母表示，以便与变量区别。但也允许用小写字母。

⑦ 可用宏定义表示数据类型，使书写方便。例如：
```
#define STU struct stu
```
在程序中可用 STU 作变量说明：
```
STU body[5], *p;
```
应注意用宏定义表示数据类型和用 typedef 定义数据类型说明符的区别。宏定义只是简单的字符串代换，在预处理阶段完成。而 typedef 是在编译时处理的，它不是做简单的代换，而是对类型说明符重新命名，被命名的标识符具有类型定义功能。请看下面的例子：
```
#define PINT1 int*
typedef (int*) PINT2;
```
从形式上看两者相似，但在实际使用中却不相同。下面用 PINT1 和 PINT2 定义变量时就可以看出它们的区别：PINT1 a, b;，在宏代换后变成 int *a, b;，表示 a 是指向整型的指针变量，而 b 是整型变量。而 PINT2 a, b;，表示 a, b 都是指向整型的指针变量。因为 PINT2 是一个类型说明符。由这个例子可见，宏定义虽然也可表示数据类型，但毕竟是作字符代换。在使用时要格外小心，以避免出错。

⑧ 对数据输出格式做宏定义，可以减少书写麻烦。

【例 6.24】利用宏定义输出格式。

源程序如下：
```
#include <stdio.h>
#define PF printf
#define D "%d\n"
#define F "%f\n"
void main()
{
    int a=5,c=8,e=11;
    float b=3.8,d=9.7,f=21.08;
    PF(D F,a,b);
    PF(D F,c,d);
    PF(D F,e,f);
}
```
运行情况如下：
```
5
3.8
8
9.7
11
21.08
```
⑨ 宏定义是专用预处理命令，不同于定义或说明变量，只用做字符代换，不分配内存空间。

2. 带参宏定义

C 语言允许宏带有参数。宏定义中的参数称为形式参数，宏调用中的参数称为实际参数。在调用带参数的宏时，不仅要宏展开，而且要用实参去代换形参。

带参宏定义的一般形式如下：

```
#define 宏名(形参表) 字符串
```

其中，"字符串"中应该含有各个形参。

带参宏调用的一般形式如下：

```
宏名(实参表);
```

例如：

```
#define M(y) y*y+3*y        /*宏定义*/
...
k=M(5);                     /*宏调用*/
...
```

在宏调用之前，首先由预处理程序将其展开为 y*y+3*y，然后再用实参 5 去替代形参 y。因此上述赋值表达式经预处理宏展开后的最终形式为：k=5*5+3*5。

【例 6.25】带参宏定义。

源程序如下：

```
#include <stdio.h>
#define MAX(a,b) (a>b)?a:b
void main()
{
    int x,y,max;
    printf("Input two numbers: ");
    scanf("%d%d",&x,&y);
    max=MAX(x,y);
    printf("Max=%d\n",max);
}
```

运行情况：

```
Input two numbers: 28  36↙
Max=36
```

上例程序的第一行进行带参宏定义，用宏名 MAX 表示条件表达式(a>b)?a:b，形参 a、b 均出现在条件表达式中。程序第 8 行含有宏调用 MAX(x,y)，宏展开时实参 x、y 将依次代换形参 a 和 b。宏展开后该语句为：max=(x>y)?x:y;，用于计算 x 和 y 中的大数。

对于带参宏定义有以下几个问题需要说明：

① 带参宏定义中，宏名和形参表之间不能有空格出现。

例如，把#define MAX(a,b) (a>b)?a:b 写为#define MAX (a,b) (a>b)?a:b，将被认为是无参宏定义，宏名 MAX 代表字符串 (a,b) (a>b)?a:b。

宏展开时，宏调用语句 max=MAX(x,y); 将变为 max=(a,b) (a>b)?a:b(x,y);，这显然是错误的。

② 在带参宏定义中，形式参数不分配内存单元，因此不必作类型定义。而宏调用中的实参有具体的值，要用它们去代换形参，因此必须做类型说明。

这与函数中的情况不同。在函数中，形参和实参是两个不同的量，各有自己的作用域，调用时要把实参值传给形参，进行"值传递"。而在带参宏中，只是符号代换，不存在值传递的问题。

③ 宏定义中的形参是标识符，而宏调用中的实参是表达式。例如：

```
#include <stdio.h>
#define SQ(y) (y)*(y)
void main()
{
    int a,sq;
    printf("Input a number: ");
```

```
        scanf("%d",&a);
        sq=SQ(a+1);
        printf("sq=%d\n",sq);
    }
```

运行情况如下：

```
    Input a numbers: 7↙
    sq=64
```

上例中第一行为宏定义，形参为 y。程序第 8 行宏调用中实参为 a+1，是一个表达式，在宏展开时，先用(y)*(y) 代换 SQ，再用 a+1 代换 y，得到如下语句：

```
    sq=(a+1)*(a+1);
```

这与函数的调用是不同的，函数调用时，先要把实参表达式的值求出来再赋予形参。而宏代换中对实参表达式不作计算直接按原样代换。

④ 在宏定义中，字符串内的形参通常要用括号括起来以避免出错。

在上例的宏定义中，表达式(y)*(y)中的 y 都用括号括起来，因此结果是正确的。如果去掉括号，把程序改为以下形式：

```
    #include <stdio.h>
    #define SQ(y) y*y
    void main()
    {
        int a,sq;
        printf("Input a number: ");
        scanf("%d",&a);
        sq=SQ(a+1);
        printf("sq=%d\n",sq);
    }
```

运行情况如下：

```
    Input a numbers: 7↙
    sq=15
```

比较以上两个程序的运行结果，同样输入7，但结果却是不一样的。问题在哪里呢？这是由于宏展开只做符号的原样代换而不做其他任何处理造成的。本例宏代换后将得到以下语句 sq=a+1*a+1;，由于 a 为 7，故 sq 的值为 15。这显然与题意相违，因此参数两边的括号是不能少的。

即使在参数两边加括号还是不够的，请看下面程序：

```
    #include <stdio.h>
    #define SQ(y) (y)*(y)
    void main()
    {
        int a,sq;
        printf("Input a number: ");
        scanf("%d",&a);
        sq=160/SQ(a+1);
        printf("sq=%d\n",sq);
    }
```

运行情况：

```
    Input a numbers: 3↙
    sq=160
```

本程序与前例相比，只把宏调用所在的语句改为 sq=160/SQ(a+1);，运行本程序。如果输入值为 3 时，希望结果为 10，但实际运行的结果为 sq=160。为什么会得这样的结果呢？分析宏调用所在的表达式，宏代换之后变为 sq=160/(a+1)*(a+1);，a 为 3 时，由于"/"和"*"运算符优先级和结合性相同，则从左向右先计算 160/(3+1)得 40，再计算 40*(3+1)，最后得 160。

为了得到正确结果，应在宏定义中的整个字符串外加括号，程序修改如下：

```c
#include <stdio.h>
#define SQ(y) ((y)*(y))
void main()
{
    int a,sq;
    printf("input a number: ");
    scanf("%d",&a);
    sq=160/SQ(a+1);
    printf("sq=%d\n",sq);
}
```

运行情况如下：

```
Input a numbers: 3✓
sq=10
```

以上讨论说明，对于宏定义不仅要在参数两侧加括号，还应在整个字符串外加括号。

⑤ 带参的宏和带参函数很相似，但有本质上的不同。除上面已谈到的各点外，把同一表达式用函数处理与用宏处理两者的结果有可能是不同的。

【例 6.26】带参函数与带参宏的比较。

带参函数：

```c
#include <stdio.h>
void main()
{
    int i=1;
    while(i<=5)
        printf("%d ",SQ(i++));
}
int SQ(int y)
{
    return((y)*(y));
}
```

运行情况：

```
1 4 9 16 25
```

带参宏：

```c
#include <stdio.h>
#define SQ(y) ((y)*(y))
void main()
{
    int i=1;
    while(i<=5)
        printf("%d ",SQ(i++));
}
```

运行情况：

```
2 12 30
```

在上例中，前者函数名为 SQ，形参为 Y，函数体表达式为((y)*(y))；后者宏名为 SQ，形参也为 y，宏表达式为((y)*(y))，两者定义是相同的。前者函数调用为 SQ(i++)，后者宏调用为 SQ(i++)，调用形式和实参也是相同的。但从输出结果来看，两者却大不相同。

分析如下：前者中，函数调用是把实参 i 值传给形参 y 后自增 1，然后输出函数值。因而要循环 5 次，输出 1～5 的平方值。而后者宏展开时，SQ(i++)被代换为((i++)*(i++))。在第一次循环时，由于 i 初值是 1，其计算过程为：表达式中前一个 i 为 1，然后 i 自增 1 变为 2，因此表达式中第 2 个 i 为 2，两者相乘的结果为 2，之后 i 值再自增 1 得 3。第二次循环时，计算表达式的值为 3*4 等于 12，i 为 5。第三次循环时，计算表达式的值为 5*6 等于 30。i 值变为 6，不再满足循环条件，停止循环。

从以上分析可以看出函数调用和宏调用两者在形式上相似，在本质上是完全不同的。

⑥ 宏定义可用来定义多个语句。看下面的例子：

```c
#include <stdio.h>
#define SV(s1,s2,s3,v) s1=l*w;s2=l*h;s3=w*h;v=w*l*h
void main()
{
    int l=3,w=4,h=5,sa,sb,sc,vv;
    SV(sa,sb,sc,vv);
    printf("sa=%d\nsb=%d\nsc=%d\nvv=%d\n",sa,sb,sc,vv);
}
```

运行情况：

```
sa=12
sb=15
sc=20
vv=60
```

程序第 2 行为宏定义，用宏名 SV 表示 4 个赋值，4 个形参分别为 4 个赋值符左边的变量。宏调用时，把 4 个语句展开并用实参代替形参，使计算结果送入实参之中。

上例也可以定义不带参数的宏，如果将宏定义改为

```c
#define SV s1=l*w;s2=l*h;s3=w*h;v=w*l*h
```

请读者考虑函数体部分应该如何修改？

6.8.3 文件包含

文件包含是 C 预处理程序的另一个重要功能。文件包含命令的一般形式如下：

```
# include "文件名"  或  # include <文件名>
```

前面我们已多次用此命令包含库函数的头文件。例如：

```c
#include "stdio.h"
#include "math.h"
```

文件包含命令的功能是把指定的文件内容插入到该命令行位置，并取代该命令行，从而把指定的文件和当前源程序文件合并成一个源文件，如图 6-4 所示。

在程序设计中，文件包含是很有用的。一个大的程序可以分为多个模块，由多个程序员分别编程。有些公用的符号常量或宏定义等可单独组成一个文件，在其他文件的开头用包含命令包含该文件即可使用。这样，可避免在每个文件开头都去书写那些公共部分，从而节省时间，并减少出错。

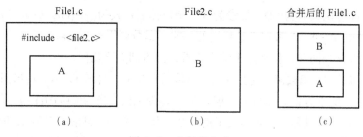

图 6-4　文件的包含

对文件包含命令还要说明以下几点：

① 包含命令中的文件名可以用双引号括起来，也可以用尖括号括起来。但这两种形式是有区别的：使用尖括号表示在包含文件目录中查找（包含目录是由用户在设置环境时设置的），而不在源文件目录查找；使用双引号则表示首先在当前的源文件目录中查找，若未找到，才到包含目录中查找。用户编程时可根据自己文件所在的目录来选择某一种命令形式。

② 一个# include 命令只能指定一个被包含文件，若有多个文件要包含，则需用多个#include命令。

③ 文件包含允许嵌套，即在一个被包含的文件中又可以包含另一个文件。

【例 6.27】将例 6.2 中定义的格式宏制作成头文件，并把它嵌入到用户程序中。

（1）头文件 format.h

```
#define PF printf
#define NL "\n"
#define D "%d"
#define F "%f"
#define S "%s"
#define C "%c"
```

（2）用户程序文件 exa6_5.c

```
#include <stdio.h>
#include <format.h>
void main()
{
    int a=8;
    float b=9.7;
    char c='A',*s="China";
    PF(D F NL, a, b);
    PF(C NL,c);
    PF(S NL,s);
}
```

运行情况：

```
8 9.700000
A
China
```

6.8.4　条件编译

预处理程序提供了条件编译的功能。可以按不同的条件去编译不同的程序部分，因而产生不同的目标代码文件。这对于程序的移植和调试是很有用的。条件编译有 3 种形式，下面分别介绍：

（1）第一种形式

```
#ifdef 标识符
    程序段 1
#else
    程序段 2
#endif
```

它的功能是，如果标识符已被 #define 命令定义过则对程序段 1 进行编译；否则对程序段 2 进行编译。如果没有程序段 2，本格式中的#else 可以省略，即可以写为

```
#ifdef 标识符
    程序段
#endif
```

【例 6.28】设置条件编译，使程序输出不同信息。

源程序如下：

```
#include <stdio.h>
#define NUM ok
void main()
{
    struct stu
    {
        int num;
        char *name;
        char sex;
        float score;
    } *ps;
    ps=(struct stu*)malloc(sizeof(struct stu));/*为结构体指针分配内存空间*/
    ps->num=102;
    ps->name="Zhang ping";
    ps->sex='M';
    ps->score=62.5;
#ifdef NUM
    printf("Number=%d\nScore=%f\n",ps->num,ps->score);
#else
    printf("Name=%s\nSex=%c\n",ps->name,ps->sex);
#endif
    free(ps);
    /*释放结构体指针所占用的内存空间*/
}
```

由于在程序的第 17 行插入了条件编译预处理命令，因此要根据 NUM 是否被定义过来决定编译哪一个 printf 语句。而在程序的第一行已对 NUM 做过宏定义，因此应对第一个 printf 语句做编译，故运行结果是输出了学号和成绩。在程序的第一行宏定义中，定义 NUM 表示字符串 ok，其实也可以为任何字符串，甚至不给出任何字符串，写为#define NUM 也具有同样的意义。只有取消程序的第一行才会编译第二个 printf 语句。读者可上机试作。

（2）第二种形式

```
#ifndef 标识符
    程序段 1
#else
    程序段 2
#endif
```

与第一种形式的区别是将 ifdef 改为 ifndef。它的功能是，如果标识符未被#define 命令定义过，则对程序段 1 进行编译；否则对程序段 2 进行编译。这与第一种形式的功能正相反。

（3）第三种形式

```
#if 常量表达式
    程序段1
#else
    程序段2
#endif
```

它的功能是：如常量表达式的值为真（非 0），则对程序段 1 进行编译；否则对程序段 2 进行编译。因此可以使程序在不同条件下，完成不同的功能。

【例 6.29】设置条件编译，使程序实现不同功能。

源程序如下：

```
#include <stdio.h>
#define R 1
void main()
{
    float c,r,s;
    printf ("Input a number: ");
    scanf("%f",&c);
    #if R
        r=3.14159*c*c;
        printf("area of round is: %f\n",r);
    #else
        s=c*c;
        printf("area of square is: %f\n",s);
    #endif
}
```

本例中采用了第三种形式的条件编译。在程序第 2 行宏定义中，定义 R 为 1，因此在条件编译时，常量表达式的值为真，故计算并输出圆的面积。

上面介绍的条件编译当然也可以用条件语句来实现。但是用条件语句将会对整个源程序进行编译，生成的目标代码程序很长；而采用条件编译，则根据条件只编译其中的程序段 1 或程序段 2，生成的目标程序较短。如果条件涉及的程序段很长，采用条件编译的方法是十分必要的。

6.9 程 序 举 例

通过前面的学习可以知道，函数是 C 程序设计的主体，是模块化设计的基本模块，也是结构化程序设计的重要语言机制，可以说一个函数完成一个功能模块。在本章中，我们学习了函数的定义、函数的各种调用、参数的各种传递机制，并讨论了变量和函数的作用域及存储类别，从而对变量和函数有了更为完整的认识即都包含存储类型和数据类型两部分。下面通过具体的实例来体会一下结构化程序设计的设计思路和各种概念是如何应用的。

【例 6.30】输入 4 名学生 5 门课的成绩，分别用函数求：

① 每位学生的平均成绩。

② 每门课程的平均成绩。

③ 找出有两门以上课程不及格的学生，输出他们的学号和全部课程的成绩及平均成绩。

④ 出最高分数所对应的学生和课程。

分析：根据题目要求确定如下功能模块及调用关系如图 6-5 所示。

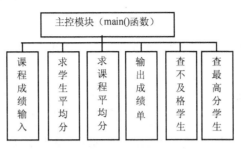

图 6-5 模块间关系

各模块所对应的函数如下：

- 主控模块：void main()函数，负责调用各模块，完成相应功能。
- 课程名和成绩输入模块：void input()。
- 求学生平均成绩模块：void avr_stu(float *stu1),stu1 为指针变量。
- 求课程平均成绩模块：void avr_cor(float cor[N])N 为课程门数。
- 输出成绩单模块：void output(float *stu2,float *cor)。
- 查找不及格学生：void failed(float *stu3)。
- 查找最高分学生及课程：float highest(int *row,*col)row 和 col 两个指针变量分别指向 score 数组最大值的行号和列号。

程序中使用的主要数据类型有学生成绩用二维数组 float score[M][N]，M 为学生人数（本例 M=4），N 为课程门数（本例 N=5）存储，学号用一维数组 int num[M]存储，课程名称用二维字符数组 char cou[N][10]存储，课程名最多 10 个字符或 5 个汉字，这里把上述数据定义为全局变量，便于程序中其他函数直接使用。课程门数 N 和学生人数 M 定义为宏，使程序有一定的通用性。

一般情况下，我们可以把程序中用到的宏定义、函数声明以及全局变量的定义放到一个.h 文件中，如 file1.h 中，其他函数存放到 file2.c 中。

为了使读者顺利运行该程序，特作如下约定：

- 启动 VC++6.0 后，在 D 盘根目录下创建工程 lit。
- 在 lit 工程中创建两个文件 file1.h 和 file2.cpp，内容分别如下：

```
file1.h
/*宏定义*/
#define  M  4
#define  N  5
/*全局变量定义*/
float score[M][N];          /*存放学生成绩*/
int num[M];                 /*存放学生学号*/
char cou[N][10];            /*存放课程名*/
/*函数原型声明*/
void input();
void avr_stu(float *stu1);
void avr_cor(float cor[N]);
void output(float *stu2,float *cor);
```

```
    void fail(float *stu3);
    float highest(int *row, int *col);
    file2.c
    /*主函数*/
    #include <stdio.h>
    #include"d:\lit\file1.h"/*在D盘根目录下创建工程lit*/
    void main()
    {
        float a_stu[M];            /*存放每名学生的平均成绩*/
        float a_cor[N];            /*存放每门课平均成绩*/
        int r,c ;
        /*确定score中的最高分位置(或者说score中最大值的行号和列号)*/
        float h;                   /*h存放最高分*/
        input();                   /*调用函数完成课程号、学号和各门课程成绩的输入*/
        avr_stu(a_stu);            /*调用函数求每个学生的平均分*/
        avr_cor(a_cor);            /*调用函数求每门课的平均分*/
        output(a_stu,a_cor);       /*调用函数输出成绩单*/
        fail(a_stu);               /*调用函数输出两门以上不及格学生及成绩*/
        h=highest(&r,&c);          /*调用函数求score中的最大值*/
        printf("最高分: %-10.1f  \t 学号是:%2d\t 课程是:%s ",h,num[r],cou[c]);
    }
    /*课程名、学生学号及学生成绩录入*/
    void input()
    {
        int i,j;
        printf("请按行输入%d门课程的名称: \n",N);
        for(i=0;i<N;i++)
            scanf("%s",cou[i]);
        printf("请按如下格式输入成绩: \n");
        printf("学号        ");
        for(i=0;i<N;i++)
            printf("%-10s",cou[i]);
        printf("\n");
        for(i=0;i<M;i++)
        {   scanf("%d",&num[i]);
            for(j=0;j<N;j++)
                scanf("%f",&score[i][j]);
        }
    }
    /*求每名学生的平均成绩*/
    void avr_stu(float *stu1)
    {
        float s;
        int i,j;
        for(i=0;i<M;i++)
        {
            s=0.0;
            for(j=0;j<N;j++)
                s+=score[i][j];
            stu1[i]=s/(float) N;
        }
```

```
}
/*求每门课平均成绩*/
void avr_cor(float  cor[N])
{
    float s;
    int i,j;
    for(i=0;i<N;i++)
    {   s=0.0;
        for(j=0;j<M;j++)
            {s+=score[j][i];}
        cor[i]=s/(float)M;
    }
}
/*输出学生成绩单*/
void output(float *stu2,float *cor)
{
    int i,j;
    printf("\n--------------------学生成绩单--------------------\n");
        printf("学号      ");
    for(i=0;i<N;i++)
        printf("%-10s",cou[i]);/*本行输出课程名称*/
    printf("平均分");
    printf("\n");
    for(i=0;i<M;i++)
    {
        printf("%-10d",num[i]);
        for(j=0;j<N;j++)
            printf("%-10.1f",score[i][j]);
        printf("%-10.1f\n", stu2[i]);
    }
    printf("课程      ");
    for(i=0;i<N;i++)
        printf("%-10.1f",cor[i]);
    printf("\n 平均\n\n");
}
/*输出两门以上不及格的学生*/
void fail(float *stu3)
{
    int label,i,j;
    printf("-----------------两门以上不及格的学生-----------------\n");
    printf("学号      ");
    for(i=0;i<N;i++)
        printf("%-10s",cou[i]);/*本行输出课程名称*/
    printf("平均分");
    printf("\n");
    for(i=0;i<M;i++)
    {
        label=0;
        for(j=0;j<N;j++)
            if(score[i][j]<60.0)  label++;
```

```
            if(label>=2)
            {
                printf("%-10d",num[i]);
                for(j=0;j<N;j++)
                printf("%-10.1f",score[i][j]);
                printf("%-10.1f\n",stu3[i]);
            }
        }
    }
/*查找成绩最高的学生*/
float highest(int *row,int *col)
{
    float high=score[0][0];
    int i,j;
    for(i=0;i<M;i++)
    {
        for(j=0;j<N;j++)
            if(score[i][j]>high)
            {
                high=score[i][j];
                *row=i;
                *col=j;
            }
    }
    return high;
}
```

运行情况：

请按行输入 5 门课程的名称：
数学
物理
地理
生物
历史
请按如下格式输入成绩：

学号	数学	物理	生物	地理	历史
1	67	78	86	98	77
2	78	87	75	90	56
3	69	88	65	57	54
4	74	87	96	88	73

--------------------学生成绩单--------------------------------

学号	数学	物理	生物	地理	历史	平均分
1	67.0	78.0	86.0	98.0	77.0	81.2
2	78.0	87.0	75.0	90.0	56.0	77.2
3	69.0	88.0	65.0	57.0	54.0	66.6
4	74.0	87.0	96.0	88.0	73.0	83.6
课程平均	72.0	85.0	80.5	83.3	65.0	

--------------------两门以上不及格的学生--------------------

学号	数学	物理	生物	地理	历史	平均分
3	69.0	88.0	65.0	57.0	54.0	66.6

最高分: 98   学号是: 1   课程是: 地理

程序说明：

- 为了使输出结果整齐、美观，需要认真设计输出格式，合理使用 printf()函数的格式符，适当用空格加以控制，以达到预期效果。
- 必要的提示信息可以使程序的使用者更为方便地操作和应用软件。
- 通过该例使读者大概了解编写一个大的程序要经过的几个步骤，即了解用户需求，模块分解，每个功能模块的算法设计、编写程序、上机调试程序、测试程序、交付使用、程序维护等环节。只有自己不断上机调试，才能真正掌握这些知识。

习　题　6

一、问答题

1. C 语言采用函数式结构为什么适合于结构化程序设计？

2. 函数的定义和函数声明格式上有何不同？

3. 函数调用的一般形式是怎样的？调用标准函数应注意什么？调用用户定义的函数应注意什么？

4. 在一个函数的定义中能定义另一个函数吗？在一个函数的定义中能调用另一个函数吗？一个函数能调用它自身吗？

5. 编写递归函数时要注意什么？把自己编写递归函数的经验总结出来。

6. 调用函数时，一般要将实参的值传递给被调函数的形参，传递方式一般有哪两种？每种传递对实参有何影响？

7. 若定义函数 void f(){…}，函数体不包含 return 可以吗？若包含 return，正确的使用形式是怎样的？

8. 一个 C 程序只能包含一个源文件吗？若包含多个源文件，是否每个源文件中均要有主函数呢？

9. 定义一个变量的完整形式应包含哪两部分？

10. 从作用域角度看，变量分为哪两种？

11. static 修饰全局变量和局部变量有何不同？一个函数要使用全局变量（本文件或其他文件中），什么时候需要声明？变量的声明和定义是一回事吗？

12. 若有函数定义 static fuc（int x），请问该函数可以被其他源文件中的函数调用吗？若想在其他源文件中的函数调用该函数，fuc()函数该如何定义？在调用该函数的其他文件中应如何声明？

13. 定义带参数宏的一般形式是怎样的？使用带参数的宏和函数调用有何区别？有带参数的宏定义#define sqr(x,y) x*y，那么 sqr(1+x,x+y)的展开形式是怎样的？

14. 体会宏定义在程序通用性方面的作用。

15. 在 file1.cpp 文件中含有文件包含命令#include <file2.cpp>，请问在编译时生成几个.obj 文件？

16. 体会条件编译 3 种形式的功能及其在编程中的作用。

二、选择题（从四个备选答案中选出一个正确答案）

1. 以下说法中正确的是（　　）。

   A. C 语言程序总是从第一个定义的函数开始执行

   B. 在 C 语言程序中，要调用的函数必须在 main()函数中定义

    C. C 语言程序总是从 main()函数执行

    D. C 语言程序中的 main()函数必须放在程序的开始部分

2. 下列关于函数的叙述正确的是（   ）。

    A. 每个 C 程序源文件中都必须有一个 main()函数

    B. C 程序中 main()函数的位置是固定的

    C. C 程序中所有函数之间都可以相互调用，与函数所在位置无关

    D. 在 C 程序的函数中不能定义另一个函数

3. 以下关于变量的作用域说法正确的是（   ）。

    A. 在不同函数中不能定义同名变量

    B. 全局变量的作用范围仅限于其所在的文件

    C. 在函数内复合语句中定义的变量在本函数内有效

    D. 形式参数的作用范围仅限于本函数

4. 以下关于 C 函数的定义和调用描述正确的是（   ）。

    A. 函数的定义可以嵌套，但函数的调用不可嵌套

    B. 函数的调用可以嵌套，但函数的定义不可嵌套

    C. 函数的定义和调用均可以嵌套

    D. 函数的定义和调用均不可嵌套

5. 以下关于变量的作用域叙述不正确的是（   ）。

    A. 在函数内部定义的变量是局部变量

    B. 函数中的形式参数是局部变量

    C. 全局变量的作用范围仅限于其所在的文件

    D. 局部变量的作用范围仅限于本函数

6. 以下关于 C 函数参数说法正确的是（   ）。

    A. 实参可以是常量、变量和表达式

    B. 形参可以是常量、变量和表达式

    C. 实参可以为任意数据类型

    D. 形参应与对应的实参类型一致

7. 以下关于 C 函数返回值的叙述正确的是（   ）。

    A. 被调函数中只有使用 return 语句才能返回主调函数

    B. 使用一个 return 语句可以返回多个函数值

    C. 函数返回值类型取决于 return 语句中的表达式类型

    D. 函数返回值类型取决于定义该函数时所指定的类型

8. 以下正确的函数定义形式是（   ）。

    A. double fun(int x,int y);   B. double fun(int x;int y);

    C. double fun(int x;int y);   D. double fun(int x,y);

9. 以下函数 fff()的类型是（   ）。

    A. 与参数 x 的类型相同   B. void 类型

    C. int 类型   D. 无法确定

```
fff(float  x )
{    printf("%d\n",x*x);}
```

10. 以下函数调用语句中，含有的实参个数是（   ）。

    A. 1   B. 2   C. 3   D. 4

```
func(int a,int b)
{
        int  c;
        c=a+b;
        return  c;
}
#include <stdio.h>
void main()
{
        int x=6,y=7,z=8,r;
        r=func((x--,y++,x+y),z--);
        printf("%d\n",r);
}
```

11. 以下程序的输出结果是（   ）。

    A. -1   B. 0   C. 1   D. 2

```
#include <stdio.h>
void main()
{
        int f(int,int);
        int i=2,p;
        p=f(i,i=1);
        printf("%d",p);
}
int f(int a,int b )
{    int  c;
     c=a;
     if(a>b) c=1;
     else if(a==b) c=0;
     else c=-1;
     return(c);
}
```

12. 以下程序的输出结果是（   ）。

    A. 0   B. 1   C. 6   D. 无定值

```
fun( int  a,int  b,int  c )
{
        c=a*b;
}
#include <stdio.h>
void main()
{
        int  c;
        fun(2,3,c);
        printf("%d\n",c);
}
```

13. 以下程序的输出结果是（   ）。

    A. 5.500000   B. 3.00000   C. 4.00000   D. 8.25

```
double f(int  n)
{
    int  i; double  s;
    s=1.0;
    for(i=1;i<=n;i++)
        s+=1.0/(float)i;
    return  s;
}
#include <stdio.h>
void main()
{
    int i,m=3; double a=0.0;
    for(i=0;i<m;i++)
        a+=f(i);
    printf("%f\n",a);
}
```

14. C 语言编译系统对宏命令的处理是（　　　）进行的。

　　A. 在程序运行时　　　　　　　　　　B. 与源程序中的其他语句同时

　　C. 在程序连接时　　　　　　　　　　D. 在对源程序中的其他成分正式编译之前

15. 以下关于宏替换的叙述不正确的是（　　　）。

　　A. 宏替换不占用程序运行时间　　　　B. 宏名不一定用大写字母

　　C. 宏名和形式参数均无类型　　　　　D. 宏替换只是字符代换

16. 在宏定义#define PI 3.14159 中，用宏名 PI 代替一个（　　　）。

　　A. 常量　　　　　B. 单精度数　　　　C. 双精度数　　　　D. 字符串

17. 若有如下宏定义：

```
#define N 2
#define Y(n) ((N+1)*n)
```

则执行赋值语句 z=2*(N+Y(5)); 后的结果是（　　　）。

　　A. 表达式有误　　B. z=34　　　　　　C. z=70　　　　　　D. z 无确定值

18. 以下在任何情况下计算平方都不会产生错误的宏定义是（　　　）。

　　A. #define POWER(x) x*x　　　　　　B. #define POWER(x) (x*x)

　　C. #define POWER(x) (x)*(x)　　　　D. #define POWER(x) ((x)*(x))

19. 执行以下程序后，输出的结果是（　　　）。

```
#include <stdio.h>
#define SQR(x) x*x
void main()
{
    int a=10,k=2,m=1;
    a/=SQR(k+m)/SQR(k+m);
    printf("%d", a);
}
```

　　A. 10　　　　　　B. 1　　　　　　　C. 9　　　　　　　D. 0

20. 函数定义 void fun(void){}是否合理（　　　）。

　　A. 合理　　　　　B. 不合理　　　　　C. 不能确定　　　　D. 定义形式有误

三、填空题

1. 未加特别说明（说明为静态的）的全局变量是外部的，能被其他文件中的函数使用，在引用它的文件中，需要用关键字_____声明。

2. 凡是函数中未指定存储类型的局部变量，其默认的存储类型为_____。

3. 当调用函数时，实参是一个数组名，则向被调函数传递的是_____。

4. 在调用函数时，若实参是简单变量，它与对应形参之间的数据传递方式是_____。

5. 下面 pi 函数的功能是，根据以下公式返回值满足精度 ε 要求的 π 的值。请填空。

$$\pi/2 = 1 + 1/3 + 1/3 \times 2/5 + 1/3 \times 2/5 \times 3/7 + 1/3 \times 2/5 \times 3/7 \times 4/9 + \cdots$$

```
double  pi(double eps)
{
        double   s=0.0,t=1.0;
        int n;
        for (【1】;t>eps;n++)
{
         s+=t;
        t=n*t/(2*n+1);
}
        return (2.0*【2】);
}
```

6. 以下函数用以求 x 的 y 次方。请填空。

```
double fun(double  x,int  y)
{
        int  i;double   z=1;
        for(i=1;i【1】;i++)
        z=【2】;
        return   z;
}
```

7. 以下程序的功能是计算 $s = 1! + 2! + \cdots + n!$。n 的值由键盘输入，请填空。

```
#include <stdio.h>
long  f(int   n)
{
        int k;long  s;
        s=【1】;
        for(k=1;k<=n;k++)
                s=s*【2】;
        return  s;
}
void main()
{
        long s;
        int  k,;n;
        scanf("%d",&n);
        s=【3】;
        for(k=1;k<=n;k++)
                s=s+【4】;
        printf("%ld\n",s);
}
```

8. 若有以下定义：

```
#define WIDTH 30
#define LENGTH WIDTH+20
```

则执行赋值语句 z= LENGTH *10; 后 z 的值是＿＿＿＿

9. 为使以下程序能够正确运行，请在＿＿＿＿处填入合适的命令行。（注：函数 abc() 在当前源文件目录下的 xyz.c 中有定义）

```
【1】
【2】
void main()
{
    printf("\n");
    abc();
    printf("\n");
}
```

10. 以下程序运行的结果是＿＿＿＿

```
#define DEBUG
void main()
{
    int a=20,b=10,c;
    c=a/b;
    ifndef DEBUG
        printf("a=%d,b=%d\n",a,b);
    #endif
    printf("c=%d\n",c);
}
```

11. 若想在程序中定义一个宏 LY 来判断是否为闰年，并在程序中用以下语句输出结果：

```
if (LY(year)) printf("%d is a leap year.\n",year);
else printf("%d is not a leap year.\n",year);
```

则宏 LY 的定义形式如下：

```
#define LY(y) ____
```

四、根据给出的程序写出运行结果

1.
```
#include <stdio.h>
void fun()
{
    auto int b=0;
    static int c=4;
    b++;
    c++;
    priintf("b=%d c=%d\n",b,c);
}
void main()
{
    int i;
    for(i=0;i<3;i++)
    fun();
}
```

运行结果是：＿＿＿＿＿＿＿。

2.
```
#include <stdio.h>
unsigned fun6(unsigned num)
{
    unsigned k=1;
    do
    { k*=num%10; num/=10;}
    while(num);
    return  k;
}
void main()
{
    unsigned  n=26;
    printf("%d\n",fun6(n));
}
```
运行结果是：_____。

3.
```
#include <stdio.h>
double sub(double x,double y,double z)
{
    y-=1.0;
    z=z+x;
    return  z;
}
void main()
{
    double  a=2.5,b=9.0;
    printf("%f\n",sub(b-a,a,a));
}
```
运行结果是：_____。

4.
```
#include <stdio.h>
fun1(int a,int b)
{
    int fun2(int,int);
    int  c;
    a+=a;  b+=b;
    c=fun2(a,b);
    return c*c;
}
fun2 (int  a,int  b)
{
    int  c;
    c=a*b%3;
    return  c;
}
void main()
{
    int  x=11,y=19;
    printf ("%d\n",fun1(x,y));
}
```
运行结果是：_____。

```
5.        #include <stdio.h>
          struc STU
          {
              char name[10];
              int num;
          };
          void f1(struct STU c)
          {
              struct STU b={"LiSiGuo",2042};
              c=b;
          }
          void f2(struct STU *c)
          {
              struct STU b={"SunDan",2044};
              *c=b;
          }
          void main()
          {
              struct STU a={"YangSan",2041},b={"WangYin",2043};
              f1(a);
              f2(&b);
              printf("%d %d\n",a.num,b.num);
          }
```
运行结果是：_____。

五、编程题

1. 设计一个函数 int isprime(int n)判断 n 是否为素数，当 n 为素数时，返回 1，否则返回 0，在主函数中输入整数 m，调用 isprime()函数，输出 m 是素数或不是素数的信息。如"4 不是素数"。

2. 设计一个函数 int max(int m,int n)用来求 m 和 n 中的较大数。在主函数中从键盘给 x、y、z 赋值，通过多次调用 max()函数求 3 个数中的最大数。

3. 从键盘输入一个班学生（最多 30 人）某门课的成绩，当输入成绩为–1 时，输入结束（数据输入在主函数中完成）。编写 3 个函数分别实现以下功能：

（1）统计不及格人数并输出不及格学生名单。

（2）统计成绩高于全班平均分的学生人数并输出这些学生的名单。

（3）统计各分数段的学生人数及所占百分比。

4. 某班期末考试科目为数学（mt）、英语（en）、和物理（ph），有 n 个（小于 20，人数自定，但不要太大）学生参加考试。编写 4 个函数分别完成以下功能：

（1）数据输入，包括学号、数学、英语、和物理成绩。

（2）计算每个学生的总分和平均分。

（3）按照总分成绩由高到低排出成绩名次。

（4）任意输入一个学号，查找出该学生在班级中的名次及其考试成绩。

5. a 是一个 2×4 的整型数组，且各元素均已赋值。函数 max_value 可求出其中值最大的元素 max 以及它所在的行号和列号，并在主调函数中输出相应信息。请编写 max_value()函数。函数原型 为 max_value（int arr[ ][4],int m,int n）{…return max }(m，n 为二维数组的行号和列号)

6. 用递归函数解决猴子吃桃问题。问题描述如下：有一堆桃子不知其数，猴子每天吃前一天的一半多一个，到第十天只剩一个，求这堆桃子的个数。

7. 定义带参的宏，并通过编程实现求两个整数的余数。

8. 定义带参的宏 SWAP(x,y)，以实现两个整数之间的交换，并利用它将两个整数 a 和 b 进行交换。

9. 分别用函数和带参的宏实现从 3 个数中找最大数。

10. 设计一个用于支持在一行内可以输出 1～3 个整数的格式输出头文件。

第 7 章　文　件

本章主要介绍磁盘文件的分类、存储形式和指向文件的指针；讨论流式文件的打开、关闭、读、写和定位等各种操作，并通过举例说明这些操作的使用方法。

7.1　文件的基本概念

所谓"文件"是指存储在外部存储介质上的一组相关信息的有序集合。这个信息集有一个名称，叫做文件名。操作系统是以文件为单位对信息进行管理的，也就是说，如果想从某文件读取信息，必须先按文件名找到指定的文件。如果想写信息到文件，也必须先建立一个文件。实际上在前面的各章中我们已经多次使用了文件，例如源程序文件、目标文件、可执行文件、库文件（头文件）等。文件通常是驻留在外部介质（如磁盘等）上的，使用时才调入内存中来。

从不同的角度可对文件作不同的分类。从用户的角度看，文件可分为普通文件和设备文件两种。

普通文件是指驻留在磁盘或其他外部介质上的一个有序信息集，可以是源文件、目标文件和可执行程序；也可以是一组待输入处理的原始数据，或者是一组输出的结果（程序运行的中间结果或者最终结果）。前者称为程序文件，后者称为数据文件。

设备文件是指与主机相连的各种外部设备，如显示器、打印机、键盘等。在操作系统中，把外部设备也看做是一个文件来进行管理，把它们的输入/输出等同于对磁盘文件的读/写。通常把显示器定义为标准输出文件，一般情况下在屏幕上显示有关信息就是向标准输出文件输出。如前面经常使用的 printf()、putchar() 函数就是这类输出。键盘通常被指定为标准输入文件，从键盘上输入就意味着从标准输入文件上输入数据。scanf()、getchar()函数就属于这类输入。

从文件编码的方式来看，文件可分为 ASCII 码文件和二进制码文件两种。

ASCII 码文件也称为文本文件，这种文件在磁盘中存放时每个字符对应一个字节，用于存放对应的 ASCII 码。例如，数 5678 的 ASCII 码存储形式如下。显而易见，它在存储时共占用 4 个字节。

ASCII 码：　　　00110101　00110110　00110111　00111000

　　　　　　　　　　　↓　　　　　↓　　　　　↓　　　　　↓

十进制码：　　　　　5　　　　　6　　　　　7　　　　　8

ASCII 文件可在屏幕上按字符显示，例如源程序文件就是 ASCII 文件，用 DOS 命令 TYPE 可显示文件的内容，或者用 Windows 的记事本应用程序打开并查看其内容。由于此类文件是按字符显示，所以很容易读懂文件内容。由此可见，ASCII 文件比较直观，便于字符的输出和处理。但占用空间较大，与内存交换数据时需要花费过多的转换时间。

二进制文件是按二进制的编码方式来存放文件的，即外存和内存的存储形式相同。例如，数 5678 的二进制编码存储形式为：00010110　00101110 只占两个字节。二进制文件虽然也可以在屏幕上显示，但其内容无法读懂。所以，二进制文件可以节省存储空间和转换时间，但不能直接输出字符。此类文件主要用于保存程序运行的中间结果，留待以后再做处理。

C 语言系统在处理这些文件时，并不区分类型，都看成是字符（字节）流，按字节进行处理。输入/输出字符流的开始和结束都由程序来控制而不受物理符号（如回车符）的控制。因此，也把这种文件称做"流式文件"。

7.2　文件类型指针

在 C 语言中，每个被使用的文件都在内存开辟一个缓冲区，用来存放该文件的有关信息（如文件名、文件状态、文件当前读写位置以及部分文件内容等），如图 7-1 所示。

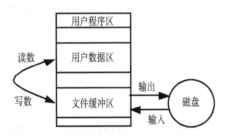

图 7-1　磁盘文件与程序的数据交换

这些信息由一个结构体变量保存。该结构体类型名为 FILE，由系统定义。Turbo C 在 stdio.h 文件中有以下类型声明：

```
typedef struct
{
    short level;                /*缓冲区装载程度*/
    unsigned flags;            /*文件状态标志*/
    char fd;                    /*文件描述符*/
    char hold;                  /*缓冲区空满标识符*/
    short bsize;                /*缓冲区大小*/
    char *buffer;               /*缓冲区位置指针*/
    char *curp;                 /*文件当前读写位置指针*/
    unsigned istemp;           /*临时文件，指示器*/
    short token;                /*用于有效性检查*/
} FILE;
```

有了 FILE 结构体类型，就可以用它来定义相应的指针变量，用这个指针变量指向一个文件，这个指针称为文件指针。定义文件指针的一般形式如下：

```
FILE * 指针变量标识符；
```

例如，FILE *fp；表示 fp 是指向 FILE 结构体类型的指针变量。然后可以使 fp 指向某一个文件的结构体变量，再按该结构体变量提供的文件信息找到指定的文件，从而实现对文件的访问和各种操作。习惯上也笼统地把 fp 称为指向一个文件的指针。在编写源程序时不必关心 FILE 结构体类型的细节。

7.3 文件的打开与关闭

文件在进行读/写操作之前要先打开，使用完毕后要关闭。所谓打开文件，实际上是将指定文件的部分或全部内容装入内存文件缓冲区，建立文件的各种有关信息，并使文件指针指向该文件，以便进行其他操作。关闭文件则将文件缓冲区中的内容存入磁盘，断开指针与文件之间的联系，也就禁止再对该文件进行操作。

ANSI C规定，文件操作都是由标准输入/输出库函数来实现的。下面先介绍文件的打开和关闭操作。

7.3.1 文件打开函数 fopen()

fopen()函数用来打开一个文件。

其调用格式如下：

```
文件指针名=fopen(文件名,文件使用方式);
```

其中，"文件指针名"必须是被说明为 FILE 类型的指针变量。"文件名"是被打开文件的文件名，允许含有目标文件的路径。"文件使用方式"是指文件的类型和操作要求。"文件名"可以使用字符串常量、字符数组名或字符指针。

例如：

```
FILE *fp;
fp=("file_a","r");
```

其意义是在当前目录下打开文件 file_a，只允许进行"读"操作，并使 fp 指向该文件。

又如：

```
FILE *fphzk;
fphzk=("c:\\hzk16","rb")
```

其意义是打开 C 盘根目录下的文件 hzk16，这是一个二进制文件，只允许按二进制方式进行读操作。两个反斜线"\\"中的第一个表示转义字符，第二个表示根目录。

使用文件的方式共有 12 种，使用方式和含义如表 7-1 所示。

表 7-1　文件使用方式及其含义

文件使用方式	含　　义
"rt"	只读打开一个文本文件，只允许读数据
"wt"	只写打开或建立一个文本文件，只允许写数据
"at"	追加打开一个文本文件，并在文件末尾写数据
"rb"	只读打开一个二进制文件，只允许读数据
"wb"	只写打开或建立一个二进制文件，只允许写数据
"ab"	追加打开一个二进制文件，并在文件末尾写数据
"rt+"	读写打开一个文本文件，允许读和写
"wt+"	读写打开或建立一个文本文件，允许读和写

文件使用方式	含　　　义
"at+"	读写打开一个文本文件，允许读，或在文件末追加数据
"rb+"	读写打开一个二进制文件，允许读和写
"wb+"	读写打开或建立一个二进制文件，允许读和写
"ab+"	读写打开一个二进制文件，允许读，或在文件末追加数据

对于文件使用方式有以下几点说明：

① 文件使用方式由 r、w、a、t、b、+6 个字符拼成，各字符的含义是：

r(read)：读。

w(write)：写。

a(append)：追加。

t(text)：文本文件，可省略不写。

b(banary)：二进制文件。

+：读和写。

② 用"r"打开一个文件时，该文件必须已经存在，且只能从该文件读出。

③ 用"w"打开的文件只能向该文件写入。若打开的文件不存在，则以指定的文件名建立该文件。若打开的文件已经存在，则将该文件删去，重建一个新文件。

④ 若要向一个已存在的文件追加新的信息，只能用"a"方式打开文件。但此时该文件必须是存在的，否则将会出错。

⑤ 在打开一个文件时，如果出错，fopen()函数将返回一个空指针值 NULL。在程序中可以用这一信息来判断是否成功打开该文件，并作相应的处理。因此，常用以下程序段打开文件。

```
if((fp=fopen("c:\\hzk16","rb"))==NULL)
{
    printf("\nerror on open c:\\hzk16 file!");
    getche();
    exit(0);
}
```

这段程序的意义是，如果返回的指针为空，表示不能打开 C 盘根目录下的 hzk16 文件，则给出提示信息"error on open c:\hzk16 file!"，下一行 getche()函数的功能是从键盘输入一个字符，但不在屏幕上显示。在这里，该行的作用是等待，只有当用户从键盘敲任一键时，程序才继续执行，因此用户可利用这个等待时间阅读出错提示。按任一键后，执行 exit(0)关闭所有文件，退出程序。

⑥ 把一个文本文件读入内存时，要将 ASCII 码转换成二进制码，而把文件以文本方式写入磁盘时，也要把二进制码转换成 ASCII 码，因此文本文件的读/写要花费较多的转换时间。对二进制文件的读/写就不存在这种转换。

⑦ 标准输入文件（键盘）、标准输出文件（显示器）、标准出错输出文件（出错信息）是在程序开始运行时打开，程序运行结束时关闭，并且由系统自动定义了这 3 个文件的指针分别是 stdin、stdout、和 stderr，可以直接使用。

7.3.2　文件关闭函数 fclose()

文件一旦使用完毕，应该使用关闭文件函数把文件关闭，以避免文件中的数据丢失或误用等错误。

fclose()函数的调用格式如下：

```
fclose(文件指针);
```

例如：

```
fclose(fp);
```

成功关闭文件时，fclose()函数返回值为 0。若返回 EOF(–1)，则表示有错误发生。EOF 是系统在 stdio.h 文件中定义的符号常量，值为–1。

7.4　文件的读/写

文件的读和写是最常用的文件操作。文件打开之后，就可以对它进行读/写了。ANSI C 提供了多种文件读/写函数，这些函数既可以针对文本文件进行读/写，也适用于二进制文件。按读/写方式的不同，常用的文件读/写函数有：

字符读/写函数：fgetc()和 fputc()。

字符串读/写函数：fgets()和 fputs()。

数据块读/写函数：fread()和 fwrite()。

格式化读/写函数：fscanf()和 fprinf()。

下面分别予以介绍。但需要强调的是，使用以上函数都要求在程序中包含头文件 stdio.h。

7.4.1　字符读写函数 fgetc()和 fputc()

字符读/写函数是以字符（字节）为单位的读/写函数，每次可从文件读出或向文件写入一个字符。

1．读字符函数 fgetc()

fgetc()函数的功能是从指定的文件中读一个字符。

其调用格式如下：

```
字符变量=fgetc(文件指针);
```

例如：

```
ch=fgetc(fp);
```

此语句是从 fp 指向的文件中读取一个字符并存入 ch 中。

对于 fgetc()函数的使用有以下几点说明：

① 在 fgetc()函数调用中，读取的文件必须是以读或读/写方式打开的。

② 读取字符后可以不向字符变量赋值，例如：fgetc(fp); 此时读出的字符不能保存。

③ 文件中有一个默认的位置指针，用来指向文件的当前读/写字节。在文件打开时，该指针总是指向文件的第一字节。使用 fgetc()函数后，该位置指针自动向后移动一字节，因此可连续多次使用 fgetc()函数，读取多个字符。

应注意文件指针和文件中的位置指针是两个截然不同的概念。文件指针是指向整个文件的，须在程序中定义说明，只要不重新赋值，文件指针的值是不变的。文件中的位置指针用以指示文件内部的当前读/写位置，每读/写一次，该指针均自动向后移动，它不需要在程序中定义说明，而由系统自动设置。

④ 使用 fgetc()函数顺序读字符时，若遇到文件结束符，对于文本文件，该函数返回 EOF(–1)值。而对于文本文件和二进制文件，还可以通过 feof()函数来测试。当遇到文件结束时，feof 返回值为 1；否则返回 0。

例如，顺序读入一个文本文件并在屏幕上显示出来，可以用如下程序段：

```
while((ch=fgetc(fp))!=EOF)
    putchar(ch);
```

又如，顺序读入一个二进制文件并在屏幕上显示出来，可以用如下程序段：

```
while(!feof(fp))
    putchar(fgetc(fp));
```

【例 7.1】在屏幕上显示输出文件 exa7_1.c 的内容。

源程序如下：

```
#include <stdio.h>
#include <stdlib.h>
void main()
{
    FILE *fp;
    char ch;
    if((fp=fopen("exa7_1.c","r"))==NULL)
    {
        printf("Can not open file,strike any key exit!");
        getche();
        exit(0);
    }
    ch=fgetc(fp);
    while(ch!=EOF)
    {
        putchar(ch);
        ch=fgetc(fp);
    }
    fclose(fp);
}
```

运行情况如下：

（显示本源程序文件内容）

本程序定义了文件指针 fp，以读文本文件方式打开文件 exa7_1.c（如本例所对应的源文件），并使 fp 指向该文件。如打开文件出错，给出提示并退出程序。程序第 13 行先读取一个字符，然后进入循环，只要读出的字符不是文件结束符 EOF，就把该字符显示在屏幕上，再读取下一字符。每读一次，文件中的位置指针自动向后移动一个字符。文件结束时，该指针指向文件结束符 EOF。其中，#include<stdlib.h>的作用是 exit(0)函数所需。

2．写字符函数 fputc()

fputc()函数的功能是把一个字符写入指定的文件中。

其调用格式如下：

```
fputc(字符,文件指针);
```

其中，待写入的字符可以是字符常量或变量。例如：

```
fputc('a',fp);
```

此语句是把字符"a"写入 fp 所指向的文件中。

对于 fputc()函数的使用也要说明几点：

① 被写入的文件可以用写、读/写或追加方式打开。用写或读/写方式打开一个已存在的文件时，将清除原有的文件内容，写入字符从文件首开始。如需保留原有文件内容，希望写入的字符从文件末尾开始存放，必须以追加方式打开文件。被写入的文件若不存在，则自动创建该文件。

② 每写入一个字符，文件中的位置指针也自动向后移动一个字节。

③ fputc()函数有一个返回值：若写入成功，返回写入的字符；否则返回一个 EOF 值。可用此来判断写入是否成功。

④ putchar()函数是由 fputc()函数派生而来。其实在 stdio.h 头文件中有如下宏定义：

```
#define putchar(c) fputc(c,stdout)
```

【例 7.2】由键盘输入一行字符存入文件 string.txt，并把该文件内容显示在屏幕上。

源程序如下：

```
#include <stdio.h>
#include <stdlib.h>
void main()
{
    FILE *fp;
    char ch;
    if((fp=fopen("string.txt","w+"))==NULL)
    {
        printf("Can not open file,strike any key exit!");
        getche();
        exit(0);
    }
    printf("Input a string: \n");
    while ((ch=getchar())!='\n')
        fputc(ch,fp);
    rewind(fp);                    /*将位置指针重定位到文件首*/
    while((ch=fgetc(fp))!=EOF)
        putchar(ch);
    printf("\n");
    fclose(fp);
}
```

运行情况如下：

```
Input a string:                    （屏幕提示信息）
File reading and writting, ok!✓    （键盘输入的字符串）
File reading and writting, ok!     （显示输出的字符串）
```

程序中第 7 行以读/写文本文件方式打开文件 string.txt。程序第 14 行从键盘输入一串字符后进入循环，当输入字符不为回车符时，则把该字符写入文件之中。每输入一个字符，文件内部位置指针向后移动一个字节。写入完毕，该指针已指向文件末。如要把文件内容从头读出，须把指针移向文件头。程序第 16 行 rewind()函数用于把 fp 所指文件的内部位置指针移到文件头。第 17、18 行用于按顺序读出文件中的所有内容并显示出来。

当然，还可以使用 DOS 命令 type 来显示 string.txt 文件的内容；也可以通过 Windows 的记事本应用程序来查看并验证该文件的内容。

【例 7.3】编写一带有命令行参数的程序，实现将文本文件 string.txt 复制到 strbak.txt。

即该程序（若可执行文件名为 fcopy.exe）运行时，在命令行提示符下输入：fcopy string.txt strbak.txt↙，即可实现文件的复制。

源程序如下：

```
#include <stdio.h>
#include <stdlib.h>
void main(int argc,char *argv[])
{
    FILE *fp1,*fp2;
    char ch;
    if(argc==1)
    {
        printf("Have not enter file name,strike any key exit!");
        getchar();
        exit(0);
    }
    if((fp1=fopen(argv[1],"r"))==NULL)
    {
        printf("Can not open %s\n",argv[1]);
        getche();
        exit(0);
    }
    if(argc==2) fp2=stdout;
    else if((fp2=fopen(argv[2],"w+"))==NULL)
    {
        printf("Cannot open %s\n",argv[2]);
        getche();
        exit(0);
    }
    while((ch=fgetc(fp1))!=EOF)
        fputc(ch,fp2);
    fclose(fp1);
    fclose(fp2);
}
```

运行情况如下：

第 1 次运行：<u>fcopy</u>↙
```
Have not enter file name,strike any key exit!/*显示出错信息*/
```
第 2 次运行：<u>fcopy string.txt</u>↙
```
File reading and writing, ok!              /*显示输出 string.txt 的内容*/
```
第 3 次运行：<u>fcopy string.txt strbak.txt</u>↙
```
        /*没有任何显示，想查看复制后文件 strbak.txt 的结果，可以另行打开*/
```

本程序为带参数的 main()函数，源程序文件名应该命名为 fcopy.c。程序中定义了两个文件指针 fp1 和 fp2，分别指向命令行参数中给出的两个文件。第 7 行表示如果命令行参数中没有给出文件名，则给出提示信息。第 19 行表示如果只给出一个文件名，则使 fp2 指向标准输出文件（即显示器）。程序第 26 和 27 行用循环语句逐个读取文件 1 中的字符再写入文件 2 中。

最后需要说明的是，考虑到程序书写上的方便，系统在 stdio.h 中把 fputc()函数和 fgetc()函数分别定义成宏 putc()函数和 getc()函数。即：

```
#define putc(ch,fp)  fputc(ch,fp)
#define getc(ch,fp)  fgetc(ch,fp)
```

因此，使用 putc()函数、getc()函数和 fputc()函数、fgetc()函数是一样的。

7.4.2 字符串读写函数 fgets()和 fputs()

1. 读字符串函数 fgets()

fgets()函数的功能是从指定的文件中读一个字符串到字符数组中。

函数调用格式如下：

```
fgets(字符数组名,n,文件指针);
```

其中，n 是一个正整数。表示从文件中读出的字符个数不超过 n-1 个，并自动在读出的字符串尾部加上结束标志'\0'。例如：

```
fgets(str,n,fp);
```

此语句从 fp 所指的文件中读出 n-1 个字符送入字符数组 str 中。

【例 7.4】读取文件 exa7_1.c 的内容，并在屏幕上显示输出。

源程序如下：

```
#include <stdio.h>
#include <stdlib.h>
void main()
{
    FILE *fp;
    char str[100];
    if((fp=fopen("exa7_1.c","r"))==NULL)
    {
        printf("Can not open file,strike any key exit!");
        getche();
        exit(0);
    }
    fgets(str,100,fp);
    while(!feof(fp))
    {
        printf("%s",str);
        fgets(str,100,fp);
    }
    fclose(fp);
}
```

运行情况如下：

（显示例 7_1 源程序文件内容）

本例定义了一个字符数组 str，内含 100 个字符，以便每次读取字符串时能够存储程序的每一行。以读文本文件方式打开文件 exa7_1.c 后，利用循环从中读取每个程序行字符送 str 数组，并在此数组最后加上'\0'，同时在屏幕上显示输出 str 数组。

有关 fgets()函数的几点说明：

① 在读取 n–1 个字符之前，如遇到了换行符或 EOF，则结束本次读操作。

② fgets()函数也有返回值，其返回值是字符数组的首地址。

2．写字符串函数 fputs()

fputs()函数的功能是向指定的文件写入一个字符串。

其调用格式如下：

```
fputs(字符串,文件指针);
```

其中，字符串可以是字符串常量，也可以是字符数组名或指针变量。例如：

```
fputs("abcd",fp);
```

此语句是把字符串"abcd"写入 fp 所指的文件之中。

【例 7.5】在例 7.2 中建立的文件 string.txt 中追加一个字符串。

源程序如下：

```
#include <stdio.h>
#include <stdlib.h>
void main()
{
    FILE *fp;
    char ch, st[20];
    if((fp=fopen("string.txt","a+"))==NULL)
    {
        printf("Can not open file,strike any key exit!");
        getche();
        exit(0);
    }
    printf("Input a string: \n");
    gets(st);
    fputs(st,fp);
    rewind(fp);
    while((ch=fgetc(fp))!=EOF)
        putchar(ch);
    printf("\n");
    fclose(fp);
}
```

运行情况如下：

```
Input a string:
The string is appending.✓
File reading and writting, ok! The string is appending.
```

本例要求在 string.txt 文件末加写字符串，因此，在程序第 7 行以追加读/写文本文件方式打开文件 string.txt。然后输入字符串，并用 fputs()函数把该串写入文件 string.txt。若要使新输入的字符串独占一行，应在此前使用 fputc('\n', fp)，先输出一个换行符。程序第 16 行用 rewind()函数把文件内部位置指针移到文件首。然后，进入循环逐个显示当前文件中的全部内容。

7.4.3　数据块读写函数 fread()和 fwrite()

C 语言还提供了用于整块数据的读写函数，用来读写一组数据（如一个数组或一个结构体变量的值等）。

读数据块函数的调用格式如下：

```
fread(buffer,size,count,fp);
```

写数据块函数的调用格式如下：

```
fwrite(buffer,size,count,fp);
```

其中，buffer 是一个指针。在 fread()函数中，它表示存放读入数据块的首地址。在 fwrite()函数中，它表示存放要写数据块的首地址。size 表示数据块的大小（即字节数）。count 表示要读/写的数据块数目。fp 依然表示文件指针。例如：

```
fread(fa,4,5,fp);
```

其意义是从 fp 所指的文件中，每 4 个字节（一个实数）存入实型数组 fa 的一个元素，本次共读取 5 个实数存入数组 fa 中。

使用数据块读/写函数需要说明的几点：

① fread()和 fwrite()函数具有返回值。若函数调用成功，则返回值为 count 之值。

② 因为两函数都是按指定长度的数据块进行读/写，块内数据类型有所不同，所以它们一般用于二进制文件的读/写。

【例 7.6】从键盘输入两个学生数据（包括姓名、学号、年龄和地址），写入一个二进制文件 stu_list.dat 中，再读出这两个学生的数据显示在屏幕上。

源程序如下：

```
#include <stdio.h>
#include <stdlib.h>
struct stu
{
    char name[10];
    int num;
    int age;
    char addr[15];
};
void save()
{
    FILE *fp;
    int i;
    struct stu boy[2], *p;
    p=boy;
    if((fp=fopen("stu_list.dat","wb"))==NULL)
    {
        printf("Can not open file,strike any key exit!");
        getche();
        exit(0);
    }
    printf("\nInput two records:\n");
    for(i=0;i<2;i++,p++)
        scanf("%s%d%d%s",p->name,&p->num,&p->age,p->addr);
    p=boy;
    fwrite(p,sizeof(struct stu),2,fp);
    fclose(fp);
```

```
    }
    void load()
    {
        FILE *fp;
        int i;
        struct stu boy[2],*p;
        p=boy;
        if((fp=fopen("stu_list.dat","rb"))==NULL)
        {
            printf("Cannot open file,strike any key exit!");
            getche();
            exit(0);
        }
        fread(p, sizeof(struct stu),2,fp);
        printf("\n\nname\tnumber\tage\taddr\n");
        for(i=0; i<2; i++, p++)
            printf("%s\t%d\t%d\t%s\n",p->name,p->num,p->age,p->addr);
        fclose(fp);
    }

    void main()
    {
        save();
        load();
    }
```
运行情况如下：
```
    Input two records:
    Zhang 1 19 2-101✓
    Li 2 20 2-102✓

    Name      number   age      addr
    Zhang     1        19       2-101
    Li        2        20       2-102
```
　　本例程序定义了一个结构体类型 stu，说明了一个结构体数组 boy。在 save() 和 load() 函数中定义了指向该结构体类型的指针变量 p，以便通过该指针访问结构体数组 boy。程序中所用的 sizeof() 函数是用来测试某数据类型所占用的字节数（本例结构体类型占用空间为 10+4+4+15=33）。

7.4.4　格式化读写函数 fscanf() 和 fprintf()

　　fscanf() 函数，fprintf() 函数与前面使用的 scanf() 和 printf() 函数的功能相似，都是格式化读/写函数。两者的区别仅在于 fscanf() 函数和 fprintf() 函数的读写对象不是键盘和显示器，而是磁盘文件。

　　这两个函数的调用格式分别如下：
```
    fscanf(文件指针,格式控制串,输入表列);
    fprintf(文件指针,格式控制串,输出表列);
```
　　例如：
```
    fscanf(fp,"%d,%s",&i,s);
    fprintf(fp,"%6.2f,%c",j,ch);
```
　　前者是从 fp 指针所指的文件的当前位置读取一个整数和一个字符串（注意文件中两个数据之

间有逗号分隔符）；后者是将变量 j 和 ch 分别以实型（6.2f）和字符型存入 fp 指针所指的文件中（两个数据之间用逗号分隔）。

【例 7.7】用 fscanf() 和 fprintf() 函数完成例 7.6 的问题。

源程序如下：

```
#include <stdio.h>
#include <stdlib.h>
struct stu
{
    char name[10];
    int num;
    int age;
    char addr[15];
};
void main()
{    FILE *fp;
     int i;
     struct stu boya[2],boyb[2],*p,*q;
     p=boya;
     q=boyb;
     if((fp=fopen("stu_list.txt","w+"))==NULL)
     {
         printf("Can not open file,strike any key exit!");
         getche();
         exit(0);
     }
     printf("\nInput two reccrds:\n");
     for(i=0; i<2; i++,p++)
         scanf("%s%d%d%s",p->name,&p->num,&p->age,p->addr);
     p=boya;
     for(i=0;i<2; i++,p++)
         fprintf(fp,"%s %d %d %s\n",p->name,p->num,p->age,p->addr);
     rewind(fp);
     while(!feof(fp))
     {
         fscanf(fp,"%s%d%d%s",q->name,&q->num,&q->age,q->addr);
         ++q;
     }
     printf("\n\nname\tnumber\tage\taddr\n");
     q=boyb;
     for(i=0; i<2; i++,q++)
         printf("%s\t%d\t%d\t%s\n",q->name,q->num,q->age,q->addr);
     fclose(fp);
}
```

运行情况如下：

```
Input two records:
Zhang 1 19 2-101✓
Li 2 20 2-102✓
```

```
Name     number    age      addr
Zhang    1         19       2-101
Li       2         20       2-102
```

与例 7.6 相比，本程序中 fscanf() 和 fprintf() 函数每次只能读/写一个结构体数组元素，因此采用了循环语句来读/写全部数组元素。还要注意指针变量 p、q，由于循环改变了它们的值，因此在程序的 25 和 35 行分别对它们重新赋予了数组的首地址。

可以打开查看本程序所产生的文本文件 stu_list.txt，其内容如下：

```
Zhang 1 19 2-101
Li 2 20 2-102
```

由此可见，同行数据之间的分隔符是空格，行尾有换行符。这正是本程序在 fprintf() 函数的格式控制串中所指定的控制符。

读者可以试着将程序中的 fprintf() 和 fscanf() 函数作如下改动：

```
fprintf(fp, "%s,%d,%d,%s\n", p->name, p->num, p->age, p->addr);
fscanf(fp, "%s,%d,%d,%s", q->name, &q->num, &q->age, q->addr);
```

分析程序运行结果，并查明原因所在。

7.5 文件的随机读/写

前面介绍的对文件的读/写方式都是顺序读/写，即读/写文件只能从头开始，逐个、逐串和逐块读/写数据。但在实际问题中常要求只读/写文件中的某一指定部分。为了解决这个问题可移动文件内部的位置指针到需要读/写的位置，再进行读/写，这种读/写称为随机读/写。实现随机读/写的关键是按要求移动位置指针，这称为文件的定位。ANSI C 规定，实现文件定位的函数主要有两个，即 rewind() 函数和 fseek() 函数。

7.5.1 rewind() 函数

rewind() 函数前面已多次使用过，其功能是把文件内部的位置指针移到文件首。

其调用格式如下：

```
rewind(文件指针);
```

7.5.2 fseek() 函数

fseek() 函数用来任意移动文件内部位置指针。

其调用格式如下：

```
fseek(文件指针,位移量,起始点);
```

其中，"文件指针"指向目标文件。"位移量"表示移动的字节数，要求使用 long 型数据，以便在文件长度大于 64KB 时不会出错；位移量用常量时，要求加后缀"L"。"起始点"表示从何处开始计算位移量，规定的起始点有文件首、当前位置和文件尾三种。其表示方法如表 7-2 所示。

表 7-2 文件起始点及其表示

起 始 点	默认标识符	数 字 表 示
文件首	SEEK_SET	0
当前位置	SEEK_CUR	1
文件末尾	SEEK_END	2

例如：

```
fseek(fp,-100L,2);
```

此语句是把位置指针移到离文件尾 100 个字节处。

需要说明的是：fseek()函数一般用于二进制文件。在文本文件中，由于输入输出要进行二进制和 ASCII 码的转换，故往往计算的位置会出现错误。

通过 fseek()函数移动位置指针之后，即可用前面介绍的任意一种读/写函数对文件进行随机读/写。由于一般是读/写一个数据块，因此常用 fread()和 fwrite()函数。下面用例题来说明文件的随机读/写。

【例 7.8】在前面例题产生的学生文件 stu_list.dat 中，读出任一学生记录并显示在屏幕上。

源程序如下：

```c
#include <stdio.h>
#include <stdlib.h>
struct stu
{
    char name[10];
    int num;
    int age;
    char addr[15];
};

void main()
{
    FILE *fp;
    struct stu boy,*ps;
    int n;
    ps=&boy;
    if((fp=fopen("stu_list.dat","rb"))==NULL)
    {
        printf("Can not open file,strike any key exit!");
        getche();
        exit(0);
    }
    printf(" \nInput record number: ");
    scanf("%d",&n);
    fseek(fp,(n-1)*sizeof(struct stu),0);
    fread(ps,sizeof(struct stu),1,fp);
    printf("\n\nname\tnumber\tage\taddr\n");
    printf("%s\t%d\t%d\t%s\n",ps->name,ps->num,ps->age,ps->addr);
    fclose(fp);
}
```

运行情况如下：

```
Input record number:2✓
name     number    age      addr
Li       2         20       2-102
```

本程序用随机读的方法读出任意一个学生的数据记录。程序中定义 boy 为 stu 类型变量，ps 为指向 boy 的指针。第 24 行移动文件位置指针，其中 n 值由键盘输入，表示从文件头开始，移动 n−1 个 stu 类型的长度，然后再读出的数据即为第 n 个学生记录。

7.5.3　ftell()函数

ftell()函数的功能是得到流式文件中的当前读/写位置，用相对于文件首的位移量来表示。其调用格式如下：

```
ftell(文件指针);
```

该函数具有 long 型返回值，如果其返回值为–1L，则表示对当前文件的操作有误。例如：

```
if(ftell(fp)==-1L) printf("File error!\n");
```

7.6　文件检测函数

ANSI C中常用的文件检测函数有 feof()、ferror()和 clearerr()函数。

7.6.1　文件结束标志检测函数 feof()

函数调用格式如下：

```
feof(文件指针);
```

功能：判断当前文件的读写指针是否指向文件结束符。如果指向文件尾，则返回值为 1；否则为 0。

此函数在前面的例题中曾多次使用过，所以这里不再单独举例。

7.6.2　读/写文件出错检测函数 ferror()

函数调用格式如下：

```
ferror(文件指针);
```

功能：检查文件在使用各种数据读/写函数进行读/写时是否出错。如果 ferror 返回值为 0，表示未出错；否则表示有错。

正确执行 fopen()函数后，ferror()函数的初始值自动置为 0。

实际使用时，可以在每一个读/写函数的后面使用本函数检查数据读/写是否成功。例如：

```
fgets(str,100,fp);
if(ferror(fp)) printf("File reading error!\n");
```

7.6.3　文件错误标志和文件结束标志置 0 函数 clearerr()

函数调用格式如下：

```
clearerr(文件指针);
```

功能：本函数用于清除文件错误标志和文件结束标志，使 ferror()和 feof()函数之值都置为 0。例如：

```
clearerr(fp);
```

执行后，同时将函数 ferror(fp)和 feof(fp)的值变成 0。

习　题　7

一、选择题（从四个备选答案中选出一个正确答案）

1. 系统默认的标准输入文件是指（　　　）。

   A. 键盘　　　　　　B. 显示器　　　　　C. 软盘　　　　　　D. 硬盘

2. 下列关于文件操作的说法不正确的是（　　　）。

    A. 对文件操作必须先打开文件

    B. 对文件操作后应该关闭文件

    C. 文件的操作顺序只能是顺序

    D. 文件操作顺序可以是顺序，也可以是随机

3. 若 fp 是指向某文件的指针，且未读到文件的末尾，则表达式 feof(fp)的返回值是（　　　）。

    A. EOF   B. 1   C. 0   D. 非 0

4. 若要用 fopen()函数打开一个新的二进制文件，既能读也能写，则打开方式是（　　　）。

    A. rb+   B. wb+   C. ab+   D. ab

5. rewind()函数的作用是（　　　）。

    A. 使位置指针重新返回文件开头

    B. 使位置指针指向文件中的特定位置

    C. 使位置指针指向文件的末尾

    D. 使位置指针自动移到下一个数据位置

6. ftell(fp) 函数的作用是（　　　）。

    A. 得到流式文件的当前位置   B. 移动流式文件的位置指针

    C. 初始化流式文件的位置指针   D. 以上答案均正确

7. fgetc()函数的作用是从指定的文件读入一个字符，该文件的打开方式必须是（　　　）。

    A. 只写   B. 追加   C. 读或读写   D. 选项 B 和 C 都正确

8. fgets(str, n, fp)函数从文件读入一个字串，以下正确的说法是（　　　）。

    A. 字串读入后，末尾不会自动加'\0'

    B. 从文件中的当前位置最多读取 n-1 个字符

    C. 从文件中的当前位置最多读取 n 个字符

    D. 读取的字串只能存入数组中

9. 已知 fread()函数的调用形式为 fread(buffer, size, count, fp)，其中 buffer 代表的是（　　　）。

    A. 存放读入数据的存储区

    B. 指向所读文件的文件指针

    C. 存放读入数据的存储区的地址或指针

    D. 一个整型变量，表示要读入数据项的个数

10. 函数调用语句 fseek(fp, -10L, 2); 的含义是（　　　）。

    A. 将文件位置指针移到距离文件头 10 个字节处

    B. 将文件位置指针从当前位置向文件尾方向移 10 个字节

    C. 将文件位置指针从当前位置向文件头方向移 10 个字节

    D. 将文件位置指针从文件末尾向文件头方向移 10 个字节

二、填空题

1. 数据文件的两种存放形式有【1】和【2】。

2. 数据文件的两种存取方式是【1】和【2】。

3. 数据文件的存取是以【1】为单位的，这种文件被称做【2】文件。

4. 若执行 fopen()函数时发生错误，则本函数的返回值是【1】；正确执行 fopen()函数后，ferror()函数的初值是【2】。

5. 下面程序用来统计二进制文件 letter.dat 中的字符个数。

```
#include <stdio.h>
#include <stdlib.h>
void main()
{
    FILE *fp;
    long count=0;
    if((fp=fopen("letter.dat", 【1】))==NULL)
    {   printf("Can not open the file.\n");
        exit(0);
    }
    while(!feof(fp))
    {
        【2】;
        【3】;
    }
    printf("count=%ld\n",count);
    【4】;
}
```

6. 下面程序的功能是将文件 file1.c 的内容输出到屏幕上，并复制到文件 file2.c 中。

```
#include <stdio.h>
void main()
{
    FILE 【1】;
    char str[100];
    fp1=fopen("file1.c","r");
    fp2=fopen("file2.c","w");
    while(!feof(【2】))
    {
        puts(fgets(str,100,fp1));
        【3】;
    }
    fclose(fp1);
    fclose(fp2);
}
```

7. 下面程序从一个二进制文件中读入结构体数据，并把结构体数据显示在屏幕上。

```
#include <stdio.h>
struct rec
{
    int num;
    float total;
}

void main()
{
    FILE *fp;
    fp=fopen("bin.dat","rb");
```

```
        recout(fp);
        fclose(fp);
    }

    void recout(【1】)
    {
        struct rec r;
        while(!feof(fp))
        {   fread(&r,【2】, 1, fp);
            printf("%d,%f\n",【3】);
        }
    }
```

三、编程题

1. 从键盘输入一个字符串，将其中的小写字母转成大写字母后存入文件"upper.txt"中。然后再将该文件的内容显示到屏幕上。

2. 已知文件 number.dat 中存放着一组整数，编程统计输出该文件中的正整数、零和负整数的个数，并将统计结果存入该文件的尾部。

3. 从键盘输入 10 个实数存入文件中，并在该文件的尾部记录其中的最小值、最大值和平均值。

4. 假设磁盘上有两个文件 x.txt 和 y.txt，现要求将两个文件内容合并（x.txt 文件内容在前，y.txt 文件内容在后），并将合并后的内容存入文件 z.txt 中。

5. 从键盘输入若干行字符（每行长度不等）存入一磁盘文件。再将该文件各行中的大写字母依次存入另一个文件，并显示出来。

6. 已知文件 student.dat 中存放着一年级学生的基本情况，这些情况有以下结构体来描述：

```
        struct student
        {
            long num;                    /*学号*/
            char name[10];               /*姓名*/
            Int age;                     /*年龄*/
            char sex;                    /*性别*/
            char speciality[20];         /*专业*/
            char addr[30];               /*地址*/
        }
```

编程输出学号在 1001～1035 之间的学生学号、姓名、年龄和性别。

第 **8** 章　面向对象程序设计

面向对象（OOP）的编程模式体现了 3 个基本特征：数据封装、代码继承及方法多态。

数据封装实现了设计目标所需数据结构及相关操作方法的封装。代码继承实现了源代码的重用机制，即在不修改原代码基础上，由继承机制得到派生类，扩充了现有的模块功能。而多态性体现了同一个成员函数在不同的代码环境中体现出多种不同的处理方法，使不同对象接收到相同消息时产生不同算法。本章主要围绕这三个基本特征阐述面向对象的程序设计过程。

8.1　C++的输入/输出

与 C 编程环境中的 scanf()及 printf()库函数相比较，C++编程环境下的数据输入与数据输出功能被封装在标准输入/输出流库中，因而在 C++程序中必须用预编译语句包含 iostream.h 头文件。在 C++源程序中，用关键字 cin 实现输入功能，用关键字 cout 实现输出功能，由于 cin 和 cout 语句的简洁化，使得在 C++中实现数据的输入、输出异常简单。

8.1.1　数据输出

语句格式如下：

```
cout<<变量/常量/表达式;
```

说明：关键字 cout 定义在 iostream.h 头文件中，这是一个表示输出流的全局对象。符号"<<"表示被重载的插入运算符，表示将插入运算符右侧变量/常量/表达式的运算结果向标准输出设备（屏幕 cout）显示输出。

【例 8.1】输出字符串常量、变量及表达式结果。

源程序如下：

```
#include <iostream.h>
void main()
{
    double pi=3.14159;
    char Message[]={"Hello C++!"};
    cout<<Message<<'  ';
    cout<<pi<<endl;
    cout<<"pi*10="<<pi*10<<endl;
}
```

运行结果：

```
Hello C++! 3.14159
pi*10=31.4159
```

解释：关键字 endl 在 C++中表示行结束符，用于输出流中，在屏幕上起到换行作用，另外还兼有刷新输出缓冲区的作用。cout 是带缓冲的输出流全局对象，这表明只有当输出缓冲区满或执行 endl 时才将缓冲区内容显示在屏幕上。如果输出流中缓冲多个被显示的数据，则按照 cout 语句自左向右的顺序向屏幕输出。

8.1.2　数据输入

语句格式如下：

```
cin >> 已定义的变量列表；
```

说明：关键字 cin 定义在 iostream.h 头文件中，这是一个表示输入流的全局对象。符号 ">>"表示被重载后的提取运算符，该语句可将键盘输入的数据按输入顺序分别保存到变量列表中。

【例 8.2】输入整型、浮点型和字符串数据。

源程序如下：

```
#include <iostream.h>
void main()
{
    int var_1;
    double var_2;
    char str[32];
    cin>>var_1>>var_2>>str;
    cout<<var_1<<' '<<var_2<< ' '<<str<<endl;
}
```

运行结果：

```
输入：235✓  12.3✓   zxcvb ✓
输出：235 12.3 zxcvb
```

解释：在实现键盘输入过程中，也可用空格键代替回车键分隔多个被输入的数据。

8.1.3　输入/输出的应用

实际应用中，往往对数据输入/输出的格式、精度做出具体要求，下面对 cout 和 cin 语句做进一步探讨。

1．输出格式的设置

语句格式如下：

```
cout.setf(ios::格式控制符)；
```

说明：常用的格式控制符有 scientific 和 fixed，分别表示科学记数格式与固定小数位格式，这些格式控制符都被定义在 iomanip.h 标准库中。

【例 8.3】实现两种不同格式的输出。

源程序如下：

```
#include <iostream.h>
#include <iomanip.h>
void main()
{
    float fvalue;
    cout<<"输入:"<<endl;
    cin>>fvalue;
    cout<<"标准格式: "<<fvalue<<endl;
```

```
cout.setf(ios::scientific);
cout<<"科学记数法格式: "<<fvalue<<endl;
cout.setf(ios::fixed);
cout<<"固定小数点格式: "<<setprecision(5)<<fvalue<<endl;
}
```

运行结果:

```
输入:       12.34567
标准格式: 12.3457
科学记数法格式: 1.234567e+001
固定小数点格式: 12.346
```

2. 控制数据输出宽度

语句格式如下:

```
setw(N);
```

说明: 设置输出数据项占屏幕的域宽为 N。

【例 8.4】格式化输出多个字符串。

源程序如下:

```
#include <iostream.h>
#include <iomanip.h>
void main()
{
    char* ps[]={"Visual Basic","Java","C++","Pascal","Fortran","Cobol"};
    for(int i=0;i<=5;i++)
    {
        cout<<setw(12)<<ps[i];
        if(i==2) cout<<endl;
    }
}
```

运行结果:

```
Visual Basic        Java         C++
      Pascal     Fortran       Cobol
```

3. 文本数据的输入

语句格式如下:

```
cout.getline(字符缓冲区首址,N,'\n');
```

说明: 字符缓冲区用于保存键盘输入的文本数据, N 表示该缓冲区最多保存 N–1 个字符 (最后保存字符串结束标志符), 参数'\n'表示该输入过程以回车键结束。

【例 8.5】输入带空格的文本数据。

```
#include <iostream.h>
void main()
{
    char buf[32];
    cout<<"输入字符序列:"<<endl;
    cin .getline(buf,10,'\n');
    cout<<"buf="<<buf<<endl;
}
```

运行结果:

输入字符序列: asd asd asd
输出:　　　　　　　buf=asd asd a

提示：有关更多的格式控制符的用法，可以查看微软联机技术文档(MSDN)。

8.2　类的定义

下面对体现面向对象编程模式的3个基本特征作具体阐述。

8.2.1　基本概念

1．数据抽象

为了对数据抽象的概念进行具体解释，我们以"人事信息管理"为软件设计的目标（Object），发现软件使用者——企业或单位的人员结构通常很复杂。但仔细分析会找到这些人员结构信息中的最基本特征，例如有"经理"头衔的人，必然与"姓名，性别，年龄，学历，所在部门，年薪及工作业绩……"相关联，而"雇员"就仅与"姓名，性别，年龄，工作部门，年薪……"相关联，而是"临时工"一般只与"姓名，性别，年龄，所承担工作，月薪……"相关联。软件设计中数据抽象的结果应该是体现软件设计目标中的具有基本特征的信息。

因而对于上述例子我们得到下列结论：该企业中各类不同"对象"中，无论是经理、雇员、临时工所具备的基本特征信息是"姓名，性别，年龄"。所以，上述基本特征就是"人事信息管理系统"的信息抽象结果，这些数据抽象结果在C++中可使用类定义来实现"人事信息管理系统"中的数据封装。因而，数据抽象是提取某类事物最基本特征的思维过程。

2．数据封装

在C++系统中，使用类定义可将体现设计软件目标所需的信息及相关的操作封装在一起。如果软件设计目标是"二维构图系统"，显然需要封装的基本信息是"点"（point）信息，又如果软件设计目标是"人事信息管理系统"，则需要封装的基本信息是"人"（person）信息，在此基础上，派生出"雇员"、"经理"类。

由此可见，在针对用户需求的具体目标进行软件设计时，软件开发人员首要的是集中精力考虑软件系统内部的基本数据结构如何实现，如何体现对象的基本特征，又如何实现内部数据的具体操作（算法）。

3．继承与派生

体现设计目标最基本特征的数据被封装在"基类"中，例如"人事信息管理系统"中的"人（person）"就可定义为基类。而通过继承基类得到派生类才在程序中发挥实际作用，例如像"经理"、"雇员"或"临时工"。这些类继承了基类的基本特征，在基类的基础上又添加了体现该派生类的数据结构和操作。所以，C++系统中的"继承性"实现了代码重用，提高了编程效率，很容易实现模块的扩充。

4．多态性

多态性体现了源程序代码后期联编中，同一个方法（成员函数）在不同对象中有着不同的运行状态（结果）的机制，又称"一个接口，多种形态"。例如，在"人事信息管理系统"中，原始基类为 person 类，该基类的派生类可有 student 类、employees 类及 manager 类。这些类中都具有发放工资的方法，实现该方法的函数在这些类中名可以相同，但实现发放工资的算法肯定不同。因而同样的方法因不同对象（同一个基类的派生类）而体现出不同的运算效果，这种效果被称为代码后期联编的多态性。

8.2.2 类定义

理解类和对象最佳方式是创建一些简单例子。根据上述内容，在开始定义类时，应抽取出描述该类对象最基本特征的信息，尽量保持类定义的简洁与一般性，被封装的数据信息在类定义中被称做"数据成员"，实现这些数据的运算方法称为"成员函数"，下面分别定义如下类及与其相关的数据成员。

如果定义复数类，应包含实部和虚部两个数据成员；如果定义日期类，则应包含年、月、日 3 个数据成员；如果定义计算机类，应至少包含计算机品牌、型号、出厂日期及价格 4 个数据成员。

1. 类定义一般格式

```
class <类名>
{
    public | private  | protected:         /*数据成员的访问权限*/
        定义数据成员；
    public | private  | protected:         /*成员函数的访问权限*/
        定义成员函数 ；
};
```

说明：类定义名与数据成员名的命名规则与变量命名规则一致。关键字 public | private | protected 说明类定义中成员被外界的访问权限被设置为公有的、私有的和受保护的。

数据成员由 int，char，float，double（基本数据类型）修饰的变量列表所构成，而成员函数由函数定义体构成，成员函数实现了与该类中数据成员相关的运算。

【例 8.6】定义复数类 complex，其中包含两个数据成员 real 及 image，分别表示复数的实部及虚部，则有如下类定义：

```
class complex
{
    private:/*设置私有数据成员，使该成员仅在本类定义中有效，即作用域被限制在本类中*/
        double real;
        double image;
};
```

【例 8.7】定义日期类 Date，其中包含 3 个公有的数据成员 year、month、day，它们分别表示年、月、日，则有如下类定义：

```
class  Date
{
        public:/*公有成员的作用域覆盖整个源程序，即在主函数中可直接访问该类对象的成员。*/
        int year;
        int month;
        int day;
};
```

说明：当数据成员的访问权限设置被为公有时，该成员在源程序的任何位置直接被访问，从这个意义上说它破坏了类的封装性。因而在一般情况下，数据成员的访问权限被设置为私有的。

【例 8.8】定义计算机类 Computer，设有 4 个保护型的数据成员 trademark、model、date、price，分别表示计算机的品牌、型号、出厂日期及价格，则有如下定义：

```
class Computer
{
    protected:   /*受保护的数据成员的作用域从该类定义开始一直延续到派生类中*/
    char trademark[32];
    char model[32];
    char date[12];
    float price;
};
```

说明：假如上述 4 个数据成员不能表征计算机的基本特征，则应继续向 Computer 类中添加新成员。

2. 定义成员函数

成员函数被封装在类定义中，它实现了与该类数据成员相关的操作方法。通常成员函数被设置为公有的访问权限，因而对外部程序而言，成员函数提供了访问类内部数据成员的接口。通常情况下，用于实现数据成员的初始化及输出，也可完成对数据成员的运算。

【例 8.9】定义复数类 complex，在例 8.6 基础上添加两个成员函数，init()实现数据成员的初始化，modules()实现复数类数据成员的运算。

```
class complex
{
    private :
        double  real,imag;
    public:
        void init(double r,double i)     /*数据成员初始化*/
        {   real=r;
            image=i;
        }
        double modules()                 /*复数的模运算*/
    {
    double  result=sqrt(real*real+image*image);
        return result;
    }
};
```

说明：成员函数 init()实现了私有数据成员 real 及 image 的初始化，成员函数 modules ()输出复数模值。

【例 8.10】定义日期类 Date，在例 8.2 基础上添加两个成员函数 Enter()及 Show()，分别实现 3 个私有数据成员的初始化及显示输出。

```
class Date
{
    private:
        int year,month,day;
    public:
        void Enter(int y,int m,int d)
        {
            year=y; month=m; day=d;
        }
    void Show()
    { cout<<year<<":"<<month<<":"<<day<<endl;  }
};
```

说明：成员函数 Enter()实现了数据成员的初始化；成员函数 Show ()实现了数据成员的显示输出。

注意：类定义描述了该类对象的基本特征与相关运算，因而在书写类定义时，先书写数据成员，接着书写实现数据成员运算的成员函数，这种书写风格符合一般性思维模式。就类定义的书写风格而言，在 C++中对此没有作硬性指定，但显然按照一般性思维模式书写源程序同样是软件设计良好风格的体现。

3. 类定义的另一种格式

也可用下列格式实现类定义：

```
class <类名>
{
      public  |  private  |  protected:
                定义数据成员;
      public  |  private  |  protected:
                成员函数原型声明;
};
      类型   类名:: 成员函数定义体;
```

【例 8.11】定义计算机类 Computer，设有 4 个私有的数据成员 trademark、model、date、price，分别表示品牌、型号、出厂日期及价格，并有两个成员函数 init_computer()及 show_computer()，实现对数据成员的输入及输出。

```
class Computer
{
      private:
          /*四个数据成员的定义*/
      public:
          void init_computer(char *,char *,char *,float);
          void show_computer(void);
};
void Computer::init_computer(char *t,char *m,char *d,float p)
{
      strcpy(trademark,t);  strcpy(model,m);
      strcpy(date,d); price=p;
}
void Computer::show_computer(void)
{
      cout<<"trademark:"<<trademark<<endl;
      cout<<"model:"<<model<<endl;
      cout<<"date:"<<date<<endl;
      cout<<"price:"<<price<<endl;
}
```

说明：这种类定义格式要求在类定义中书写成员函数原型声明，在类定义之后书写这些成员函数的具体实现。成员函数左侧的双冒号"::"表示该成员函数归属某某类。这种书写格式可将类定义部分写入头文件(.h)，而成员函数定义的实现部分写入 C++源文件(.cpp)中，这显然有助于大源程序文件的管理，在 Visual C++程序中使用的就是这样的程序结构。从初学者的角度出发，我们仍然采用了第一种最直观的类定义的写法。

【例 8.12】 定义学生类 Student,,其中包含个 4 个数据成员，学号（stunum）、姓名（name）、数学成绩（math）和计算机成绩（comp）。另包括 3 个成员函数，init()实现数据成员的初始化；show()实现数据成员的输出；aver()实现两门课程的均值。

源程序如下：

```cpp
#include <iostream.h>
#include <string.h>
class Student
{
    private:
        long stunum;                                    /*学号*/
        char name[32];                                  /*姓名*/
        int math, comp;                                 /*数学，计算机成绩*/
    public:
        void init(long s,char *n,int m,int c)           /*初始化成员函数*/
        {   stunum=s;
            strcpy(name,n);
            math=m;
            comp=c;
        }
        void show()                                     /*显示输出成员函数*/
        {
            cout<<"学号:"<<stunum<<endl;
            cout<<"姓名:"<<name<<endl;
            cout<<"数学成绩:"<<math<<endl;
            cout<<"计算机成绩:"<<comp<<endl;
        }
        float aver()                                    /*计算平均成绩的成员函数*/
        {
            float aver_value=(math+comp)/2.0;
            return aver_value;
        }
};
```

由前例可见：类定义一般性规律如下：

首先考虑面向的对象模型是什么、如何描述？再抽取体现对象的基本特征，例如编制课桌类 desk，就要有体现 desk 特征的长、宽、高及素材等基本数据成员。为了实现数据封装，使外部程序不能直接访问类中的数据成员，将这些能体现对象特征的数据以 private 访问权限加以限制。为向外部程序提供访问数据成员的接口，编制公有的成员函数，同样也放在类定义中。

8.3 对象及对象初始化

如果把类定义作为该类对象的抽象，则对象是类的实例，对象是该类定义在程序中的具体体现。

8.3.1 对象

对象定义一般格式如下：

> 已定义类名　对象列表；

说明：类名必须事先被定义，对象列表中的每个对象名之间用逗号分隔，表示一条语句定义多个同类对象。C++编译器对该语句做如下处理，按照该类定义所指定的数据成员及成员函数给每个对象实例分配存储单元，并实现数据成员的缺省初始化。

【例 8.13】定义 complex 复数类对象 c1、c2。

源程序如下：

```
#include <iostream.h>
#include <math.h>
class complex
{
    private :
        double real,image;
    public:
        void init(double r,double i)
        {   real=r; image=i;   }
        double modules ()
        {
            double result;
            result=sqrt(real*real+image*image);
            return result;
        }
};
void main()
{
    complex c1,c2;
}
```

说明：例 8.13 中定义了两个复数类的对象 c1、c2，其中系统给 c1 分配了 16 个字节的存储单元，用于存储两个双精度类型的数据成员 real 和 image，同样 c2 也是如此。在没有调用 init() 成员函数初始化之前，用于存储 real 和 image 的存储单元值是任意的。一旦调用了某对象的 init() 函数，则该对象数据成员所占用存储单元按指定值初始化。因此，成员函数 init() 及 output() 也要占用存储空间，但与数据成员所不同的是：成员函数所占存储空间被复数类对象所共享，也就是说无论 c1 还是 c2 都可共用同一个 modules 成员函数来计算不同复数对象的模值。

8.3.2　访问数据成员

类定义中被封装的数据成员体现了类的基本特征，为了体现数据的封装性，一般都把数据成员指定为私有的访问权限，因而必须通过调用公有的成员函数来访问私有的数据成员。

一般格式如下：

    已定义对象名 . 成员函数(实参表);

【例 8.14】在主函数中调用成员函数初始化数据成员。

源程序如下：

```
#include <iostream.h>
#include <math.h>
class complex
{   …;   };
void main()
{
    complex c1;
    c1.init( 3.0,4.0);
    cout<< c1. modulus ();
}
```

运行结果：

```
5.0
```

说明：如果类定义中的数据成员的访问权限被定义为 public，则在主函数中可直接访问。

【例 8.15】访问公有数据成员。

源程序如下：

```
class complex { … };
void main()
{
    complex c2;
    c2.real=3.0;
    c2.imag=4.0;
    cout<<c2. modulus ();
}
```

运行结果：

```
5.0
```

【例 8.16】定义日期类对象 d1、d2，把 d1 表示当前日期，d2 表示明天。

说明：首先定义 Date 类，其中封装了 3 个数据成员 year、month、day，分别表示 Date 类对象的年、月、日。接着在 Date 类中定义与年月日相关操作，4 个成员函数分别表示数据成员的初始化及 3 个数据成员的获取。最后在主函数中定义两个 Date 类对象 d1 和 d2，完成两个日期类对象的初始化。

源程序如下：

```
#include <iostream.h>
class Date
{
    private:
        int year,month,day;
    public:
        void init_Date(int y,int m,int d)
        {
            year=y;  month=m; day=d;
        }
        int get_year()
        {   return year;  }
        int get_month()
        {   return month;   }
        int get_day()
        {   return day;     }
};
void main()
{
    Date d1,d2;
    d1.init_Date(2008,7,23);
    d2.init_Date(2008,7,24);
    cout<< "明天日期:"<<d2.get_year()<<"年"<<d2.get_month()<<"月"<<d2.get
    _day()<<"日"<<endl;
}
```

运行结果：

```
明天日期: 2008 年 7 月 24 日
```

由前例可以看出：成员函数的主要作用是完成对数据成员的输入、输出，提供了本类对象接口，实现了对象可操作性。说明通过调用公有成员函数可获取类中的私有数据成员值。例如，在几何构图系统中的对象都应包含体现几何元素的可视性及可移动性，则应在类中包含支持上述操作的成员函数。而人事信息系统中的对象都应包含信息查询、统计、编辑修改的功能，则在人事信息系统的类中封装上述操作的成员函数。

8.3.3　对象初始化

在类定义中可提供专用于对象初始化的成员函数，但此并非上策。这是由于 C++编译器内部已经为实现对象初始化提供了缺省的构造函数，也就是说如果类定义中没有编写自定义构造函数，则系统按照缺省构造函数为该类对象分配存储空间并初始化。如果我们希望在主函数中定义具有实际意义的对象，就必须自定义构造函数实现对象初始化。

1.　构造函数

构造函数（constructor）是一种特殊的成员函数，用于向该类对象分配存储空间并初始化数据成员。构造函数的定义方式有以下 3 点要求：

（1）构造函数名与类定义名相同

（2）构造函数无须书写返回类型

（3）构造函数的访问权限必须是公有的

构造函数在创建该类对象时被 C++编译器自动调用，实现该类对象数据成员的初始化。构造函数定义格式如下：

```
public:
     构造函数名(形参表)
     {
         数据成员的初始化语句;
     }
```

说明：当类定义中没有自定义构造函数时，在主函数中定义该类对象时，C++编译器将自动调用系统缺省构造函数，为对象的数据成员分配存储空间。

【例 8.17】定义日期类 Date，其中包含 3 个数据成员，分别为 year、month、day，使用构造函数完成日期类对象 d3 的初始化并输出当前日期。

源程序如下：

```
#include <iostream.h>
class Date
{
    private :
        int year,month,day;
    public:
        Date(int y,int m,int d)
        {
            year=y;  month=m; day=d;
        }
        void display()
        {
            cout<<year<<"年"<<month<<"月"<<day<<"日"<<endl;
        }
};
void main()
{
```

```
        Date d3(2008,7,23);
        d3.display();
    }
```

运行结果：

```
2008 年 7 月 23 日
```

也可用下列语句实现构造函数初始化：

```
Date(int y,int m,int d):year(y),month(m),day(d)
{ }
```

说明：某些教科书中使用构造函数实现对数据成员的初始化时，采用"初始化参数列表"实现对象初始化。但第一种形式符合传统的书写/阅读习惯，所以本文仍然采用第一种形式。

2. 析构函数

析构函数也是一类非常特殊的成员函数，它在程序运行结束之前被系统自动调用，通常用于释放用户占用内存等事务。析构函数与类定义同名，区别在于，析构函数名前加上"～"符号。注意：析构函数不带任何参数，也不能被重载。

【例 8.18】析构函数实例。

源程序如下：

```
#include <iostream.h>
class Date
{
    private:
        int year,month,day;
    public:
        Date(int y,int  m,int  d);          /*构造函数原型声明*/
        ~Date();                            /*析构函数原型声明*/
        void displaydate()
        {   cout<<"the Date is "<<year<<"/"<<month<<"/"<<day<<endl; }
};
Date::Date(int y,int  m,int d)              /*定义构造函数*/
{   year=y;  month=m;  day=d;          }
Date::~Date()                              /*定义析构函数*/
{   cout<<"desturctor is called..."<<endl;  }
void main()
{
    Date d4 (2008,8,29);
    d4.displaydate();
    cout<<"exiting main..."<<endl;
}
```

运行结果：

```
the Date is 2008/8/29
exiting main…
destructor is called…
```

说明：由程序运行结果看到，在主函数结束之前，析构函数被系统自动调用。

8.4 构造函数重载及参数的缺省值

8.4.1 理解函数重载

函数重载机制发生在如下环境：C++源程序中可以定义多个同名函数，这些函数的名相同但其形参（函数所带参数个数，类型）各不相同。当编译并运行该段程序时，编译器根据同名函数的实参、形参匹配的原则来决定启动哪个函数，该现象被称做"函数重载"。

【例 8.19】函数重载实例。

源程序如下：

```
#include <iostream.h>
void  show_message(char*);      /*两个同名函数,但参数不同*/
void  show_message(void);
void main()
{
    show_message("Hello Computer!");
    show_message();
}
void show_message(char*message)
{   cout<< message; }
void show_message()
{   cout<<"C++,Ok!"; }
```

运行结果：

```
Hello Computer!   C++ Ok!
```

由程序运行结果看到：主函数中的第一条语句调用了带字符指针形参的 show_message()函数，而第二条语句根据参数匹配原则调用不带任何参数的 show_message()函数。所以当编译器编译并执行该程序时，会根据函数参数匹配的原则来决定调用哪个函数。

8.4.2　构造函数重载

构造函数仅仅是一种功能上非常特殊的成员函数。与一般的成员函数相比，除了形式上的差异之外，最主要的差异就是通常不被其他程序直接调用，而是在创建该类对象时被编译器自动调用，创建该对象的实际模型。因而，构造函数的重载就被赋予了更深的含义。

【例 8.20】定义学生类 student，定义两个构造函数，一个实现中小学生信息的初始化，另外一个实现大学生信息的初始化。

源程序如下：

```
class student
{
    private:
        long stunum;                     /*学号*/
        char speci[32];                  /*专业*/
        char name[12];                   /*姓名*/
        float score;                     /*成绩*/
    public:
        student(char *na,float sc)       /*为中小学生准备的构造函数*/
        {
            strcpy( name,na);
            score=sc;
        }
        student(long sn,char *sp,char *na,float sc)    /*为大学生准备*/
                                                        /*的构造函数*/
        {   stunum=sn;
            strcpy(speci,sp);
            strcpy(name,na);
            score=sc;
        }
    };
```

说明：学生类 student 中包含了不同身份学生的信息，我们可使用重载构造函数机制，在程序中为中小学生构造其对象（不包含大学生信息），同时也为大学生构造对象提供重载的构造函数，这是个简洁而实用的技术。

【例 8.21】设计动态数组类 CArray，改进 C/C++中数组下标超限使用的错误。

类名定义为 CArray，其中包括两个数据成员：数组长度 length 和数组起始地址 pCArray，并包含两个重载的构造函数，一个是自定义的缺省构造函数，另一个是实现数组初始化的构造函数。一个析构函数释放数组所占存储空间、其余的两个成员函数作用分别是设置数组元素与获取数组元素值。

源程序如下：

```cpp
#include <iostream.h>
#include <stdlib.h>
class CArray
{
    private:
        int *pCArray;              /*数组的起始地址*/
        int length;               /*数组尺寸*/
    public:
        CArray()                  /*自定义的缺省构造函数*/
        {
            pCArray=NULL; length=0;
        }
        CArray(int n)             /*实现数组初始化的构造函数*/
        {
            pCArray=new int[n]; /*分配n个整型的存储单元,其首地址赋值给pCArray*/
            if(!pCArray)          /*如果内存分配无效则返回系统*/
            {
                cout<<"Momery allocation error!"<<endl;
                exit(0);
            }
            length=n;
        }
        ~CArray()
        {
            delete[] pCArray; /*在析构函数中释放指针pCArray所指向的连续存储空间*/
        }
        int get_length(void)
        {    return length;   }
        int* get_pCArray(void)
        {    return pCArray; }
        int get_element_value(int num)
        {
            if(num>=0&&num<length)
                return*(pCArray+num);
            else
                cout<<"数组边界错误!";
            return 0;
        }
        void set_element_value(int num,int value)
        {
```

```
                    if(num>=0&&num<length)
                        *(pCArray+num)=value;
                    else
                        cout<<"数组边界错误!";
                }
        };
        void main()
        {
            CArray sz1(10);  /*分配了拥有 10 个整型存储单元的存储空间*/
            for(int i=0;i<10;i++)
                sz1.set_element_value(i,2*i);
            for(i=0;i<10;i++)
                cout<<sz1.get_element_value(i)<<" ";
        /*sz1.get_element_value(10);如果执行该语句，会显示"数组边界错误!"提示*/
        }
```

运行结果：

```
0  2  4  6  8  10  12  14  16  18
```

8.4.3　函数参数的缺省值

参数缺省值主要用于下列情况：当已设置缺省参数的函数被调用时，又不给该函数传入任何实参，则该函数会使用缺省参数代替实参。

【例 8.22】定义 point 类，其中包括两个私有的数据成员 x、y，分别表示该点在直角坐标系的坐标位置。设置带缺省参数的构造函数，在主函数中创建不带任何实参的 point 类对象时，我们就把该对象设置为坐标原点。

源程序如下：

```
        #include <iostream.h>
        class point
        {
            private:
                int x,y;
            public:
                point(int xx=0,int yy=0)      /*带缺省参数的构造函数*/
                {
                    x=xx;
                    y=yy;
                }
                int get_x()
                {  return  x;  }
                int get_y()
                {   return y;  }
        };
        void main()
        {
            point p1;                    /*此时所定义的point类对象p1就表示坐标原点*/
            point p2(3,5);
            cout<<"p1="<<p1.get_x()<<"  "<<p1.get_y()<<endl;
            cout<<"p2="<<p2.get_x()<<"  "<<p2.get_y()<<endl;
        }
```

运行结果：
```
p1=0   0
p2=3   5
```

8.5 静态成员及友元

下面对静态数据成员与静态成员函数分别讨论，在此基础上接着研讨友元函数。

8.5.1 静态数据成员

静态数据成员是具有静态存储类型的数据成员，它被定义在类中并在创建该类对象之前就完成了静态数据成员的初始化，因而在不破坏数据封装的原则下，使用它可实现多个对象之间的数据共享，其作用相当于类中的全局变量。静态数据成员被定义在类内部，而在类定义之外初始化。

静态成员定义及初始化格式：

```
static  数据类型  静态数据成员表；
数据类型  所属类名 ::静态数据成员名＝表达式/常量/被赋值变量；
```

【例 8.23】定义计算机类 Computer，其中包含 4 个私有的数据成员 trademark、model、date、price，分别表示计算机品牌、型号、出厂日期及价格，并设有一个公有的静态数据成员 count，用于统计当天的计算机产量。

源程序如下：

```cpp
#include <iostream.h>
#include <string.h>
class Computer
{
    private:
        char trademark[32],model[32],date[12];
        float price;
    public:
        static int count;           /*注意: 静态成员 count 被设置为公有的访问权限*/
        Computer(char *t,char *m,char *d,float p)
        {
            strcpy(trademark,t);
            strcpy(model,m);
            strcpy(date,d);
            price=p;
            /*如果是 08 年 25 日生产的计算机则累计当天的计算机产量*/
            if(strcmp(date,"2008-7-25")==0)
            {   count ++; }
        }
        void show_count(){
            cout<<"当日共生产了:"<<count<<"台联想计算机"<<endl;
        }
};
int Computer::count=0;             /*静态数据成员在类定义之外实现初始化*/
void main()
{
    Computer c1("联想","奔 6_100","2008-7-2",12001.3);
```

```
Computer c2("联想", "奔6_100","2008-7-25",12001.3);
Computer c3("联想", "奔6_100","2008-7-25",12001.3);
c3. show_count();
}
```

运行结果：

　　当日共生产了2台联想计算机

　　说明：主函数中创建了3个Computer对象，但静态数据成员count却仅创建一份。重要的是在创建Computer对象之前静态成员count就被初始化为0。从这个意义上分析，静态数据成员被本类的全部对象所共享，它所起到的作用相当于全局域变量。

　　对例8.22进一步分析发现：主函数中用对象c3来输出静态数据成员的运算结果，实在是不伦不类。因为该语句与静态数据成员所起的实际作用完全不符，这是由于某天生产的计算机台数与Computer某个对象之间没有直接的逻辑关系，由此引出了静态成员函数的概念。

8.5.2　静态成员函数

　　静态成员函数定义及调用格式：

```
static    类型   静态成员函数名(形参表)
{
    静态数据成员处理；
}
类名 ::静态成员函数名(实参表)；
```

【例8.24】对例8.23进行改进，用静态成员函数实现静态数据成员count的输出。

源程序如下：

```
class Computer
{ …;
   static void show_count()
   {
       cout<<"当日共生产了:"<<count<<"台联想计算机"<<endl; }
};
int Computer::count=0;/*静态数据成员在类定义之外实现初始化*/
void main()
{
    Computer c1("联想","奔6_100","2008-7-2",12001.3);
    Computer c2("联想","奔6_100","2008-7-25",12001.3);
    Computer c3("联想","奔6_100","2008-7-25",12001.3);
    Computer:: show_count();
}
```

运行结果：

　　当日共生产了2台联想计算机

　　说明：静态成员函数调用语句中的冒号"："表明该静态成员函数归属于Computer类，从更深层面上分析，C++编译器对源码编译扫描时就把静态成员函数驻留在代码区内存中，因而在该类对象被实例化之前静态成员函数的生命周期就已经开始了，且一直延续到程序运行结束之前，在该期间该函数都可被直接调用。

8.5.3　友元函数

　　友元函数被封装在类中，但它却不是类的组成部分，因此友元函数可被其他程序直接调用。

1. 友元函数声明格式

> friend 类型名 友元函数名(形参表);

2. 说明

① 必须在类定义中声明友元函数以关键字 friend 开头，后面与友元函数的函数原型。

② 注意友元函数不是类的成员函数，所以友元函数的实现和普通函数一样，在实现时不用 "::" 指示属于哪个类。

③ 友元函数不能直接访问类的成员，只能访问对象成员，友元函数可以访问对象的私有成员。

④ 调用友元函数时，在实际参数中需要指出要访问的对象。

【例 8.25】定义 point 对象，在主函数中创建两个 point 对象 myp1，myp2，之后计算两点之间距离。

源程序如下：

```cpp
#include <iostream.h>
#include <math.h>
class point
{
    private:
        int x,y;
    public:
        point(int xx,int yy){   x=xx;y=yy; }
        int GetX(){   return x; }
        int GetY(){   return y; }
        friend float fDist(point &a,point &b);   /*友元函数声明*/
};
float fDist(point &p1,point &p2)
{
    double x1=double(p1.x-p2.x);          /*外部函数可以访问类的私有成员*/
    double y1=double(p1.y-p2.y);
    return float(sqrt(x1*x1+y1*y1));
}
void main()
{
    point myp1(1,1),myp2(2,2);
    cout<<"The distance is:";
    cout<<fDist(myp1,myp2)<<endl;
}
```

运行结果：

```
The distance is:1.41421
```

说明：如果不使用友元函数，则该函数就不能使用类里面的私有成员，这样就要调用大量的公有成员函数来获取该私有成员，如要获取 p1.X，我们要调用 GetX()，造成较大的开销。因而从实际应用角度我们看到：友元函数声明在类中，可以直接使用类定义中的资源，而被定义在类外部，由主函数直接使用。所以，友元函数为外部程序访问类资源提供了便捷，提高了系统编译效率。友元函数 fDist()的实参是两个 point 对象引用 p1 和 p2。

3. 引用

下面对 C++中的引用进行说明。

一般格式如下：

> 类型 & 引用变量；

【例 8.26】引用实例。

源程序如下：

```
#include <iostream.h>
void main()
{
    int x=100;
    int &x_alias=x;
    x_alias++;
    cout<<"x="<<x<<endl;
}
```

运行结果：

```
x= 101
```

说明：引用是给一个已定义的变量起个别名，所以对引用的操作实际也就是对被它引用的变量的操作。使用引用的优点主要在于形式简单（优于指针）且占用系统资源很少。

8.6　对象数组和对象指针

对象数组的逻辑结构与数组相同，对于拥有 N 个元素对象数组的下标由 0 开始到 N–1 结束，每个数组元素存储同一类的对象。实际应用中对象数组具有广泛的应用价值。

8.6.1　对象数组

1．对象数组定义及初始化

语句格式：

> 类名　对象数组名 [N] = {构造函数名 (初始化列表 1)，构造函数名 (初始化列表 2)，……构造函数 (初始化列表 n)}；

说明：类必须先定义，中括号中的 N 表示该对象数组拥有 N 个数组元素，按照赋值号右侧的初始化列表顺序由左向右向每个数组元素赋值。

【例 8.27】定义日期类对象数组 D1，拥有 3 个数组元素，用构造函数初始化列表实现对象数组的初始化。

源程序如下：

```
#include <iostream.h>
class Date
{
    private:
        int year,month,day;
    public:
        Date(int y,int m,int d)
        {
            year=y;month=m;day=d;
        }
        void show(void)
        {
            cout<<year<<"/"<<month<<"/"<<day<<"  ";
        }
};
```

```
        void main()
        {
            Date D1[3]={Date(1999,1,1),Date(2000,1,1),Date(2001,1,1)};
            for(int i=0;i<3;i++)
            {D1[i].show();}
        }
```

运行结果为：

```
        1999/1/1   2000/1/1   2001/1/1
```

2. 对象数组的输入

随着数组尺寸的增加使得初始化列表无法表示，所以采用了如下编程方法，首先在主函数中定义对象数组（由缺省构造函数初始化），之后在循环结构中由键盘输入，并保存到每个数组元素中。

【例 8.28】编制学籍管理程序。首先定义学生类 student，其中包含 4 个数据成员，分别是学号 stunum，姓名 name，数学成绩 math，英语成绩 eng。在主函数中定义某班学生对象数组并初始化，最后显示输出。

源程序如下：

```
        #include <iostream.h>
        #include <string.h>
        #include <math.h>
        class student
        {
            private:
                char stunum[12];
                char name[12];
                int math;
                int eng;
            public:
                student(){ }                          /*缺省的构造函数*/
                student(char *s,char *n,int m,int e)  /*实现数组元素输入的构造函数*/
                {
                    strcpy(stunum,s);
                    strcpy(name,n);
                    math=m; eng=e;
                }
            void show_student(){ cout<<stunum<<" "<<name<<" "<<math<<" "<<eng<<endl; }
            };
            void main()
            {
                char xh[12],xm[12];
                int sx,ey;
                student xk071[2];
                for(int i=0;i<2;i++)
                {
                    cout<<"please enter student' information:"<<endl;
                    cin>>xh>>xm>>sx>>ey;
                    xk071[i]=student(xh,xm,sx,ey);
                }
                for(i=0;i<2;i++)
```

```
                {
                    xk071[i].show_student();
                }
        }
```

运行结果：

```
    please enter student' information:
    12345
    qqq
    67
    89
    please enter student' information:
    123123
    rrr
    67
    78
    12345 qqq 67 89
    123123 rrr 67 78
```

思考：为何在学生类中定义缺省构造函数？能否在此基础上添加学生信息查询功能？输入学号，显示相应的学生信息。

8.6.2 对象指针

指针可指向基本数据类型，也可指向数组、结构体等复杂类型的数据，当然也可指向对象。我们把指向对象的指针称为对象指针，将例 8.21 稍做修改，添加查询学生信息的成员函数。

【例 8.29】继续编制学籍管理程序，添加实现查询的成员函数。在主函数中定义某班学生对象数组并初始化，最后显示输出。

源程序如下：

```
    class student
    {   …;
        int seek_stunum(char *num)        /*字符指针 num 指向被查找学生的学号信息*/
        {
            if(strcmp(stunum,num)==0)
            {  return 1;}                  /*返回1表示查找指定学号学生*/
            else
            {  return 0;}                  /*返回0表示未找到*/
        }
    };
    void main()
    {
        char xh[12],xm[12];
        int sx,ey;
        student xk071[3],*pStu;
        pStu=&xk071[0];
        for(int i=0;i<3;i++)
        {
            cout<<"please enter student' information:"<<endl;
            cin>>xh>>xm>>sx>>ey;
            *(pStu+i)=student(xh,xm,sx,ey);
        }
        for(i=0;i<3;i++)
```

```
    {    pStu->show_student(); pStu ++;    }
    }
```

分析：在主函数中可继续添加实现查询运行结果略，读者可以自行分析。

8.6.3 指向类成员的指针

系统允许定义指向数据成员和成员函数的指针供程序中使用。

1. 指向数据成员指针

一般格式如下：

　　类型　类名:: *指针名

2. 指向成员函数的指针

一般格式如下：

　　类型 (类名::*指针名)(参数表)

【例 8.30】在 point 类中使用指向类成员指针实现对数据成员和成员函数操作。

源程序如下：

```
#include <iostream.h>
class point
{
    public:
        int x,y;
    public:
        point(int a,int b)
        {    x=a;y=b;    }
        void show_point(void)
        {    cout<<"x="<<x<<"    y="<<y<<endl;    }
};
void main()
{
    point p1(1,2);
    int point::*px=&point::x;    /*定义指向point类数据成员的指针px，指向数据*/
                                 /*成员x*/
    cout<<"p1.x="<<p1.*px<<endl;
    void (point::*pfunc)(void);  /*定义指向point类成员函数的指针pfunc*/
    pfunc=point::show_point;     /*指针pfunc指向成员函数show_point*/
    point *pp=&p1;
    (pp->*pfunc)();              /*调用point类成员函数，显示输出对象p1的信息*/
}
```

运行结果：

```
p1.x1=1;
x=1  y=2
```

说明：可用使用指向类成员的指针实现对数据成员的运算，很烦琐。如果不是必须使用它，则尽量少使用。

8.7 综 合 实 例

设计目标：编制字符串类 CString

功能：创建字符串类，实现字符串赋值、截取子串，子串链接等运算，源程序如下：

```
#include <iostream.h>
#include <string.h>
#include <stdlib.h>
#define maxlen 128
class CString
{
    private:
        int curlen;
        char ch[maxlen];
    public:
        CString(void)                /*缺省构造函数将字符数组 ch 初始化为空*/
        {   strcpy(ch,"");   curlen=0;   }
        CString(const char *ps)  /*表示 ps 是一个指向常字符串指针, 该字符串*/
                                 /*只能用不能修改*/
        {
            curlen=strlen(ps);   strcpy(ch,ps);
        }                        /*表示 c 是一个常引用, 被引用的 Cstring 对象只*/
                                 /*能用不得修改*/
        void evaluate(const CString &c)
        {
            this->curlen=c.curlen;
            strcpy(this->ch,c.ch);
        }
        void connection(const CString &c1,const CString &c2)
        {
        /*this 是编译器中为调用当前对象而隐藏存在的指针, 在创建当前对象时就存在*/
            this->curlen=c1.curlen+c2.curlen;
            strcpy(this->ch,c1.ch);
            strcat(this->ch,c2.ch);
        }
        /*从 c 中的第 m 个字符开始截取 n 个*/
        friend   CString cutstr(const CString &c,int m,int n)
        {
            CString temp;
            if(c.curlen< m+n)
            {   cerr <<"Enter m and n error!"<<endl;   }
            else
            {   temp.curlen=n ;
                for(int i=0;i<n;i++)
                {   *(temp.ch+i)=*(c.ch+m+i);   }
                *(temp.ch+i)='\0';
            }
            return temp;
        }
        void show_CString(void)
        {   cout<<"CString:"<<ch<<endl;  }
};
void main()
{
    CString c1("abc");  CString c2("def");
    CString c3,c4;  c3.connection(c1,c2);
```

```
        c4.evaluate(c3);      c3.show_CString();
        c4.show_CString();
        CString cy("123456789");
        CString cz=cutstr(cy,3,3);
        cz.show_CString();
    }
```

程序运行结果：

```
    CString: abcdef
    CString: abcdef
    CString: 456
```

说明：

本程序使用 3 个成员函数分别实现了字符串的赋值、链接与子串截取功能，并在程序中得以验证，其实系统已提供了其中大部分功能。但本程序的意义在于系统所提供的字符处理功能在这里被封装在我们指定的类 CString 中，更符合使用习惯。这里使用了 this 指针，是本对象自己的所拥有的指针，由 C++编译器所使用并隐含，所以 this 是指向本对象中的成员的指针。这里需要改进的有两点，一是功能尚须完善，应添加子串查找功能，试改之。

8.8   基类和派生类

继承与派生是面向对象的编程模式非常重要的机制，继承机制可在原始基类的基础上创建新类。被继承的类称为基类（base class），在基类的基础上派生出的新类称为派生类（derived class）。派生类不仅继承基类的原始特征及功能，还可根据实际需要添加体现派生类特征的数据成员和成员函数。使用继承机制，提高了源程序的可重用性和可维护性。

8.8.1   基本概念

基类：体现某类对象的最基本特征。

派生类：由基类派生而来，获得基类原始特征，再添加体现具体对象的特征而构成。

由基类向派生类过渡的编程模式符合由一般到具体的思维模式。由最基本抽象的事务开始设计，创建更为具体的对象。例如：从 engine 类开始设计，它包含 engine 最基本特征，在此基础上创建 boat engine 、car engine 及 airplant engine 等更复杂的类，我们把这些类称为派生类。

基类设计原则：在面向对象的程序设计过程中，抽取对象的基本特征，这些特征为对象共有的。当派生类派生自一个基类时，我们称之为单继承；当派生类派生自多个基类时，则这种继承被称之为多重继承（简称多继承），C ++系统既支持单继承也支持多继承。

8.8.2   单继承

在单继承中，基类可拥有多个派生类，但每个派生类仅继承一个基类。

1. 单继承语句格式

```
    class <基类名>                              /*基类定义*/
    {
        private | protected | public:
            基类数据成员与成员函数；
    };
```

```
class <派生类名>: <派生方式> <基类名>    /*派生类定义*/
{
    private | protected | public:
    新添加的数据成员与成员函数;
};
```

【例 8.31】首先定义基类 point，包含点坐标 x1、y1，接着定义线段类 line，它派生自 point 类，该线段的起始点源于 point 类，而该线段的终止点 x2、y2 由派生类 line 定义。主函数中创建线段类对象 L1，计算并输出该线段长度。

源程序如下：

```
#include <iostream.h>
#include <math.h>
class point
{
    protected:
        int x1,y1;
    public:
        point(){ x1=y1=0;}
        point(int xx,int yy)
        {
            x1=xx; y1=yy;
        }
};
class line: public point        /*派生类 line 继承了基类 point 的全部成员*/
                                /*(除 private 成员之外)*/
{
    private:
        int x2,y2;
    public:
        line(int xx1,int yy1,int xx2,int yy2):point(xx1,yy1)
        {
            x2=xx2;
            y2=yy2;
        }
        double distance()
        {
            double  x11=x1-x2;
            double  y11=y1-y2;
            return sqrt(x11*x11+y11*y11);
        }
};
void main()
{
    line L1(1,1,2,2);
    cout<<"distance="<<L1.distance()<<endl;
}
```

运行结果：

```
distance=1.41421
```

说明：基类 point 中包含线段的起始点信息 x1、y1，而派生类 line 公有继承了 point 类全部特征，则在 line 类中只需添加线段结束点信息 x2、y2。在派生类的构造函数中，需要给出基类、派生类对象全部参数，并且同时对基类进行构造。

派生方式有 3 种，分别是公有派生 public 、私有派生 private（很少用）、保护派生 protected，在公有派生中，派生类继承了基类中的全部数据成员和成员函数，派生类对象可直接访问基类的 public 及 protected 成员。

下面用例 8.32 来观察在创建派生类对象时，基类、派生类动态执行过程。

【例 8.32】先定义基类 base，包含一个私有的数据成员 base_message，用于存储基类信息。接着定义派生类 derived 拥有私有的数据成员 derived_message，用于存储派生类信息。主函数中显示基类、派生类对象的执行过程。

源程序如下：

```cpp
#include <iostream.h>
#include <string.h>
class base
{
    private:
        char base_message[32];
    public:
        base(char *message)
        {
            strcpy(base_message, message);
            cout<<"In base class constructor:"<<base_message <<endl;
        }
        ~base(void)
        {
            cout<<"In base class destructor:"<<base_message<<endl;
        }
};
class derived: public base
{
    private:
        char derived_message[64];
    public:
        derived(char *message):base("hello,base")
{
    strcpy(derived_message, message);
    cout<<"Inderived class constructor:"<<message<<endl;
}
~derived(void)
{
    cout<<"In derived destructor:"<<derived_message<<endl;
}
};
main()
{
    derived object("Hello World!");
}
```

程序运行结果：

```
In base class constructor: Hello,base
In derived  class constructor: Hello,world
```

```
In derived class destructor: Hello, world
In base class destructor:Hello, base
```

说明：由程序运行结果看到：由于派生类 derived 公有派生自基类 base，所以当实例化派生类对象时，首先启动基类构造函数，然后启动是派生类构造函数。当程序结束前对象被撤销时，首先启动派生类析构函数，最后才是基类析构函数，执行的顺序正好相反。这一结论恰恰验证了派生类继承了基类中的基本特征（数据成员），派生类依赖基类而生存。

总结派生类构造函数一般格式：

派生类构造函数(基类所需参数+派生类所需参数):基类构造函数(基类实参表)
{　　　　派生类数据成员初始化;
}

说明：派生类参数表中除了包含了自己所需要的形参之外，还应包括基类所需要的形式参数；基类参数表中的实参值由派生类形参数中得到；派生类构造函数仅完成派生类数据成员的初始化；创建派生类对象时，先执行基类的构造函数，再执行派生类的构造函数。

【例 8.33】磁盘是计算机的外部设备，用于长期保存数据，现在为磁盘编程。

遵循抽取对象基本特征作为基类数据成员的设计原则，设磁盘 disk 为基类。对磁盘进行分析，发掘拥有体现磁盘最基本特征的 4 个数据成员为扇区 sector、磁道 track、盘面 side 和存储容量 capacity。设计硬盘 hard_disk 为基类 disk 的一个派生类，拥有 5 个数据成员。除了拥有基类 4 个数据成员之外，还拥有派生类硬盘独有的数据成员柱面 volumn。再设计软盘 soft_disk 派生类，除了拥有基类 disk 四个数据成员之外，还拥有写保护 Write_protected 数据成员等。

源程序如下：

```cpp
#include <iostream.h>
class disk                                    /*基类定义*/
{
    private:
        int side,track,sector;
        long capacity;
    public:
        disk(int si,int t,int s)
        {
            side=si; track=t;sector=s;
            capacity=512*side*track*sector;
        }
        long get_capacity(void)
        {    return  capacity;    }
        void dislpay_disk(void)
        {    cout<<side <<" "<<track<<" "<<sector;    }
};
class hard_disk: public disk                  /*派生类 hard_disk 定义*/
{
    private:
        int volumn;
    public:
        hard_disk(int si,int t,int s,int v):    disk(si,t,s)
        {
            volumn=v;
```

```
    }
    long get_harddisk(void)
    {
        return volum*disk::get_capacity(); /*这里调用了基类定义的成员函数*/
    }
};
void main()
{
    disk d1(2,80,15);
    d1.dislpay_disk();
    hard_disk  d2(2,80,15,8);
    cout<<d2.get_harddisk()<<endl;
}
```

运行结果：

```
2    80  159830400
```

说明：公有派生使得派生类直接调用基类的公有或受保护成员。派生类必须通过调用基类公有成员函数实现基类私有成员的访问。

【例 8.34】单继承综合实例。

为某公司创建雇员档案，该公司的雇员档案具有如下数据结构：

经理（manager），雇员（employee）和临时工（jobber）3 类对象中，具有共性的属性为姓名、家庭电话。除此之外，经理拥有自己办公室电话、固定工资及奖金；而雇员与经理相比没有办公室电话属性，如表 8-1 所示。

表 8-1　雇员档案表

Manager	Employee	jobber	基类拥有的共性特征
name	Name	name	●
home phone	home phone	home phone	●
office phone	office phone		
salary level			
bonus level	bonus level		

首先切入基类设计，由表 8-1 分析并选择打"●"的公共特性作为基类 person 的数据成员，源程序如下：

```
#include <iostream.h>
#include <string.h>
class person
{
    private:
        char name[32];
        char home_phone[32];
    public:
        person(const char *n,const char *p)
        {
        strcpy(name,n);
        strcpy(home_phone,p);
        }
```

```
    void show_person(void)
    {
        cout<<"name:"<<name<<endl;
        cout<<"home_phone:"<<home_phone<<endl;
    }
};
class employee: public person   //派生类 employee
{
    private:
        char office_phone[32];
    public:
        employee(char *n,char *p,char *off):person(n, p)
        {
            strcpy(office_phone,off);
        }
        void show_employee(void)
        {
        show_person();
        cout<<"office_phone:"<<office_phone<<endl;
        }
};
/*自行设计 manager 和 jobber 类*/
void main()
{
    employee e1("张三","0311-8632225","0311-1234567");
    e1.show_employee();
}
```

运行结果：

```
name: 张三
home_phone 0311-8632225
office_phone 0311-1234567
```

问题：公有继承基类与受保护继承基类的区别究竟在哪？继续观察下面实例。

对例 8.34 中的基类 person 及派生类 employee 不变，仅对主函数作如下修改：

```
void main()
{
    employee e1("张三","0311-8632225","0311-1234567");
    e1.show_person();        /*派生类对象 e1 调用基类公有成员*/
}
```

运行结果：

```
name: 张三
home_phone:  0311-8632225
```

说明：主函数中输出雇员 e1 的个人信息，说明派生类公有继承基类成员，其作用域一直延续到主函数中。继续修改上述程序，把公有继承改为受保护继承，出现如下错误：

```
error 2248: "e1.show_person()" cannot access public member declared in
class "person"
```

说明：当保护派生时，基类被继承的公共成员与受保护成员在派生类中都成为受保护的成员，只能被它派生类成员函数或友元函数访问，因而派生类对象无法直接访问基类成员。基类的私有成员被限定在基类中，不能被任何方式继承。因此在面向对象的编程实践中，大多数情况下均使用公有派生方式实现继承。

2. 理解受保护的数据成员

当把一个类成员声明为公有（public）时，该成员可在整个程序（基类、派生类及主函数）中被访问。如果把一个数据成员声明为私有（private）的，那么该成员被封装在本类中，只能通过该类公有成员函数访问。但数据成员的保护权限如何体现？

【例 8.35】设置数据成员的访问权限实例。

源程序如下：

```
#include <iostream.h>
#include <string.h>
class base
{
    private:
        char base_message[32];
    public:
        int base_number;
        base(char *m,int n)
        {
            strcpy(base_message,m);
            base_number=n;
        }
};
class derived: public base
{
    private:
        char derived_message[32];
    public:
        derived(int n,char *d):base("Base message",n)
        {
            strcpy(derived_message,d);
        }
};
void main()
{
    derived object(1001,"hello world!");
    cout <<object.base_number <<endl;
}
```

程序运行结果：

```
1001
```

说明：在主函数中定义派生类对象 object，基类的公有数据成员 base_number 由派生类构造函数中的形参 n 初始化，这说明基类的公有成员的访问权限可跨越派生类，一直延续到主函数。如果将数据成员 base_number 访问权限改为

```
    private:
        int base_number;
```

再次运行程序，出现：

错误提示：'base_number' : cannot access private member declared in class 'base'

出现错误的原因是：私有成员只能被本类的成员函数访问，不能被派生类、其他函数直接访问。但根据程序的用途，有时需要给予基类成员的特殊访问权。此时应使用保护类成员，它可被派生类访问，但不能被主函数访问。

如果我们希望基类中的数据成员能被派生类访问，而不能在主函数中直接访问，则应改为

```
#include <iostream.h>
#include <string.h>
class base
{
    private :
    char base_message[32];
    protected:  int base_number;
    public: base(char *m,int n)
    {
    strcpy(base_message,m);
    base_number= n;
    }
};
class derived : public base
{
    private:
        char derived_message[32];
    public:
        derived(char *d,int n):base("Base message",n)
        {
        strcpy(derived_message,d);
        }
        void show_number(void)
        {
        cout <<"base_class number is  " <<base_number<<endl;
        }
};
void main()
{
    derived object("hello world!",1001);
    object.show_number();
}
```

运行结果：

```
base_class number is 1001
```

8.8.3 多重继承

一个派生类派生自多个基类，这意味着在公有派生情况下，除基类的私有成员之外，派生类将继承多个基类的成员。

1. 定义格式

```
class <派生类名>:<访问权限> 基类1,<访问权限> 基类2…,<访问权限> 基类n
{
        数据成员访问权限：
```

```
            /*数据成员定义;*/
        成员函数访问权限:
            /*成员函数定义;*/
    };
```

2. 多继承构造函数

一般格式如下:

```
    derived(参数表):base1(参数表1),base2(参数表2),…, basen(参数表n)
```

说明: 派生类参数表中应包括各个基类所需的参数及派生类自己所需的参数, 参数表1仅包括第1个基类所需的实参, 参数表2也仅包括第2个基类所需的实参等。

【例 8.36】目前电子图书 ebook 很流行, 而 "电子图书" 同时具备 "书" 和计算机 "光盘" 的特征。因而, 我们把 book 类与 disk 类设置为基类, 由 book 与 disk 类派生出电子图书类 ebooks。

源程序如下:

```cpp
#include <iostream.h>
#include <string.h>
class book                              /*定义 "书" 基类*/
{
    private:
        char title[64];                 /*图书标题*/
        char author[64];                /*作者*/
        int pages;                      /*页数*/
    public:
        book(char *title,char *author,int pages)
        {
            strcpy(book::title,title);
            strcpy(book::author,author);
            book::pages=pages;
        }
        void show_book(void)
        {
            cout<<"Title:"<<title<<endl;
            cout<<"Author:"<<author<<endl;
            cout<<"Pages:"<<pages<<endl;
        }
};
class disk                              /*定义 "磁盘" 基类*/
{
    private:
        double capacity;                /*磁盘容量*/
    public:
        disk::disk(float capacity)
        {   disk::capacity=capacity;}
        void disk::show_disk(void)
        {   cout<<"capacity:"<<capacity<<"Mb"<<endl;}
};
class ebooks:public book,public disk    /*定义派生类 ebooks,公有派生自*/
                                        /*book 和 disk*/
{
    private:
        double price;                   /*电子图书价格*/
```

```
        public:
            ebooks(char *title,char *author,int pages,double capacity,double
            price):book(title,author,pages),disk(capacity)
                                            //注意派生类构造函数的写法
    {    ebooks::price=price;}
    void show_ebooks(void)
    {
        show_book();
        show_disk();
        cout<<"price:$"<<price<<endl;
    }
    };
    void main()
    {
        ebooks this_book("Jansa's 1001 c/c++Tips","Jamsa",896,1.44,39.95);
        this_book.show_ebooks();
    }
```

运行结果：

```
    Titie:Jansa's 1001 c/c++ Tips
    Author:Jamsa
    pages:896
    Capacity:1.44Mb
    Prices:$39.95
```

说明：该程序依此启动了 book、disk 和 ebooks 类构造函数，在程序结束之前，依次启动了 ebooks、disk 和 book 的析构函数。 由于多重继承中可能出现一个派生类有多个途径继承同一个基类的二义性问题，因而在目前流行的软件开发环境，如 Java，C#都在派生中取消了多重继承，而通过其他编程模式实现了多继承机制。

8.9　虚函数与多态性

圆是一种形状，矩形是一种形状，三角形也是一种形状，它们之间都有共同性质，都由平面坐标中的点、线构成，具有类似或相同的行为。技术工人是雇员，销售员也是雇员，部门经理同样也是雇员。他们之间都有共同特征，都受雇于某企业或公司，从事企业流程中的某个环节，并具有相同的行为：企业为他们所付出的劳动支付薪水。人类习惯把相同性质抽取出来成为基类（base class），在从其中衍生出派生类（derived class）。我们把圆、三角形、矩形所拥有的共性抽取出来构成其基类 shape，则如下所示：

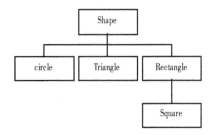

尽管都由 shape 派生出来，但其外观毕竟不相同，计算面积的成员函数的名称可以相同，但

面积的计算方法不同，得到的面积也不相同。

由上图看到，基类、派生类都有计算面积的行为，如果我们使用同一个成员函数实现计算面积的行为，答案只有一个，在基类中把计算面积的成员函数定义为"虚的"来实现派生类中计算面积成员函数的多态性。也就是说，虚函数通常定义在基类中，它是一个在基类中什么也不做的成员函数（没有定义部分），目的是为派生类提供样板，在派生类中实现具体的操作。

8.9.1 虚函数

语句格式如下：

```
virtual 数据类型 成员函数();
```

【例 8.37】设计一个图形库，该类库中有圆形、长方形，功能有画图、填充颜色，计算面积，移动位置。

源程序如下：

```
#include <iostream.h>
const double PI=3.1415926;
class CShape/*基类定义*/
{
    protected:
        double x0,y0;
    public:
        CShape(void):x0(0),y0(0)        /*缺省的构造函数*/
        {}
        CShape(double x,double y)          /*实现初始化的构造函数*/
        {
            x0=x;
            y0=y;
        }
        /*纯虚成员函数 Draw()与 CalArea()在基类中没有必要实现*/
        virtual void Draw()=0;             /*绘制图形的方法*/
        virtual double CalArea()=0;        /*计算面积的方法*/
};
class circle:public CShape               /*派生类 circle 派生自 CShape,将上述两个*/
                                         /*虚函数在此实现*/
{
    private:
        double radius;
        int COLORREF;
    public:
        circle(double x,double y,double r,int c):CShape(x,y)
        {
            radius=r;
            COLORREF=c;
        }
        void Move_Circle(double x,double y)
        {
            x0=x;
            y0=y;
        }
        void Draw(void)  /*在派生类 circle 中用成员函数 Draw "画出" 圆特征*/
```

```
                    {
                        cout<<"circle x0="<<x0<<endl;
                        cout<<"circle y0="<<y0<<endl;
                        cout<<"radius="<<radius<<endl;
                    }
                    double CalArea(void)/*在此计算圆面积*/
                    {
                        return PI*radius*radius;
                    }
            };
            /*自行设置CRectangle类*/
            void main()
            {
                CShape *psh;
                circle c1(2,3,10,255);
                psh=&c1;
                cout<<psh->CalArea()<<endl;
                c1.Move_Circle(10,20);
                c1.Draw();
            }
```

运行结果:

```
            314.159
            circle   x0=10
                     y0=20
                     radius= 10
```

由上例可知：实现多态性的具体步骤是在主函数中声明基类指针，使基类指针指向派生类对象，用基类指针引用派生类成员函数，实现一个接口(成员函数)在不同派生类对象中实现不同功能（不同形态）。

8.9.2 多态性实例

【例 8.38】企业中有不同工作性质的"雇员"，它们的工资计算方法各不相同。

源程序如下：

```
            #include <iostream.h>
            #include <string.h>
            class CEmployee
            {
                private:
                    char m_name[30];
                public:
                    CEmployee();
                    CEmployee(char *nm)
                    {   strcpy(m_name,nm);  }
                        virtual double computepay()=0;       /*这是纯虚函数*/
            };
            class CWage: public CEmployee                    /*钟点工是一种职员*/
            {
                private:
                    double m_wage;
                    double m_hours;
```

```
    public:
        CWage(char *nm):CEmployee(nm)
        {   m_wage=245.0;    m_hours=40.0;          }
        void set_wage(double wg)
        {   m_wage =wg;  }
        void set_hours(double hr)
        {   m_hours=hr;  }
        double computepay();                     /*计算付费函数*/
};
class CSales:public CWage                         /*销售员也是一种职员*/
{
    private:
        double m_comm;                           /*佣金*/
        double m_sale;                           /*销售额*/
    public:
        CSales(char* nm):CWage(nm)
        {   m_comm=m_sale=0.0;  }
        void set_commission(double comm)
        {   m_comm=comm;       }
        void set_sales(double sale)
        {   m_sale=sale;       }
        double computepay();
};
class CManage:public CEmployee                    /*经理也是一种职员*/
{
    private:
        double m_salary;
    public:
        CManage(char* nm):CEmployee(nm){
            m_salary=1500.0;
        }
    void set_salary(double salary)
    {   m_salary=salary;}
    double computepay();
};
double CManage::computepay()
{
    return m_salary;                             /*经理以"固定周薪"计算*/
}
double CWage::computepay()
{
    return m_wage*m_hours;                       /*钟点工以"钟点费*每周工时"计算*/
}
double CSales::computepay()
{
    return CWage::computepay()+m_comm* m_sale; /*销售员:底薪(钟点工薪)+销售佣金*/
}
void main()
```

```
{
    CEmployee* pEmp;
    CManage m1("张和平");
    CSales s1("张和");
    CWage w1("张平");
    pEmp=&w1;
    cout<<pEmp->computepay()<<endl;
    pEmp=&s1;
    cout<<pEmp->computepay()<<endl;
    pEmp=&m1;
    cout<<pEmp->computepay()<<endl;
}
```

程序运行结果：

```
9800
9800
1500
```

8.10　运算符重载

除 . 、.* 、::、? :之外，其他的运算符都可以重载，重新定义运算符之后，不改变原来的运算符的优先级和结合性，不可创造新运算符。运算符重载有类成员函数和友元函数两种实现形式。

8.10.1　类成员函数格式

语句格式如下：

<类名> operator <运算符>(对象引用);

【例 8.39】定义复数类 complex，添加重载"+"运算符的成员函数，在主函数中实现两个复数相加运算。

源程序如下：

```
#include <iostream.h>
class complex
{
    private:
        double real,imag;
    public:
        complex(void)
        {
            real=0;
            imag=0;
        }
        complex(double r,double i)
        {
            real=r;
            imag=i;
        }
        complex operator+(const complex &c)
        {
            return complex(real+c.real,imag+c.imag);
```

```
        }
        friend void show(const complex& c)
        {
            cout<<"real:"<<c.real<<",image:"<<c.imag<<endl;
        }
};
void main()
{
    complex c1(2.0,3.0),c2(4.0,2.0),c3;
    c3=c1+c2;
    cout<<"c1+c2=";
    show(c3);
}
```

运行结果:

```
    c1+c2=real: 6,imag: 5
```

8.10.2　友元函数格式

语句格式:

```
friend <数据类型> operator <运算符>(<参数表>)
{ …}
```

【例8.40】用友元函数实现例8.39功能。

源程序如下:

```
#include <iostream.h>
class complex
{
    private:
        double real,imag;
    public:
        complex(void)
        { real=imag=0;}
    complex(double r,double i)
    { real=r,imag=i;}
    friend complex operator+(const complex &c1,const complex &c2)
    { return complex(c1.real+c2.real,c1.imag+c2.imag);  }
    friend void show(const complex &c)
    {
        if(c.imag<0)
            cout<<c.real<<'-'<<c.imag<<'i';
        else
            cout<<c.real<<'+'<<c.imag<<'i';
    }
};
void main()
{
    complex c1(2.0,3.0),c2(4.0,2.0),c3;
    c3=c1+c2;
    cout<<"c1+c2=";
    show(c3);
}
```

运行结果:

```
c1+c2=6+5i
```
　　说明：实现运算法重载的友元函数的参数表中需要两个参与运算的对象变量引用。

　　由前述可知：运算符重载是向同一种操作赋予两种或多种操作的过程。使用重载特定运算符，程序使用更为自然的方式表达类的操作。例如，程序可将加发运算符用于加法操作，向日期结构中加入天数，或者将一个字符串附加到另外一个中。要重载一个运算符，就要在程序中定义一个函数，这个函数的定义与正常的函数非常相似，只不过必须在函数首部包括 operator 关键字。当 C++编译器在看到与所定义的操作相匹配的数据类型时启动它。在重载操作符时，实质上是指定了两个数据类型，并要求 C++编译器为它们区别对待一个操作符。

习　题　8

一、问答题

1. 什么是数据抽象，它所起的作用是什么？

2. 如何理解类、对象与继承三个概念？

3. C++语言与 C 语言本质的差别是什么？

4. C++程序在编译过程中出现哪两大类错误，如何区别对待？

5. 类的成员一般分为哪两部分？有何区别？

6. 从访问权限角度如何区别不同种类的成员，它们各自的特点是什么？

7. 作用域运算符的功能是什么？它使用的格式如何？

8. 什么是对象？如何定义一个对象？对象的成员如何表示？

9. 如何实现对象的初始化？

10. 什么是默认构造函数？

11. 析构函数有哪些特点，如何使用？

12. 什么是静态成员？静态成员的作用是什么？

13. 什么是友元，为什么使用友元？什么是友元函数？

14. 指向对象的指针和指向对象成员的指针有何不同？

15. 对象引用作参数与对象指针作函数参数有何不同？

16. 什么是 this 指针？它有何作用？

17. 什么是对象数组，如何定义，如何初始化赋值？

18. 使用 const 修饰符定义常指针时，const 位置有何影响？举例说明，如何定义一个常指针。

19. 运算符 new 何 delete 创建和删除动态数组的格式如何？

20. C++中继承分为哪两类，继承方式又分哪三种？

21. 三种继承中各有什么特点？不同的继承方式中派生类的对象对基类成员的访问有何不同？

22. 派生类与基类之间有什么关系？

23. 单继承中，派生类的构造函数格式如何？

24. 为什么要引入虚函数？带有虚函数的派生类的构造函数有哪些特点？

25. 什么是多态性？为什么说它是面向对象程序设计的一个重要机制？

二、选择题

1. 在下列关键字中，用于说明类的公有成员的是（　　）。

　　A．private　　　　　　B．public　　　　　C．protected　　　　D．friend

2. 下列各类函数中，（　　）不是类的成员函数。

　　A．构造函数　　　　B．析构函数　　　　C．友元函数　　　　D．复制初始化构造函数

3. 作用域运算符的功能是（　　）。

　　A．标识作用域的级别　　　　　　　　B．指出作用域的范围

　　C．给出作用域的大小　　　　　　　　D．标识某个成员是属于那个类的

4. （　　）不是构造函数的特征。

　　A．构造函数的重载　　　　　　　　　B．构造函数设置缺省参数

　　C．构造函数名与类同名　　　　　　　D．构造函数必须指定类型说明

5. （　　）是析构函数的特征。

　　A．析构函数有一个或多个参数　　　　B．一个类中只能定义一个析构函数

　　C．析构函数的定义只能在类体内　　　D．析构函数名与类名不必相同

6. 关于成员函数特征的下述描述中，（　　）是错误的。

　　A．成员函数一定是内联函数　　　　　B．成员函数可重载

　　C．成员函数可设置缺省参数　　　　　D．成员函数可是静态的

7. 下述静态数据成员的特征中，（　　）是错误的。

　　A．静态数据成员不是所有对象所公用的

　　B．静态数据成员要在类外初始化

　　C．说明静态数据成员时要加修饰符 static

　　D．引用静态数据成员时，要加类名及作用域符

8. 友元的作用（　　）。

　　A．提高程序的运行效率　　　　　　　B．加强类的封装性

　　C．实现数据的隐藏性　　　　　　　　D．增强成员函数的种类

9. 已知一个类 A，（　　）是指向类 A 成员函数的指针，假设类有 3 个共有成员，void f1(int),void f2(int)和 int a。

　　A．A *p　　　　　　　　　　　　　　B．int A::*pc=&A::a

　　C．void A::*pa　　　　　　　　　　　D．A *pp

10. 已知 f1(int)是类 A 的公有成员函数，p 是指向成员函数 f1()的指针，采用（　　）是正确的。

　　A．p=f1　　　　　B．p=A::f1　　　　C．p=A::f1();　　　D．p=f1();

11. 已知 p 是个指向类 A 数据成员 m 的指针，A1 是类 A 的对象。如果要给 m 赋值为 5，（　　）是正确的。

　　A．A1.p=5　　　　　　　　　　　　　B．A1->p=5

　　C．A1.*p=5　　　　　　　　　　　　　D．*A1.p=5

12. 已知类 A 中的一个成员函数声明如下：void set(A&a);其中&a 的含义为（　　）。

　　A．指向类 A 的指针为 a

　　B．将 a 的地址赋值给变量 set

    C. a 是类 A 的对象引用，用于函数 set() 形参

    D. 变量 A 与 a 按位相与作为函数 set() 的形参

13. 下列关于对象数组的描述中，（ ）是错误的。

    A. 对象数组的下标从 0 开始

    B. 对象数组的数组名是个常量指针

    C. 对象数组的每个元素是同类的对象

    D. 对象数组只能赋初值，不能被赋值

14. 下列说明中：const char *ptr; ptr 是（ ）。

    A. 指向字符常量的指针   B. 指向字符的常量指针

    C. 指向字符串常量的指针   D. 指向字符串的常量指针

15. 关于 new 运算符的下列描述中，（ ）是错误的。

    A. 它可用来创建对象和对象数组

    B. 使用它创建的对象及对象数组可用 delete 删除

    C. 使用它创建对象时要调用构造函数

    D. 使用它创建对象数组时必须指定初始值。

16. 关于 delete 运算符的下列描述中，（ ）是错误的。

    A. 它必须用于 new 返回的指针

    B. 它也适用于空指针

    C. 对一个指针可适用多次该运算符

    D. 指针名前值用一对括号，不管所删除数组的维数。

17. 下列对派生类的描述中，（ ）是错误的。

    A. 一个派生类可做另一个派生类的基类

    B. 派生类至少有一个基类

    C. 派生类的成员除了它自己的成员外，还包含了它的基类的成员

    D. 派生类中集成的基类成员的访问权限带派生类保持不变

18. 派生类的对象对它的基类成员中（ ）是可访问的。

    A. 公有继承的公有成员   B. 公有继承的私有成员

    C. 公有继承的保护成员   D. 私有继承的公有成员

19. 对基类和派生类的关系描述中（ ）是错误的。

    A. 派生类是基类的具体化   B. 派生类中基类的子集

    C. 派生类是基类定义的延续   D. 派生类是基类的组合。

20. 派生类的构造函数的成员初始化列中，不能包含（ ）。

    A. 基类的构造函数   B. 派生类中子对象的初始化

    C. 基类的子对象初始化   D. 派生类中一般数据成员的初始化

21. 设置虚基类的目的是（ ）。

    A. 简化程序   B. 消除二义性   C. 提高运行效率   D. 减少目标代码

22. 带有虚基类的多层派生类构造函数的成员初始化列表中要列出虚基类的构造函数，这样将对虚基类的子对象初始化（　　）。

    A. 与虚基类下面的派生类个数有关　　　　B. 多次

    C. 二次　　　　　　　　　　　　　　　　D. 一次

23. 对定义重载函数的下列要求中（　　）是错误的。

    A. 要求参数的个数不同

    B. 要求参数中至少有一个类型不同

    C. 要求参数个数相同是，参数类型不同

    D. 要求函数的返回值不同

24. 下列对重载函数的描述中（　　）是错误的。

    A. 重载函数中不允许使用缺省参数

    B. 重载函数中编译系统根据参数表进行选择

    C. 不使用重载函数来描述毫无相关的函数

    D. 构造函数重载回给对象初始化带来多种方式

25. 下列运算符中，（　　）运算符不能重载。

    A. &&　　　　　　　B. []　　　　　　　　C. ::　　　　D. new

26. 运算符重载函数是（　　）。

    A. 成员函数　　　　B. 友元函数　　　　　C. 内联函数　　　　D. 带缺省参数的函数

27. 关于动态联编的下列描述中，（　　）是错误的。

    A. 动态联编是以虚函数为基础的

    B. 动态联编是在运行时确定所调用的函数

    C. 动态联编调用函数操作是指向对象的指针或对象引用

    D. 动态联编是在编译时确定操作函数的

28. 关于虚函数的描述中，（　　）是正确的。

    A. 虚函数是一个 static 类型的成员函数

    B. 虚函数是一个非成员函数

    C. 基类中说明了虚函数后，派生类中将其对应的函数可不必说明位虚函数

    D. 派生类的虚函数与基类的虚函数具有不同的参数个数和类型

三、编程题

1. 创建一个 Employee 类，该给中有字符数组，表示姓名、街道地址、邮政编码。其功能有修改姓名、显示输出数据。要求函数放在类定义中，构造函数初始化每个成员，显示信息函数要求把对象中的完整信息打印出来。其中数据成员的访问权限为受保护的，成员函数访问权限是公有的。

2. 修改上题中的类，将姓名构成 Name 类，其名和姓在该类中为保护数据成员，其构造函数为接受一个指向完整姓名字符串的指针。该类可显示姓名，然后将 Employee 类中的姓名修改为 Name 类。

3. 编写一个类，声明一个数据成员和一个静态数据成员。其结构函数初始化数据成员，并把静态数据成员加 1，其析构函数把静态数据成员减 1。

（1）编写一个应用程序，创建该类的 3 个对象，然后形成它们的数据成员和静态数据成员，再析构每个对象，并显示它们对静态数据成员的影响。

（2）修改该类，增加静态成员函数并访问静态数据成员，并声明静态数据成员为保护成员。

4．编制选课系统，假设开设有数学、物理计算机英语 4 门课程。输入多个（设 3 个）学生姓名及所选课程、课程成绩、输出学生所选课程成绩及平均成绩。

5．设计一个图形库，该类库中有圆形、长方形等，功能有图形、填充颜色，计算面积、移动位置。

6．编制字符串类，完成字符串处理功能。

7．定义复数类，重载复数类的加法和减法，实现加减法运算。

8．编制一个实现单继承的人事信息管理系统，所有的单位成员都由基类 person 派生，在所有的派生类中定义同一个实现发放工资的成员函数，在主函数中用多态性实现某类人员工资的查询。

参 考 文 献

[1] 吕凤翥. C++语言基础教程[M]. 北京：清华大学出版社，2002.

[2] 柴欣. C/C++程序设计[M]. 保定：河北大学出版社，2002.

[3] KRUGLINSKI D J. Visual C++技术内幕[M]. 潘爱民，译. 北京：清华大学出版社，1999.

[4] 马建红. Visual C++ 程序设计与软件技术基础[M]. 北京：中国水利水电出版社，2002.

[5] 马安鹏. Visual C++ 6 程序设计导学[M]. 北京：清华大学出版社，2002.

[6] 梁普选. C++程序设计与软件技术基础[M]. 北京：电子工业出版社，2003.

[7] 谭浩强. C 语言程序设计[M]. 3 版. 北京：清华大学出版社，2005.

[8] 苏晓红，陈惠鹏，孙志刚，等. C 语言大学使用教程[M]. 2 版. 北京：电子工业出版社，2007.

[9] 何钦铭，颜晖. C 语言程序设计[M]. 北京：高等教育出版社，2008.

[10] 朱鸣华，刘旭麟，杨微. C 语言程序设计教程[M]. 北京：机械工业出版社，2007.